工程建设质量与安全管理

刘廷彦　张豫锋　编著

中国建筑工业出版社

图书在版编目（CIP）数据

工程建设质量与安全管理／刘廷彦，张豫锋编著．
北京：中国建筑工业出版社，2012.2
ISBN 978-7-112-13942-2

Ⅰ.①工… Ⅱ.①刘… ②张… Ⅲ.①建筑工程—
工程质量—安全管理—教材 Ⅳ.①TU712

中国版本图书馆CIP数据核字(2012)第003060号

本书是为了适应“质量强国”战略的需要，以促进工程建设项目管理质量的提高为基准，从总体思路、机制运行，以及部分操作层面，进行梳理、探讨。

本书共分五章十五节。第一章阐述了工程质量安全概念，提出了工程安全度的新观念。强调建立质量、环境与安全一体化综合管理体系的必要性。第二章剖析了数百例“路陷、桥垮、房倒、堤崩”与重大安全事故发生的原因，提出了防范对策。第三章阐述了工程建设监理与工程质量安全监管的关系、强化工程质量安全预控方略，以及设备器材的质量检验监控规定、方法。第四章以工程建设项目管理为轴心，重点阐述了加强建设质量管理和安全管理，还介绍了国际上通行的“业主—工程师—承包商”管理模式，介绍了利用外资项目的管理模式。第五章阐述了工程质量评定、竣工验收，以及工程建设项目后评价的意义、要领和方法等。书中附有相关图表，注释了有关问题。

工程质量安全是建设领域永恒的主题。此书力图紧扣这个主题，参照国内外工程建设质量安全管理的经验教训，对提高工程质量和安全管理工作进行了分析论证。既可供政府有关部门制定政策参考，也可供有关企业（单位）进行工程管理、工程咨询、工程建设监理、企业管理，以及大专院校教学等方面参考；同时又有一定的操作性，可作为工程项目建设管理人员培训辅助教材。

* * *

责任编辑：赵晓菲　王砾瑶
责任设计：董建平
责任校对：刘梦然　陈晶晶

工程建设质量与安全管理
刘廷彦　张豫锋　编著
*
中国建筑工业出版社出版、发行（北京西郊百万庄）
各地新华书店、建筑书店经销
北京永峥排版公司制版
北京世知印务有限公司印刷
*
开本：787×1092毫米　1/16　印张：14　字数：340千字
2012年3月第一版　2013年2月第二次印刷
定价：**34.00**元
ISBN 978-7-112-13942-2
(21990)

前　言

坚持“质量第一”和“以质取胜”的方针，把质量作为工程建设管理的生命，这是一项根本战略。在我国的建设史上，早就提出“百年大计、质量第一”的方针。特别是新中国成立以来，在建设领域，“质量第一”和“以质取胜”有着特殊重大的意义。如果工程质量低劣，不仅会在经济上给国家造成重大损失，更严重的将是在政治上造成难以挽回的影响。目前，不仅工程质量“通病”依然普遍存在，工程质量事故时有发生。而且，重大工程安全事故，特别是工程施工重大安全事故接连不断。对此，社会反映强烈，已成为社会关注的一个热点。因此，每一个建筑活动主体，都必须把工程质量和工程安全当做头等大事，以对人民负责、对历史负责的态度，严肃对待工程质量和工程安全问题。防止发生、尽力减少工程质量安全事故。

现阶段，随着城镇化进程的提速，我国工程建设规模还将日益增大。如果工程质量安全形势出现大的波动，不仅给建设领域的健康发展带来不利影响，还会影响国家经济建设发展的大局，甚至影响国家的政治生活。所以，进一步加强工程建设质量安全工作，有效防范和遏制质量安全事故的发生，既是保障工人生命安全和工程质量的需要，也是提高投资效益、改善民生、促进经济平稳较快发展提供良好环境和有力支持的需要。

工程建设质量安全问题，是一项比较庞杂、旷日持久的系统工程。既不可能一蹴而就，也不可能一劳永逸。既要坚持普遍适用的通行做法，又要针对不同时期的不同情况，采取相应的措施，有的放矢地去解决。既要脚踏实地地从规划设计及施工操作技术层面着手，更要从体制机制的层面着眼，在治本上下工夫。况且，工程质量安全的范围不仅仅局限于工程交工之前，还包括工程项目投入使用之后所反映出来的质量安全问题。诸如，使用期间给人们带来的健康影响、环境影响等。本书力图综合诸方面的方略，既汇总、梳理了历来行之有效的做法和经验；又有一些新的见解。

首先，必须明确工程建设质量安全责任主体。不言而喻，项目业主（建设单位），规划单位，勘察、设计、施工单位均与工程项目建设的质量安全有直接关系。或者说，他们在工程项目建设的不同阶段，是工程建设项目质量安全的直接责任主体。现阶段，建设市场中，屡屡发生的违规行为，无不影响着工程建设项目质量安全。特别是，业主盲目压价、压工期；规划、勘察工作的粗枝大叶；工程设计的肤浅和疏漏；施工单位使用以次充好的材料，以及重进度、重成本、轻质量、轻安全的思想行为等，往往导致了工程质量安全事故和降低工程项目建成交付使用后的服务年限。

其次，应当健全、强化质量安全监督管理。在市场经济体制下，任何交易行为都必须纳入有关部门（单位）监督管理的视野范围。工程建设，这种特殊“契约型商品”的交易活动更应如此。而且，要不断健全、不断强化对工程质量安全的监督。这种监督，除了政府和社会的监督之外，还必须依托具有技术特长能力的专业机构来承担。从而，构成体制性的、长效性的监督机制，促进工程质量和安全水平的提高。

第三，强化提高各有关单位人员的质量安全意识和责任心。质量意识属于思想认识范畴，它对人的行为居于支配地位。工程质量意识，就是每个人都应清楚：质量在工程建设中的重要性、自己从事的工作与工程质量的关系、怎么做才能符合质量的要求、怎样改进工作才能提高质量，以及上下环节的质量要求等。质量意识的提高和落实，一般是通过质量管理、质量教育和技术培训逐步形成的。其中管理和教育，包括强制执行的责任制、奖惩形式的激励机制等。最主要的是通过这些形式，不断提高落实质量意识、增强质量的责任心。一个质量意识强、质量责任心强的群体，必然能提供高质量的产品（工程）。毋庸讳言，现阶段，我国建设领域的质量意识和质量责任心都有待于急起直追、快马加鞭。工程安全问题，同样如此。

第四，不断提高相关人员的技术水平和技能，确保工程质量安全工作落到实处。提高从事工程建设人员的技术水平和操作技能也是保证工程质量安全的必要条件，包括工程建设项目的决策者、组织者、指挥者和操作者等各自的水平和技能的提高。其中，尤其是操作层面（劳务层面）技能的提高，简直是迫在眉睫。众所周知，我国建设领域自实行管理层与劳务层分离之后，20 余年来，劳务层的技能培训既不落实，也不完整，更不规范。这种状况与渐次高质量的时代要求，相距甚远。应当改弦更张、强力推进。

第五，还要促进工程建设项目决策者与工程项目规划之间、工程项目规划与工程设计之间、工程项目设计与施工之间的互相合作。认真签订各项工程承包合同。以工程承包合同的各项规定，建立起为了搞好工程建设项目管理这个一致的目标，各有关方分工负责、各尽其能的大协作氛围。

全面质量管理在全国建设企业中推广已经 30 余年了，并在一些先进企业中扎根结果。但是，发展极不平衡，在一些企业中，全面质量管理工作甚至在衰落、淡化。综观全局，要确保工程建设质量和安全管理，必须用全面质量管理的方法分析建设项目特点，用系统工程学的观点，研究以工程建设项目管理为轴心，健全建设项目的质量安全保证体制和质量安全预控体系，用工作质量来保证工序质量和工程质量、工程安全和签订的工程建设项目投产使用（运营）的服务年限。

强化承建商项目部工作。随着建设市场的发展，承建商，尤其是从事工程建设施工业务的承建商，将会根据竞争的需要，而不断进行重组。一批专业化的公司将以工程承包的方式参与建设市场竞争，承揽业务。企业在建设市场竞争中中标后，将以工程建设项目管理为轴心组成项目部。工程的质量与安全就取决于项目部工作能否认真贯彻各项技术标准和工程承包合同内容。所以，强化项目部工作，既是国内外通行的做法，更是成功的经验。

贯彻落实好建设监理制，充分发挥建设监理的作用。建筑产品是一种独特的“契约型商品”，而且是一种不断进行交易活动，渐次形成的商品。这种“契约型商品”不仅与“市场型商品”不同，与其他形式的“契约型商品”，如与一般期货交易也不同。它的交易过程，需要主管部门和地方政府对工程建设项目监督及对建设市场监管的同时，还要有专业化的智能集团，提供有效的工程建设监督管理服务，特别是对项目建设实施全过程提供良好的质量与安全预控服务，即进行工程建设监理。实行建设监理制，是我国借鉴国外通行的做法和经验，创建的适合我国建设市场经济管理状况的一种新型模式。实践证明，这是一种比较有效的工程建设管理模式。

众所周知，国际建设领域，普遍实行“业主—工程师（监理）—承包商”相互依存、相互制约的三元体制的工程建设项目管理的主要模式。建设市场运作是“契约型商品合同”，最终的效果为体现“契约合同”的各项内容。“菲迪克”（FIDIC，以下同）合同文本为国际上通用的文本。故，世界银行一直坚持采用“菲迪克”合同文本管理模式监管所投资建设的工程项目。在实践中，“菲迪克”合同文本也不断修订完善。目前，最新的版本是1999年颁发的“菲迪克”合同范本。中国工程咨询协会根据“菲迪克”授权书进行翻译，并由机械工业出版社出版。世行决定：所有使用该行贷款的工程建设项目，从2003年起，采用1999年颁发的“菲迪克”合同范本。即：《施工合同条件》（新红皮书）、《生产设备和设计——施工合同条件》（新黄皮书）、《设计、采购、施工（EPC）/交钥匙工程合同条件》（银皮书）和《简明合同格式》（绿皮书）。这四个新版本继承了以往“菲迪克”合同条件的优点，并根据各国多年工程建设项目管理实践中取得的经验，以及专家学者和相关方面的意见和建议，作出重大调整。

20世纪60年代，日本实行“质量救国”战略，在全国范围内，强化推行质量第一理念，强化质量管理，使得日本产品（包括工程）质量大幅度提升，并推进了经济技术发展。有专家评论说，“日本经济振兴是一次成功的质量革命。”美国在20世纪80年代，为振兴经济，颁发了《质量振兴法案》。同时，批准设立“国家质量奖”。从而，使得美国在多个产业（包括工程建设）领域不仅确保了产品（包括工程）质量的领先地位，而且，成了先进技术的国家。

借鉴发达国家的经验，有专家建议：“我国应当抓紧实施‘质量强国’战略……动员全社会以世界先进质量水平为目标，加快提升我国产品质量、工程质量和服务质量的总体水平……建立健全质量管理的方针政策、体制机制、法律法规、制度标准等。”使我国产品、产业和企业在国际竞争中具备更强优势，推动我国由经济大国向经济强国迈进。

不少专家预言，一场深刻的质量安全管理再教育将在全国工程建设领域展开。质量安全管理必然会在“检验把关型”和必要的“过程控制型”基础上，走向以市场为导向的“改进创新型”——“全面质量安全预控型”。这意味着企业要把质量和安全的产生、形成到实现的工程项目建设全过程真正融入企业的经营战略中，确立并实现全面优质安全的目标和建设项目使用（服务）规定的年限。

本书在编著过程中，参考了有关国内外书刊和文献资料，特别是参考了原国家计委施工局总工程师张检身同志的《工程质量管理指南》、《建设项目管理指南》、《工程项目承包与管理》等著作。他对编写工作提出了许多宝贵的指导意见。还有不少领导和同志对编写工作给予了帮助和支持。在此，谨致以衷心地感谢！

本书由刘廷彦、张豫锋撰写，刘廷彦负责修订、统稿。由于编著水平有限，本书难免有不妥甚至错误之处，恳请读者提出批评指正。

2011年6月

目　录

第一章　工程质量安全管理概述

第一节　工程质量管理概述

一、工程质量的基本概念

（一）质量的概念

质量的概念，可以分为广义和狭义两种。《辞海》中对质量的定义是：质量是产品（劳务）或工作的优劣程度。这是广义的质量概念。狭义的质量则仅仅指产品（劳务）质量。国际标准 ISO 8402（1994）的质量定义是："反映实体满足明确和隐含需要的能力的特性总和。"质量的概念不是一成不变的，随着生产力的发展和人们认识能力的不断提高而逐渐扩展和完善质量的概念，认为质量是指产品、过程或服务满足规定要求和标准的一切特征的总和。质量的概念应包括三个方面的涵义：即产品质量、工序质量和工作质量。

有关质量的基本概念如图 1-1 所示。

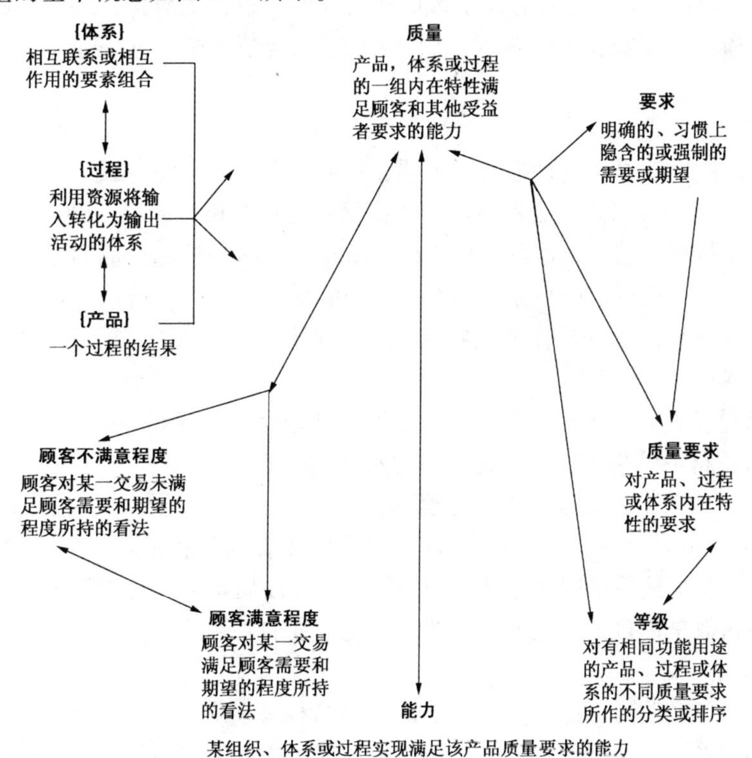

图 1-1　有关质量的概念图

1. 产品质量

产品质量，即产品的使用价值，是指产品能够满足国家建设和人民需要所具备的自然属性，一般包括产品的适用性、可靠性、安全性、经济性和使用寿命等。这种属性区别了产品的不同用途。建设产品质量（工程质量）的使用价值及其属性主要包括以下几项：

（1）适用性：产品为满足使用目的所具备的技术特性、外观特性以及适用范围。主要是指技术先进、布局合理、使用方便、功能适宜。

（2）可靠性：产品在规定的时间和使用条件下，达到和通过规定性能的能力，即坚固和耐久。坚固是指建筑应具有规定的强度，稳定性和抗震能力。耐久是指建筑能耐酸、耐碱、抗腐蚀、能达到规定的使用期限。

（3）经济性：产品从设计、制造到整个产品使用寿命周期的成本，是指工程造价合理、维修费少、施工周期短、使用费用低等，用来衡量产品的经济效果。

（4）安全性：产品在生产（建设）和使用过程中对人、对环境的安全保证程度。

（5）先进、美观：先进是指技术先进、施工方便、工艺合理、功能适合；美观是指造型新颖、美观大方与环境协调等。

以上五项属性是相互协调、互相制约的，不适当的强调某一方面都会影响对工程质量的评价。

对工程建设而言，广义的产品质量，即工程质量，包括：工程项目决策质量、工程项目规划质量、工程项目勘察质量、工程项目设计质量、工程项目施工质量以及工程项目保修质量6个主要方面。

狭义的产品质量，特指工程施工形成的建筑物或构筑物的质量，即项目施工结果符合设计文件规定和《建筑安装工程施工及验收规范》、《建筑安装工程质量检验评定标准》的要求。

2. 工序质量

在工程建设中，工序质量是指人、机器、材料、方法和环境等因素综合起作用的施工过程的单项（工序）质量。它表示生产过程能稳定生产合格产品的一种能力。产品的生产过程，也就是质量特性的形成过程。控制产品质量，就必须控制产品质量形成过程中影响质量的诸因素。在生产过程中自始至终在起作用的质量因素主要有以下几个方面：

（1）人：企业管理者和操作人员技术的熟练程度，对“质量第一”的认识，责任心以及生理状况等；

（2）机器设备：施工机械设备本身的精度，维修保养的好坏等；

（3）材料：材料的物理性能、化学性能和切削性能等；

（4）方法：施工工艺流程，操作规程，工装夹具的选用以及测试仪器的选用等；

（5）环境：温度、湿度、噪声、照明、色彩以及清洁卫生等。

工序质量就是上述质量因素好坏的综合反映。工序质量通常用工序能力指数来定量表示，工序能力指数是衡量工序能力对于技术满足程度的一种综合性指标。

3. 工作质量

工作质量是指企业为了达到工程（产品）质量标准所做的管理工作、组织工作和技术工作的效率和水平。它包括经营决策工作质量和现场执行工作质量。工作质量涉及企业所有部门的所有人员，体现在企业的一切生产经营活动之中，并通过经济效果、生产效率、工作效率和产品质量，集中地表现出来。

（二）工作、工序、产品三者的质量关系

产品质量、工序质量和工作质量虽是不同的概念，但三者的联系非常紧密。产品（工程）质量是企业生产的最终成果，它取决于工序质量及工作质量。工作质量则是工序质量、产品质量和经济效益的保证和基础。提高产品质量，不能孤立地就产品质量抓产品质量，必须努力提高工作质量，以工作质量来保证和提高产品质量。提高产品质量的目的，归根到底还是为了提高经济效益，为社会创造更多财富。工程建设质量的优劣，直接关系着国家财产及人民生命的安全。因此，一定要树立"百年大计、质量第一"思想，搞好工程建设项目管理中的质量控制，用工作质量确保工程质量（工程项目服务年限）。

二、建筑标准化与质量管理

（一）建筑标准化的由来与作用

1. 标准化的概念

工程建设项目的全面质量管理中，不可缺少的一项重要工作是标准化。标准化是组织现代化生产（施工）的重要手段，是科学管理的重要组成部分。在工程建设中推行标准化，是《中华人民共和国建筑法》第六章建筑工程质量管理中的一项重要技术政策。没有标准化，就没有专业化，就没有高质量、高速度。这是因为在现代化的工程建设中，许多工程的施工，往往要由几十个器材供应等相关企业供应，涉及企业内部的许多部门和生产环节。要使这些环节密切配合，协调一致，就必须从产品（工程）的模数尺寸、规格型号、结构性能、施工工艺、操作方法以及管理制度上进行统一和规则化，两者的结合就是标准化。即为了适应科学发展和合理组织生产的需要，在产品质量、品种规格、零部件通用等方面规定统一的标准，叫做标准化。

2. 标准化的源起

标准化同质量管理一样，也是现代化大生产（施工）的产物，是伴随着机器化大生产和生产技术现代化的发展而发展起来的。在 19 世纪，随着工业的不断发展，就出现了萌芽状态的标准化工作。从 1845 年英国的瑟韦特瓦尔提出统一螺钉、螺母型号尺寸开始，到 1900 年的 50 多年间，在质量和性能统一化这个问题上有了很大发展。这对于推动世界工业发达国家的标准化工作起到重要的作用。

3. 实行标准化的必要性

现代化工程项目建设客观上要求必须尽快实现标准化，没有标准化，工业产品就不能实行通用互换，就会阻碍工程建设的发展。实行标准化的目的，是为了加速国民经济的发展，尽快实现工农业生产和工程建设的现代化。《中华人民共和国标准化管理条例》明确指出："没有标准化就没有专业化，就没有产品的高质量，就没有工业生产的高速度"，特别是施工企业，手工操作比重大，构件和配件规格型号多，生产协作关系复杂，生产技术落后，赶不上现代化建设工程项目管理的需要。如何加快标准化的步伐，实现优质、高效、低消耗，是当前迫切需要解决的问题。

4. 实现工程建设标准化的目标

工程建设标准化并不是要求每个建筑物都是一个样，而是要求在技术参数、设计模数、建筑结构、规划原则、施工工艺、操作活动、材料性能、构配件规格等方面有一个基本要求和标准尺度，将构件和配件最大限度地合并和归类向系列化发展。这样做不仅可以提高工程质量，加快施工进度，而且能够大幅度地降低工程成本，对逐步实现建筑工业化和开展工程项目承包大有好处。

（二）质量管理的概念

1. 质量管理的综合性

我国《质量名词术语》对质量管理下的定义是：为保证和提高产品（或工程）质量进行调查、计划、组织、协调、控制、检查、处理及信息反馈等各种质量活动的总称。国际标准 ISO 8402—1994 中对质量管理的定义是："确定质量方针、目标和职责并在质量体系中通过诸如质量策划、质量控制、质量保证和质量改进使其实施的全部管理职能的所有活动。"一个企业的质量管理应包括：制定质量标准；建立工作质量管理组织系统；进行工序管理；质量问题分析处理；制定质量保证目标等。

一般意义上的管理概念如图 1-2 所示。

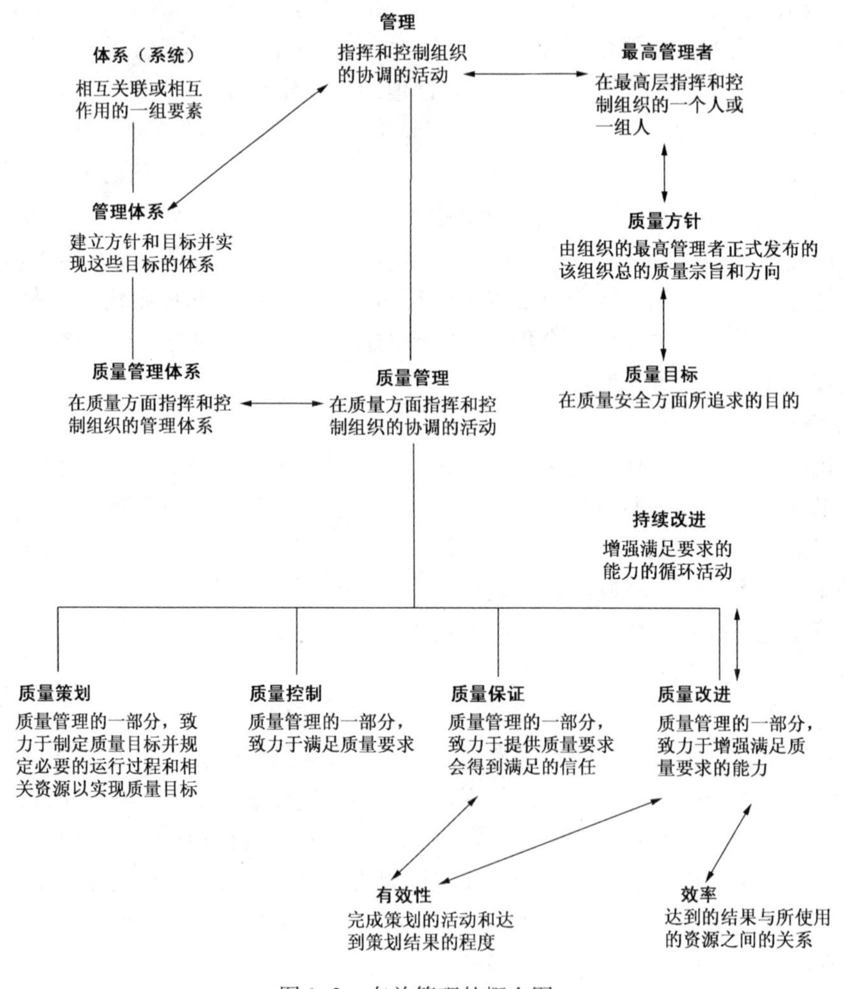

图 1-2　有关管理的概念图

2. 全面质量管理

质量管理的发展是同科学技术的发展、生产力的发展和管理科学的现代化紧密地联系在一起的。按照解决质量问题所依据的手段和方式，在20世纪质量管理学科的发展，大致经历了质量检验阶段、统计质量管理阶段和全面质量管理等三个阶段。

（1）全面质量管理是20世纪50年代末、60年代初开始提出的。当时的社会发展是电子工业兴起，随着宇航事业、原子能利用，雷达和电子计算机等相继问世，对产品的质量要求越来越高，而传统的质量管理方法已不能完全控制生产全过程。国际质量管理专家认为，现代化大工业生产中，企业的所有环节都必须围绕质量管理去进行工作。所以提出了以质量为中心，进行企业管理的合理化运动。设计、试制、创造、检验、包装、销售、为用户服务等，描述提高产品质量的整个过程和管理活动。后来把它具体化了，称为"综合的质量管理"或"综合的质量控制"，这就是全面质量管理。

（2）全面质量管理阶段的理论和方法，并不是否定前两个阶段的传统管理，而是继承了传统质量管理的方法，并从深度和广度上进行扩展，如表1-1所示内容是对质量检验、统计质量管理和全面质量管理所作的简单对比。

质量发展阶段对比表 **表1-1**

	质量检验阶段	统计质量管理阶段	全面质量管理阶段
主要特征	把关型 挑出不合格品	预防型运用 数理统计方法	进攻型以防为主、管理质量因素
管理职能	质量检验	质量控制	质量保证
管理重点	产品质量、工程质量	工序质量	工作质量
管理对象	检验能力	工序能力	工作能力
管理范围	管理生产的结果	管理存在的质量问题	管理质量的因素

（3）全面质量管理是以保证和提高广义的质量概念为中心内容，把质量概念当做一个动态概念，把质量目标作为整个系统的目标。这是全面质量管理在思想认识方面，根据质量第一、系统管理、科学决策、信息处理的要求，形成重要的管理思想和基本观点，并组合为全面质量管理的思想体系。全面质量管理应坚持以下几点：

①三全管理的观点。

②为用户服务的观点，"用户至上"就是要树立以用户为中心的思想服务。

③预防为主的观点。

④一切以数据说话的观点，是指质量工作必须有检验有定量值分析。

⑤讲求经济效益的观点。

3. 质量管理的基本方法

（1）常用的质量管理方法可分为三大类：用于寻找影响产品（工程）质量主要因素的方法，如排列图法、因果图法和统计调查分析法；用于找出数据分布状态，进行质量控制和预测的方法，如频数直方图法、控制图法；用于找出影响产品（工程）质量各种因素之间的内在联系和规律的方法，如相关图法。

（2）在运用这些方法时，要注意根据对象的特点，结合实际情况，恰当地选择适用的方法灵活运用。还应指出，应用质量管理方法的性质，依靠管理技术或专业技术才能解决质量问题。在质量管理中忽视或过分强调质量管理方面的作用都是片面的。

4. 建设单位（业主）的质量责任

业主的质量责任就是用工程承包合同对项目建设实施全过程的质量控制。利用国家技术标准、规范对质量控制提高工程质量的意义：工程质量是建设产品使用价值的集中体现，工程质量越高，其使用价值也就越大。只有符合质量要求的工程，才能投入正常生产，才能取得投资收益。质量不合格，无疑等于人力、物力和财力的巨大浪费。因此，利用质量管理理论来控制工程质量确保建设工程服务年限具有重大的意义。

5. 质量管理教育

企业要把质量管理教育当成企业管理的必要步骤来抓。企业的领导者要明确，对企业全体职工加强质量管理教育是保证和提高工程质量、工作质量的基础。培养质量管理人员是一种人力资源的开发，这对于企业来讲，用于这方面的投资是合算的，工程技术人员和专业管理人员也要认识到了解和掌握质量管理知识是对专业技术的补充。尤其在科学技术日益发展的今天，搞技术工作和专业管理工作，单靠已有知识是不能适应国家现代化基础设施工程建设需要的，必须使自己不断了解和掌握新的科学知识和相应的管理技术。

6. 工程建设管理教育的指导思想

就是要使“百年大计，质量第一”的方针和全心全意为人民服务的思想结合在一起，把工程建设的全部工作都转到“质量第一”的轨道上来。因此，在进行质量管理培训及宣传教育时，应使受教育者明确以下几点：

（1）提倡“一切为用户服务”的思想，是全心全意为人民服务思想的具体体现。

（2）搞好质量管理是同企业全体职工的根本利益相一致的，不是“额外负担”。只有建设合格的产品（工程项目），企业才有效益。

（3）搞好质量管理为社会提供质量优良的建设产品，是勘察设计与施工企业及工程咨询与监理等单位的本职工作，是对国家、对人民负责的具体贡献。

（4）不搞质量管理，企业就没有前途，就没有竞争能力，企业就不能在市场经济中发挥其应有的作用。

（5）建设企业从领导到每个管理者、操作者都要了解工程质量标准，关心工程质量，掌握工程质量，管理工程质量。树立设计和施工“优质工程光荣，劣质工程可耻”的集体荣誉感。

7. 全面质量管理的发展和延伸

全面质量管理的方法，这几年又迈出了三大步：一是致力于提高企业（单位）已有的各项经营活动的性能。目前大多数的建设企业实施的全面质量管理处在这个阶段。二是重视经营组织和运行过程的持续改进。目前国内有10%左右的大型建设公司进入这一步。三是不断“追求卓越”的全面质量管理，即对工作程序的优化管理。它是全面质量管理的成熟阶段。目前国内达到成熟阶段的建设公司虽然不多，但却代表着全面质量管理的发展方向，这些企业（单位）通过国际标准 ISO 9000 认证和全面执行国际通用合同条件（是指菲迪克合同条件，以下同），在国际建设市场中的占有率较大，并且在进一步改组，向专业化和集团化的工程总承包企业发展，以适应现代化、高科技工程项目的建设。

（三）质量保证与质量体系

1. 质量保证国际标准

质量保证在国际标准 ISO 8402—1994 中的定义是："为了提供足够的信任表明实体能够满足质量要求，而在质量体系中实施并根据需要进行证实的全部有计划和有系统的活动。"在工程建设中质量保证是中标单位向用户保证其承建工程的质量能符合招标承包合同中的有关技术标准的规定，并保证在规定期限内的正常使用。

（1）质量管理和质量保证是两个不同的概念。质量管理是企业从生产的角度出发，为减少不合格产品，消除浪费，增加经济效益而进行的管理活动。质量保证则是企业与用户之间的关系，生产出满足用户需要的产品而进行的管理活动。质量保证体现企业对工程质量负责到底的精神，把现场施工质量管理与交工后用户使用质量联系起来。

（2）为了保证产品（工程）质量，企业必须建立一个质量管理的有机整体，即质量管理与保证体系。

2. 质量体系国际标准

质量体系在国际标准 ISO 8402—1994 中的定义："为实施质量管理所需要的组织结构、程序、过程和资源。"质量体系又称质量保证网，是企业为了保证质量，运用业务系统的严格组织和科学制度，把企业各部门、各环节的质量管理职能组织起来而形成一个有明确任务、职责、权限、互相协调、互相促进的有机整体，使质量管理制度化、标准化，从而满足用户使用需要。一个企业完整的质量体系只有一个。适宜的质量体系应能满足实现质量目标的需要，同时也是经济而有效的。质量体系应包括以下几方面的内容：

（1）明确的质量目标。

（2）健全的各部门、各环节和各类工作人员的职责、权限以及协调制度。

（3）完备的各项标准、工作程序。

（4）适宜的工序能力，称职的操作人员，有效的质量检查机构和测试手段。

（5）严格的考核和奖惩制度。

（6）有效的信息传递、处理和反馈系统。

3. 质量体系程序运转

全面质量管理中的质量体系，是按程序运转的，运转的基本方式是 PDCA 循环。

（1）PDCA 循环是一种科学的质量管理方法与工作程序。是由美国数理统计学家戴明根据管理工作的客观规律总结出来的。它通过计划（Plan），实施（Do），检查（Check）和处理（Action）四个阶段把经营与生产建设过程的质量管理有机地联系起来。

第一阶段是计划阶段（即 P 阶段）。这一阶段的主要内容是分析现状，找出存在的质量问题，找出其主要的原因和因素，并针对主要原因，拟订对策和措施，提出计划，预计质量管理效果。

第二阶段是实施阶段（即 D 阶段）。这阶段工作内容主要是按计划去实施、执行。

第三阶段是检查阶段（即 C 阶段）。这是对执行结果进行必要检查和测试的阶段。将执行的实际结果与预定目标对比，检查执行情况，找出存在的问题。

第四阶段是处理阶段（即 A 阶段）。对检查出来的各种问题进行处理，正确的加以肯定，总结成文，编制标准；提出不能解决的问题，移到下一循环作进一步研究。

（2）质量管理活动的全部过程就是反复地按照 PDCA 的管理循环不停地、周而复始地运转。这个管理循环每运转一次，质量就提高一次，管理循环不停地运转，质量水平也就随之不断地提高。

4. 建设企业建立质量体系

建设企业建立质量体系是向招标单位提供质量保证的基础。企业没有完整的质量体系，建设项目的工程质量就无法保证。

（四）建设项目的质量工作

建设项目的质量工作可以分为两大部分，首先是做好工程设计，以确保结构安全和使用功能。其次是必须做好项目施工质量管理的基础工作，然后在此基础上建立一个建设项目完善的质量体系。

1. 施工质量管理的基础工作

（1）学习掌握国家（部门）施工验收规范、规程。国家颁布的《建筑安装工程质量检验评定标准》、《建筑安装工程施工及验收规范》以及部门和地方政府颁布的一系列有关工程质量的文件。它是评定检验和管理工程质量的法规，也是建设工程项目施工的操作标准。在工程施工中，要认真学习、严格执行国家和主管部门颁发的各项技术标准、施工及验收规范、质量检验评定标准和技术操作规程。

（2）推行施工作业的标准化。施工作业标准化是组织现代化生产建设的重要手段，是科学管理的重要组成部分，是达到理想质量效果的必要前提。项目施工管理，有许多活动是重复发生的，具有一定规律性。因此，可以把管理业务处理过程所经过的各环节、各管理岗位及其先后步骤等经过分析研究加以改进，定为标准的管理程序，使管理流程程序化，并制定成规章制度，如：标准流程、标准工艺、标准定额、技术责任制等，作为职工的行动准则，变成例行工作，有利于质量管理活动的条理化、规格化，促进工程质量的提高。

（3）严格试验、检验制度。试验、检验是保证工程质量的重要措施，要严格试验、检验制度。对原材料、半成品、成品、构配件以及新产品的试制和新技术的推广，需要预先检验；对施工过程，要根据国家规定的《建筑安装工程质量检验评定标准》逐项进行检查；对隐蔽工程要随时验收，评定其质量等级，办理验收手续。用试验、检验制度化，促进工程质量的提高。

（4）建立各个环节的质量管理责任制。建立质量管理责任制，是组织和发展生产，确保工程质量的基本条件之一，是企业质量管理的重要保证。施工项目经理为实现质量目标，各业务部门必须在全面质量管理中严格履行质量责任制，对各部门的主要工作提出切实而具体的办法和措施。

2. 建设项目的质量体系在施工阶段的重点

（1）施工准备阶段的质量管理。在施工准备阶段，应着重作好下述质量管理工作：按规定作好工程招标，签订承包合同；组织会审与学习图纸，领会设计意图，确定质量标准；编制好施工组织设计；施工机械设备的检修，确保其能正常工作。

（2）施工过程中的质量管理，分两方面进行，一是检验承包单位质量保证体系和落实有关管理人员的技术责任制，二是完善直接操作人员的工序管理办法，防止不符合规定的专业操作人员上岗。

（3）工程质量的动态控制。任何质量体系，不可能一建立就达到尽善尽美的地步，它必然有一个逐步完善的过程，工程质量的动态控制就是为了实现这一过程而进行的。

3. 质量动态管理

进行质量动态管理，目前较有成效的做法是：质量体系的运行和经理责任制、经济责任制以及质量经营、技术进步、职工培训等工作结合进行。针对建设项目特点，实行动态管理可以将质量信息按区域分点传递、反馈和按各项质量保证分口纵横传递相结合，通过信息传递卡，及时分级分片分类进行处理，加强预见、预防和预控性；同时严格按照工作质量标准和工程质量标准进行考核，真正体现以工作质量保证工序质量，以工序质量保证工程质量。

4. 质量预控与质量改进

质量预控与质量改进是建设项目全面质量管理的基本观点。预防为主要求质量管理不仅严格地去检验成品，更重要的是分析在施工全过程中可能出现质量问题的环节。对产品（工程）形成全过程进行严格的控制，在可能出现质量问题的环节采取分析预防措施，尽可能把质量问题消除在出现之前，以保证施工质量。质量改进是项目管理的长期和坚持不懈的目标，质量改进的基本目的在于提高建设“活动和过程的效益和效率”。

5. 质量预控

质量控制是强调严格把关和早期预防结合起来，变最后把关为层层设防，使质量管理工作从对质量的消极的事后检验转到积极事先预防，从管理生产质量问题的结果，发展到管理产生质量问题的因素上来。过去施工中开展的防治质量“通病”措施以及“三检制”（自检、互检、专业检）都是行之有效的预防事故手段和防止质量与安全事故的重复再发生的主要措施。

（五）质量、进度和费用三者的关系

工程质量、进度和费用三者是对立的统一。一般来说，资金投入多少及是否及时到位，影响进度快慢、影响质量好坏。合理安排施工进度，有利于保证工程质量。施工进度和质量既是一定投资效果的反映，又是影响投资多少的主要因素。俗话所说“一分价钱一分货”、“慢工出细活”、“欲速则不达”等都是对质量、进度、投资三者辩证关系朴素、生动地释义。我国的工程建设在处理三者关系上，既有宝贵的经验，亦有沉痛的教训。综合来看，只有在坚持“质量第一”的思想指导下，妥善处理好三者的关系，才能取得工程项目建设预期的良好效果。工程质量、进度和费用三大目标的内容如图 1-3 所示。

1. 标准是衡量任何产品（工程）质量的基石

标准通常是以数值表示的。达到标准要求的产品（工程），才能算为合格品，才能计算产量。凡不合格的工程，都要进行返修，甚至要推倒重建。不合格的产品（工程）越多，其成本也一定越高。所以，成本的高低，或者叫做成本质量的好坏，是企业经营效果的综合反映。因此，我们搞项目管理、质量管理，必须讲求经济效果，切实重视成本质量。同时，也不能因为强调质量管理就无限度的提高标准。应当在一定的成本条件下，求得工程质量的越高越好，而不能不顾经济条件去要求“尽善尽美”。集长期的工程建设经验，我国制定了比较完善的、比较科学的工程施工质量标准和验收规范。

2. 合乎标准的工程质量

工程质量标准有一定的时代烙印。或者说，各个国家，根据自己一定时期的经济技术水平，制定与之相适应的工程质量标准，作为衡量工程质量合格与否的尺度。我国工程建设领域，随着建设水平的提高，适时地修订、完善着工程质量标准（先后有 1966 年版、

1974 年版、1988 年版、1998 年版建筑安装工程质量检验评定标准和 2000 年开始以工程质量验收统一标准和配套的质量验收规范）。符合相关工程质量标准要求的工程，就是合格的工程。反之，则是不合格的工程。

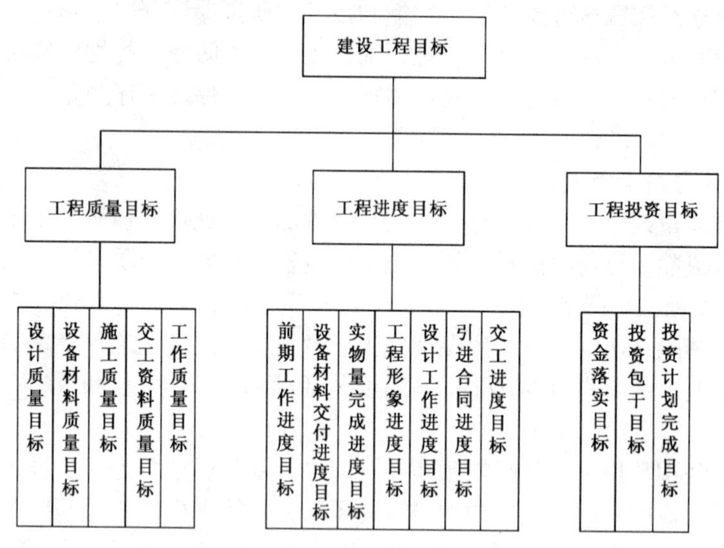

图 1-3　建筑工程三大目标的关系与内容

为了加强工程质量管理，并与国际管理接轨，20 世纪 90 年代，我国质量管理部门已明确规定，采用国际通用质量管理与质量保证系列标准（GB/T 19000—ISO 9000）作为质量管理体系检验的依据。国际通用合同条件（菲迪克）中，对质量管理标准也作出明确规定，只有“合格品”与“不合格品”之分。在工程质量管理中，要杜绝不合格品（劣质工程），也不可超过国家经济条件，追求过高的标准。要确保质量效益目标的实现，处理好质量、产量和成本的关系。

3. 在保证工程质量的前提下，力求加快施工速度

任何项目业主，无不希望尽早实现竣工要求，以便交付使用，发挥投资效益。但是，又都希望必须是合格的工程。显然，都是把工程质量作为实现其他期望目标的前提条件。没有质量保证的速度，等同于没有速度，甚至是倒行逆施。当然，一般情况下，既要保证质量，又要加快施工进度，往往要加大资金的投入。比如，采用增加施工力量，或者，延长作业时间等措施，势必要增加工程费用。如果要实现快速施工，早日竣工的目标，事先应当进行评估。即要综合考量，分析研究，权衡利弊。如果单纯从经济角度考虑，则须以加快进度而增加的投入，能否从早日交付使用获取的效益中得到补偿为决定取舍的衡量尺度。如果得不到补偿，或者因此而影响了工程质量，则必须放弃加快施工进度的方案。

4. 在保证工程质量和合理进度的前提下，力求减少费用

对于业主来说，如果能够在保证工程质量和合理工期的前提下，还能减少工程建设投资，则是最为理想的结果。要达到这样的目标，虽非易事，也不是绝对不可能。关键是要进行科学的管理。即依托专业化的、高智能的管理团队——监理，科学地组织和调配施工力量，帮助施工单位编制好施工组织设计。使工程质量与施工进度、工程费用三者始终处于最佳匹配状态。当然，事实上，这种匹配，不可能一成不变。应当根据工程建设环境的

变化，适时地进行调整和完善。经验证明，按照均衡施工法（像广东从化抽水蓄能电站建设那样，依照既定的均衡施工计划，按部就班地组织施工），就可能取得最佳效益。

5. 不同工程项目的不同追求目标

对于工程建设三大目标之间的统一关系，需要根据工程建设项目的具体情况，从不同的角度分析、认识。

经济角度可行：缩短工期要增加投资，但是，能够提早发挥投资效益。而且，提早发挥投资效益必须要大于缩短工期而增加的投资。

全寿命费用角度，节约投资：提高功能和质量要求，要增加投资。但是，如果因此而降低的运行费用和维修费用超过因提高功能和质量要求增加的投资额，才是有益的取向。

质量控制角度：严格的质量控制，保证功能和质量要求，减少返工费用、维修费用。同时，还起到了保证进度的作用。

在确定工程建设目标时，应当对投资、进度、质量三大目标之间的统一关系，进行仔细地、全面地，且尽可能定量地分析。在分析时，要特别注意：

（1）工程项目的建设环境和特殊要求，选定其中之一作为主要目标，并充分考虑相关制约因素的影响。

（2）对于预期的收益评估，坚持实事求是，且应留有余地。

（3）制定目标规划时，应当与相关实施计划紧密结合，保证规划目标有牢靠地支持。

总之，不同时期，不同工程，不同业主，对于所投资的工程项目建设，可能各有不同的目标期望和要求。但是，无论什么情况，都应全面分析、权衡利弊，作出科学、合理地选择。

（六）建筑标准化和质量管理的关系

1. 建筑标准化工作和质量管理密不可分

标准化是质量管理的基础，质量管理是贯彻执行标准化的保证。要提高建筑产品质量，满足国家建设和人民生活的需要。使我国的施工能力和设计水平在国内外建设市场上具有竞争能力，首先要保证工程质量稳定可靠，在各个方面都要有个标准尺度。用这个标准去衡量每个建设项目的工程质量，把住质量关。所谓标准，一方面是衡量工程质量及各项工作质量的尺度；另一方面，它又是进行设计与施工管理、技术管理、质量管理工作的依据。也就是将建筑产品生产过程的各个方面，包括技术要求、生产活动以及经营管理方法，都纳入规范，形成制度，根据国家技术标准去组织、指挥全体建设职工的行动，处处按标准要求办事。

2. 建筑标准化的实施

推行全面质量管理必须以各种质量评定标准为依据，反过来各种标准的贯彻执行，又要以全面质量管理中的 PDCA 工作方法做保证。所以，推行标准化同全面质量管理有密切的关系。这一点，在工程建设项目管理的实际工作中是十分明显的。但是，工程项目的质量管理仅依靠推行全面质量管理，还不能满足标准化工作，还需要统一标准。根据国家有关规定，工程建设项目管理应实行 GB/T 19000—ISO 9000 系列标准。

（1）贯彻 GB/T 19000—ISO 9000 系列标准有利于提高专业化施工程度。比如钢筋工程、抹灰工程、混凝土工程、木作工程、油漆粉刷工程、砌筑工程、水暖工程、电气安装工程等都可以成立专业化施工队。由于专业化程度的提高，有利于提高机械化程度，进而在工程总承包企业（集团）中组建专业化分公司，进行工厂化加工。

（2）贯彻 GB/T 19000—ISO 9000 系列标准后，建筑标准化可以简化生产组织工作，有利于采用流水生产线和自动生产线等先进的生产组织形式，有利于日常性的工程建设管理工作，使更多的技术人员和管理人员把精力集中到抓施工准备，改善施工秩序，组织均衡施工，保证工程质量等工作上来。

（3）实行建筑标准化，可以减少设计工作量，使设计人员能够集中力量和加强对建设项目质量体系的研究工作。同时，由于实行标准化，对于工程建成后维修以及为社会服务等方面，也带来有利影响。

在 20 世纪末，美国质量管理专家朱兰指出："本世纪是生产率的世纪，下个世纪将是质量的世纪。"这意味着 21 世纪将是高质量（经营的高质量，产品和服务的高质量，工程建设的高质量）的世纪，质量管理科学将有更蓬勃的发展，全面质量管理阶段的突出特点就是强调全局观点、系统观点。到 21 世纪，不仅质量管理的内容规模会更多，更重要的是质量将作为政治、经济、科技、文化、自然环境等社会诸要素中的一个重要要素而蓬勃发展。这意味着：

一是质量将受到政治、经济、科技、文化、自然环境的制约而同步发展。

二是质量系统将作为一个子系统而在更大的社会系统中发展。因此，进入 21 世纪后，质量管理将进入一个新的发展阶段，即第四阶段，称之为社会质量管理（Social Quality Management，简称 SQM）阶段。再进一步，则将向全球质量管理（Global Quality Management，简称 GQM）阶段发展。

为了提高我国工程建设质量和开拓国际建设市场，广大工程建设者及建设企业（包括工程设计与施工、工程咨询与监理单位）应认真开展全面质量管理工作，并认真落实 1996 年 12 月，我国政府颁发的《质量振兴纲要》（1996 年 ~ 2010 年）。在此基础上，进一步做好贯彻执行国际标准（ISO 9000 系列标准）工作。努力使我国工程建设质量跨上一个新台阶，提高到国际标准水平。

工程建设是一种特殊的延续时间较长的契约型合同活动。同时，参与其中的方面很多。应当说参与各方对工程建设质量都负有一定的责任。为确保工程质量和安全生产，必须建立层层负责的质量安全责任制。这是工程质量的组织保证。工程建设的项目法人、勘察、设计、施工、材料设备供应、监理（咨询）单位，都要按照业务分工，对工程质量涉及的各个环节负责，并将责任分解落实到具体个人身上。国家已明确规定：所有领导责任人、项目法人代表、勘察设计、施工、材料设备供应、监理等单位负责人，按照职责对经手的工程质量负终身责任，如果出现质量问题，不管调到哪里，都要追究责任。之所以如此，就是强调工程质量是多个环节共同干出来的。不同环节的工程建设实施者是该环节工程质量的第一责任者。即，项目法人是工程建设项目决策质量的第一责任人；勘察、设计、施工分别是工程建设项目勘察、设计、施工质量的第一责任人。在工程建设的不同阶段出现了质量问题，首先追求第一责任人的责任。决不能不分青红皂白，分摊责任。

第一，《建设工程质量管理条例》规定：工程质量必须由有关行业主管部门和有关地区政府指定专人负责，对工程质量负监督责任。就是说，各级政府主管部门对工程建设质量负有监督的主要责任。当然，政府部门不可能事无巨细地对每个环节、每项具体活动都进行监督。政府的监督，主要体现在法规、政策、制度的监督上，同时辅以个案监督。

第二，真正能够对工程建设项目实施随机监督的，是建设监理。众所周知，建设监理是能够提供专业化技术服务的中介组织。充分发挥建设监理的监督作用，将是今后监督工作的主要方向。因此，要积极推进工程监理制度。作为工程建设的基本程序之一，要不断完善、强化这项制度。工程监理是受项目法人委托，对工程建设进行全过程、全方位监督，是确保工程质量的重要制度。要通过竞争，选择合格的监理队伍担当监理任务，对重大工程的重点部位，可在全国范围内聘请知名度高、有信誉、有经验的工程项目总监参与工程监理。工程监理单位派出的工程总监业务水平及职业道德必须符合规定的条件。工程监理应积极参考、采用菲迪克合同文本赋予建设监理的职权开展工作，不断提高监理水平，搞好工程质量监管。

第三，还要充分发挥社会监督，特别是社会舆论监督的作用。

质量责任感源自责任心。责任心强的人，就能够兢兢业业地担负起所负的质量责任，甚至在技能落后的情况下，也能迅速赶上去。

提高责任心的途径，一是教育；二是制度。通过教育，逐步提高相关人员自觉地对质量高度负责。建立必要的制度约束，是为了促使尚不自觉的人担负起应有的质量责任。教育和制度都不是万能的，只有把二者结合起来，才能够有效地提高责任心。

要认真执行建设程序。特别是严格审查和把握项目建议书、可行性研究报告、初步设计、开工报告和竣工验收等环节。违背这个程序、搞“三边”工程，必然出问题。项目可行性研究必须经过有资质、有权威的机构和专家咨询评估。要按合理工期组织均衡施工，不能违背科学，盲目赶工期。要建立健全招标投标制度，运用市场竞争机制保证工程质量和效益。国家投资的建设项目选择施工、供应单位，要进行公开招标投标。对勘察、设计、监理单位，要通过竞争，择优录用。招标投标工作必须体现公开、公平、公正原则，不得在同一管理单位内搞设计、施工、监理“一条龙”作业。投标单位必须具备相应的资质等级和业绩。

第二节　工程安全的基本概念

一、工程安全的内涵

所谓工程安全，笼统地讲，就是工程建设项目各项预期目标，都能顺利实现。具体讲，就是：投资的选项是合适的；项目的可行性研究比较确切；工程项目的选址及规划比较恰当；工程项目的勘察比较准确；工程项目的施工图设计先进、合理、实用；工程项目施工质量、进度和费用符合合同约定；工程项目交付使用后，能够在预定的寿命期内满足安全使用（生产）的需求等。

当然，各个分阶段的目标，不仅仅是质量问题，同样，还有进度问题、费用问题的限制。就是说，各个分阶段的质量、进度、费用目标均得以实现，才可以说，这项工程是安全的。若其中有些目标没能按照预期实现，则可认为，该项工程安全出现了一些问题。有些阶段目标没有按照预期目标实现，则可能影响整个工程的安全，甚至成为不安全的项目。比如，由于设计原因，导致使用期间，没有能保证职业健康安全的需要，尽管工程施工的质量很好，这个项目也是不安全工程。如果施工阶段遗留了一些致命的质量隐患，这个项目自然也是不安全工程。显然，这里所说的工程安全，与施工安全是完全不同的概念。虽然施工安全事故也影响到工程的安全，尤其是工程进度目标。但是，施工安全事故的主要影响范围在于施工单位。它的表现形式，主要是人身安全，以及可能牵连到的工程财产和施工财产的安全。

关于工程安全所包罗的内容，在以往的工作中，都是常常遇到的问题。只是一般都就事论事地处理，没有能梳理、归并到工程安全的角度来认识。应该说，工程安全是一个完整的系统工程。工程建设的各个阶段，各个子系统的安全问题，是整个工程项目安全的不可或缺的有机组成部分。各个子系统的安全问题，既是相对独立的，又是相互关联的。因此，要求各个阶段，各个子系统实施的承担者，必须树立全局观念、整体观念。唯此，才能正确地处理不同阶段遇到的不同安全问题，才能有效地保证工程项目的总体安全。

依据工程安全的概念，可以把安全工程理解为没有任何问题的工程。同时，最为理想的安全工程是，不仅工程项目建设的结果是安全的，而且，工程项目建设过程也是安全的。虽然工程项目建设某些过程的不安全，并不影响工程建设项目最终的安全，但是，既然已经发生了一些不安全状况，难免对工程建设项目会有些许影响。比如，规划的差错、设计的不周，在工程项目施工阶段得以修正。但是，进行修正，必然要付出一定的劳动。这些附加的劳动，可能要增加业主的投入，也可能延误建设的时间，还可能影响工程的实体质量等等。总之，工程建设项目业主的最高利益，就是既期望购买的建筑商品完好无缺，又期望在交易过程中，也能顺利进行，不出安全意外。

由于建筑商品是一种特殊的商品——契约性商品，所以，在它的形成过程中，前一过程的产品是后一过程实施的必要条件。即，每一个中间产品，是后一个阶段的基础。每一个中间产品的安全问题，必然影响后一阶段的安全。所以，业主对于工程建设项目每一个实施阶段的安全问题，都十分关注。一般情况下，业主会对工程建设每一阶段的产品进行中间验收。诸如对于工程项目可行性研究成果的签认；对于工程项目设计的签认；对于支付工程施工进度款项的签认等。对这些工程项目建设过程中间产品的签认，即表示业主的权利，更表示业主对这些中间产品安全的关注。

在工程项目建设中，除却业主关注工程安全外，其实，工程建设的参与各方都关注工程安全问题，只是关注的角度和侧重点不同而已。

工程规划单位总是希望所规划的工程项目，既符合公众利益的要求，也符合工程项目业主的意愿；工程项目设计单位也希望所设计的项目既科学、先进，又能控制在限定的概算范围以内；工程施工单位寄希望尽快完成施工任务，又能满足合同约定的质量要求，还能获取期望的经济收益；工程监理单位也希望各阶段的建设活动都能顺利地进行，同时，也不发生任何事故。所以，可以说，在工程项目建设过程中，没有任何单位愿意看到工程项目出现意外情况。长期以来的实践无不证明，工程安全是工程建设各方利益的共同需求。

工程安全，是以安全的视觉，对于工程项目建设总体水平的高度概括。无疑，一个工程安全度高的地区、国家，其经济发达程度、科技进步程度、建设市场健全和规范程度定将是比较高的。正常情况下，工程安全度的高低，也反映出工程建设各方的文化素质、技术素质、管理水平、组织协调水平，以及社会道德等多方面的发展状况。不难想象，在落后的社会时期，能有普遍高的工程安全度。同样，单就一个地区、国家工程项目建设外观的情况，就可以推断其工程安全度的高低，以及其经济和社会发展的总体水平。

我国改革开放以来，短短的30余年间，特别是进入21世纪以来，我国工程建设的安全度快速提升。诸如不少城市，摩天大楼鳞次栉比，立体交通迅速升级；地域交通快捷方便；工业项目、民生工程建设日新月异……这些工程项目建设速度之快、质量之高、投资之有效，都是之前不敢想象的。这就是人类的希望，社会进步的标志。

工程安全是以工程质量、工程建设速度和工程建设费用为主要标志的工程建设总体水平的别称。它涉及工程地质、工程规划、工程建筑、工程机械、工程技术、工程经济、工程材料，以及工程管理、环境人文等多学科知识。随着社会的进步、人们认知的提高，工程安全这门学科必将越来越体系化，必将越来越凸显出来，而为社会所接受、所重视。

毋庸讳言，现阶段，对于工程安全的认识，还处于支离破碎的状态。往往以包括工程项目规划质量、勘察设计质量，以及工程施工质量为主要内容的工程质量的好坏，甚至仅仅以工程施工质量的好坏，作为工程项目安全度的衡量指标。而且，被不时发生的工程施工安全事故所“抢镜”。以至于有人认为，抓好工程施工安全生产，减少、以致避免了工程施工安全事故，就等于搞好了工程安全工作。我们应当从这种片面的、狭隘的，甚至是错误的认知中解脱出来，全面地、正确地认识工程安全的真实意义。把工程安全的理念提升到系统的管理科学的高度来认识。也只有把工程安全作为一门学科来认识，才能逐渐了解它的全部内涵，才能逐步掌握它的前后联系和与各种关联因素间的制约关系。从而，有的放矢地做好工程安全工作，为工程建设领域、为社会作出积极的贡献。

二、工程安全的责任主体及其责任

如上所述，工程安全是贯穿于工程建设全过程、涉及建设市场各个有关方面的全局性问题。而且，在工程建设的不同阶段，对于工程安全起主导作用的责任者又各不相同。所以，有必要分清工程安全的具体责任主体，明确其主要责任。以期各司其职、各负其责，共同搞好工程安全工作。

（一）业主的责任

工程项目的业主（就我国而言，还包括工程建设项目法人等，以下同）对于工程安全的关注点最多、最全面，而且贯穿于工程建设的始终。特别是，在工程投资选项方面、可行性研究和施工图设计认定方面，在选择和签订工程施工合同方面等，业主的意见具有最终决定权。这种决定权，在很大程度上锁定了工程项目的安全度。也就是说，一个工程建设项目安全度的高低，基本上取决于业主的选择。或者说，业主承担工程建设项目安全的责任是首屈一指，无与伦比的。比如，一个工程建设项目，该不该建、应当在什么地方建、以什么样的速度建、选择什么样的方案建、选用什么样的施工单位建等。对于诸如此类的重大问题，业主的决策正确，则工程安全度就比较高。反之，工程安全度就很低。所以，要想提高工程建设项目的安全度，业主负起应有的责任，至关重要。既不能小觑，也不能马虎，还要有能力承担如此艰巨的任务。

在市场经济体制下，业主的这种责任愈发显得突出。资本家之所以对于投资建设项目慎之又慎，就是因为，他清楚自己的一举一动、一个小小的承诺如有不慎，就有可能招之巨大损失，甚至是灭顶之灾。资本家这种慎重担当责任的精神，值得我们借鉴、学习。

（二）承建商的责任

在工程项目建设过程中，承建商担负着把业主的理想变为现实的重要职责。即，承建商首先要把业主的理念，用详细的图示语言表达出来——进行工程设计。继而，承建商还要组织人力、机具，把建筑材料、构件、设备等组合起来，形成具有使用（生产）价值的建（构）筑物。从而，最终完成工程项目建设事项，结束建设市场交易活动。由此可见，承建商担负着工程项目建设实施阶段的任务，它是工程项目建设的最终完成者。所以，承建商应该对工程项目建设实施阶段的工程安全负责。也就是说，在正常情况下，工程项目建设实施阶段安全度的高下，主要取决于承建商工作的好坏。

在工程项目施工阶段，施工安全对工程安全度也有很大影响。像2009年，某煤矿建设项目施工中，由于急于求成，盲目蛮干，导致发生了严重的透水事故，殃及数十人的生命。不但推迟了工程建设进度，而且，造成了重大的经济损失，大大降低了工程的安全度。所以说，施工单位是工程项目建设施工阶段工程安全的主要责任人。因此，我国的《建筑法》明确规定“建筑施工企业必须依法加强对建筑安全生产的管理，执行安全生产责任制度，采取有效措施，防止伤亡和其他安全生产事故的发生。建筑施工企业的法定代表人对本企业的安全生产负责”（第四十四条），“施工现场安全由建筑施工企业负责”（第四十五条）。

无数事实证明，要想减少工程施工安全事故，必须强调施工单位的安全责任，必须强化施工单位的安全管理。只有这样，才是抓住了问题的根本，才可能抓出成效，才可能事半功倍。那种片面强调监管作用的观念，那种片面严惩监管方面的做法，只能是“隔靴搔痒”，解决不了根本问题，甚至是事与愿违。

（三）建设监理的责任

按照谁投资谁负责谁受益的原则，工程项目业主对于工程安全负有全面的、主要的责任。这是天经地义的道理，毫无悬念。但是，在市场经济体制下，工程项目业主为了最为稳妥地、最大限度地获取投资效益，工程项目业主往往委托具有专业化、能提供高技能智力服务的工程建设监理单位，具体管理工程建设的工作。由此，工程建设监理对于工程安全负有实际的、全过程的、多项的责任。或者说，工程项目业主可以把对于工程安全的全部责任委托给工程建设监理单位。这在市场经济体制比较成熟的国家、在比较明智的投资者看来，已经是司空见惯、习以为常的事情。即，从投资选项开始，就委托监理单位为其把关；委托监理单位为其监管工程的可行性研究；以及委托监理单位监管工程项目勘察、设计和施工等各项事宜。可见，建设监理对于工程安全的责任有可能是很大的。这是建设市场发育的必然结果，是建设监理制倡导的发展方向。

现阶段，我国的建设市场尚处于初步发育阶段，工程建设监理制更是正在探索、发展初期。所以，业主远未把工程项目建设监管的权限委托给监理。目前，仅仅委托监理对于工程项目施工期间的质量进行监管。只有少数工程项目业主，委托监理单位监管工程施工的进度和费用（也有极少数工程项目业主委托咨询单位，对工程项目的可行性研究进行评估。）但是，现阶段，由于有关方面的不恰当导向，把本不该由监理单位承担的工程施工安全监管，责令监理单位承担。

责令监理单位承担工程施工安全监管责任，在国际通行惯例中找不到借鉴。比如，我国正着力推行的菲迪克条款管理模式。其中，菲迪克最新版的“新红皮书”（《施工合同条件》）有关“工程师的职责与权力”中规定：“业主应任命工程师，工程师应履行合同中赋予他的职责，”“工程师的任何批准、校核、证明、同意、检查、检验、指示、通知、建议、要求、试验或类似行动（包括未表示不批准），不应解除合同规定的承包商的任何责任，包括对错误、遗漏、误差和未遵办的责任。”还规定“承包商应对所有现场作业、所有施工方法和全部工程的完备性、稳定性和安全性承担责任。”而所有有关“工程师”责任的条款，只字未提“工程师”对于工程施工安全的责任。

责令监理单位承担工程施工安全监管责任，既缺乏法理支持，也不符合《建筑法》的规定。众所周知，工程施工安全管理是施工单位内部的事。施工单位利用组织手段、行政手段、制度约束，以及激励机制等进行工程施工安全管理。而业主对于施工单位的人、财、物等没有任何直接管理的权限，也就没有施工安全管理的责任。工程项目业主自身没有的权限，怎么可能凭空委托给监理单位承担工程施工安全责任呢？所以说，责令建设监理单位承担工程施工安全监管责任，没有一点法理基础。2011 年新修订的《建筑法》依然强调“施工现场安全由建筑施工企业负责”（第四十五条）；“建筑施工企业的法定代表人对本企业的安全生产负责”（第四十四条）。而有关建设监理的 6 条（第四章第三十条～第三十五条）规定中，只字未提要监理承担工程施工安全的监管责任。中央一再强调要增强法制观念，依法办事。我们就应当响应中央的号召，积极贯彻落实，努力做到言行一致，认真按照《建筑法》的规定，理清有关工程施工安全的责任，努力搞好工程施工安全工作。

（四）政府的责任

任何工程项目建设的实施，都是企业行为。从这层意义上讲，对于工程安全，政府没有责任。但是，从社会管理意义上讲，政府负有监管工程安全的重大责任。所谓社会管理，就是政府和社会组织为促进社会系统协调运转，对社会系统的各个组成部分、社会生活的不同领域，以及社会发展的各个环节进行组织、协调、监督和控制的过程。社会管理主要是以行政强制为基础，以法律为保障，对社会关系进行调整和约束，政府在其中起主导作用。强调政府的强制性。显然，工程项目建设，这类对于社会进步、经济发展有着重大影响的群体活动，政府进行监管是责无旁贷的事。在我国，重大工程建设项目，往往是政府投资，或者是国有企业投资兴建的，相关政府部门更应该承担主要的监管责任。即便是私人投资，或者国外企业投资建设的工程项目，从对社会负责、对人民负责的角度考虑，我国政府也有责任进行监管。我国政府对于工程项目建设的监管责任，主要表现在以下几个方面。

（1）法律规范。我国已经制定了《建筑法》、《合同法》、《招标投标法》、《土地法》、《规划法》、《安全法》、《公司法》等一系列法律，以及与之相匹配的管理条例。这些法规是政府根据社会公众的意志，国家利益的要求等，制定的规范相关工程建设活动行为的准绳。体现了政府对于工程安全等监管的根本职责，同时，也体现了社会对于工程安全的期望。

（2）政策引导。为了鼓励工程建设有关各方，共同努力提高工程安全度，政府还制定了一系列相关政策。诸如，组织开展工程项目建设创优评比活动——包括优秀设计方案评选、优秀设计评选、优秀工程评选、优秀企业评选，以及优秀质量管理小组评选等。进入 21 世纪以来，还相继开展了优秀建设监理企业、优秀工程咨询单位评选活动。这些激励措施的实施，不断地提升着工程安全度，促进着工程建设总体水平的提高。

(3) 市场监管。随着我国社会主义市场经济体制的建立和逐步健全，市场交易活动愈来愈频繁。为了实现公平交易，也为了不断促进市场交易活动的健全发育，市场交易各方，以及整个社会，对于规范参与市场交易活动各方行为的呼声越来越高。工程建设市场的情况，也不例外。非但如此，根据建设市场交易活动的特点，全国各地纷纷筹建了有形建设市场。为建设市场交易活动的公开化、透明化，以及科学化、速效化奠定了物质基础。

作为政府，为了规范并加强对建设市场的监管，相继制定了建设市场监管办法：

原城乡建设环境保护部、国家工商行政管理局曾于1987年2月10日发布了《关于加强建筑市场管理的暂行规定》；

1991年12月1日，建设部、国家工商行政管理局又印发了修订的《建筑市场管理规定》；

1996年5月17日，建设部、监察部、国家计委、国家工商行政管理局关于印发《全国建设工程项目执法监察实施方案》；

2001年，建设部又制定了《关于进一步整顿和规范建筑市场秩序的意见》。

2011年6月24日，住房和城乡建设部印发了《关于进一步加强建筑市场监管工作的意见》。

除此之外，在有关工程招标投标管理、工程建设项目报建管理、工程建设项目施工质量监管、工程施工安全监管等方面也都有详细、明确的规定，要求各行为主体严格按照规定进行交易活动。

(4) 具体执法监管。为了促使各项规定都能逐步落到实处，有关政府部门还成立了执法稽查机构。开展经常性的执法稽查与突击性的执法稽查相结合的方式，督促有关各单位，按照法规规定进行交易活动。对于违反有关规定的单位和个人，严肃查处，直至建议追究其刑事责任。

(5) 号召社会舆论监督。政府对于工程安全监管的责任，除了上述几方面之外，还有更为广泛、更为全面的监管方法，就是号召、支持并鼓励开展社会舆论监督。特别是对于违法违规行为，号召、发动社会力量及时予以披露、抨击。从而，逐渐形成强大的社会监管力量，有力地约束工程建设各有关方面，规范自己的交易行为。共同为提高工程建设项目的安全度，作出自己应有的贡献。

第三节　ISO标准的发展（质量、环境与安全）

一、质量、环境与安全管理体系的发展和联系

（一）环境与安全需要标准化

随着GB/T 19000—ISO 9000贯标认证的广泛开展，管理体系已在我国建设工程项目管理中应用，然而按GB/T 19000—ISO 9000系列标准建立的质量管理体系无法涵盖工程管理的每个方面，如何处理现场环境管理、文明施工管理和安全管理等与质量管理的关系，对工程建设的系统管理要认真研究。

（二）质量、环境、安全一体化管理

随着全面质量管理的发展，和现代化科学技术的进步，国际标准化组织（ISO）根据管理体系标准化的发展趋势和生产建设的特点，提出建立质量、环境、安全一体化综合管理体系的观点，而且开始了质量、环境与安全标准的制定与认证。“三大标准”要求的程序文件如表 1-2 所示。

“三大标准”要求的程序文件 **表 1-2**

序号	14001 要求	18000 要求	两要求比较	与 9000 比较	建 议
1	环境因素：确定可控制或施加影响的环境因素	危害辨识风险评价、危险控制计划；实施的计划 区别点：一个强调确定，一个强调实施	一个强调确定，一个强调实施	与过程识别相同	可分别写，或可与环境和职业安全健康写在一起
2	法律、法规：确定适用的法律法规，建立获取的渠道	法律法规：遵守职业安全健康法律法规	一个强调确定，一个强调遵守	相同，9000 没有文件，本次可以一起考虑	三个标准要求写成一个程序文件
3		管理方案：评审、修订管理方案	14001 没有要求		写一个程序文件应该考虑 14001 和 18000 一致
4	培训：提高意识胜任工作	培训：提高意识	完全相同		用 9000 文件
5	信息交流，规定内外部信息交流途径、方法	协商与交流：给员工信息，以便员工参与，员工参与的内容	18000 强调员工的参与	有程序，但没有强调全员参与	可另外制定文件，14001 和 18000 一致
6	文件控制	文件和资料控制	完全相同	一样	用 9000 文件
7	应急准备和响应，确定在事故或紧急情况作出响应，并预防减少可能伴随的环境影响	应急预案与响应：同左边	完全相同	基本原理相同	做成不一样的程序，但原则应该一样
8	监测：对可能的重大影响运行和活动特性进行例行监测，包括绩效、控制、目标情况的监测	绩效测量监测：主动绩效测量（管理方案、法规执行），被动绩效量（事故、职业病、事件）	可以一样		14001 和 18000 做成一个文件
9	违章、纠正与预防：规定职权、对违章处理调查、纠正并减少影响，预防	事故、事件不符合纠正与预防：同左边	完全相同	基本相同	将 9000 文件稍微修改
10	记录：	记录：	完全相同	一样	用 9000 文件
11	审核：	审核：	完全相同	一样	用 9000 文件

（三）管理体系和管理体系认证

ISO 9000系列标准的颁布和实施，打破了ISO以往单一制定技术标准的格局。ISO不仅把标准化活动同国际贸易紧密地结合起来，引起产业界乃至政府对标准的重视，而且把系统管理的理论引进了标准化，提出了建立文件化管理体系和管理体系认证等一系列概念。这不仅是标准化发展史上的一个创举，而且在管理科学领域也引起了极大的重视。

1. ISO在1993年6月，把国际标准的目标指向了环境问题，开始制定ISO 14000环境管理体系标准，到1996年10月ISO颁布了ISO 14000系列主要的5个标准。

2. ISO 14000系列标准颁布后，引起世界各国政府和企业家的重视，抓起了环境管理体系认证。

（四）环境表现评价（EPE）工作

1. 环境表现评价GB/T 24031—2001标准给出两种类别参数，环境表现评价程序如图1-4所示。环境表现参数（EPI）及环境状况参数。有两种类型：一是管理表现参数（MPI），它是一类提供与影响组织有关的环境表现的管理工作信息的环境表现参数；二是运行表现参数（OPI），它是一类提供与组织运行有关的环境表现信息的环境表现参数。

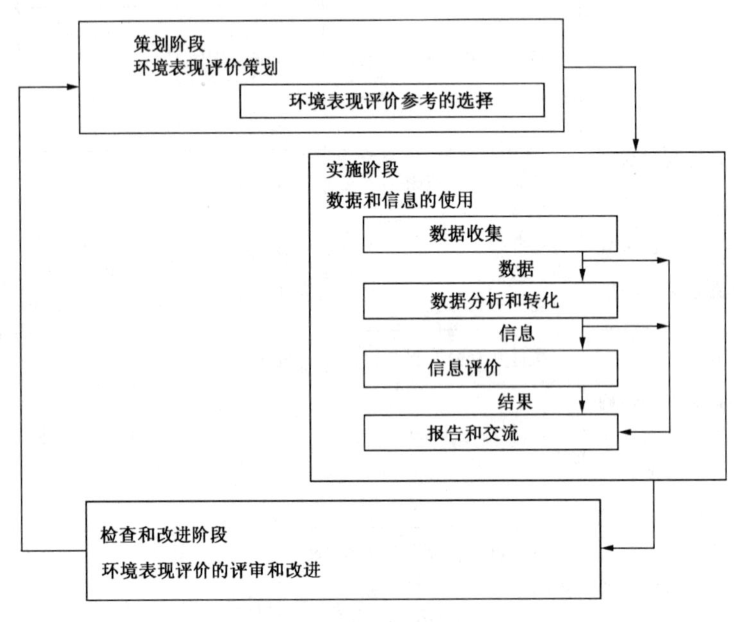

图1-4　环境表现评价程序

2. 环境评价数据的利用可参阅GB/T 24031—2001，结构如图1-5所示。

3. 我国在1997年2月即等同采用国际环境管理标准，即GB/T 24000—ISO 14000系列标准，我国电子、化工和造纸等行业的一些企业首先获得了GB/T 24000—ISO 14000系列标准认证证书。

4. 除已颁布的ISO 9000和ISO 14000系列标准外，ISO还制定和颁布一套职业安全与卫生管理体系标准，该标准参照英国1996年颁布的职业安全与卫生管理体系标准BBS98800，要求企业建立职业安全与卫生管理体系（OHSMS），改善生产条件，加强安全管理，保证职工健康和安全。

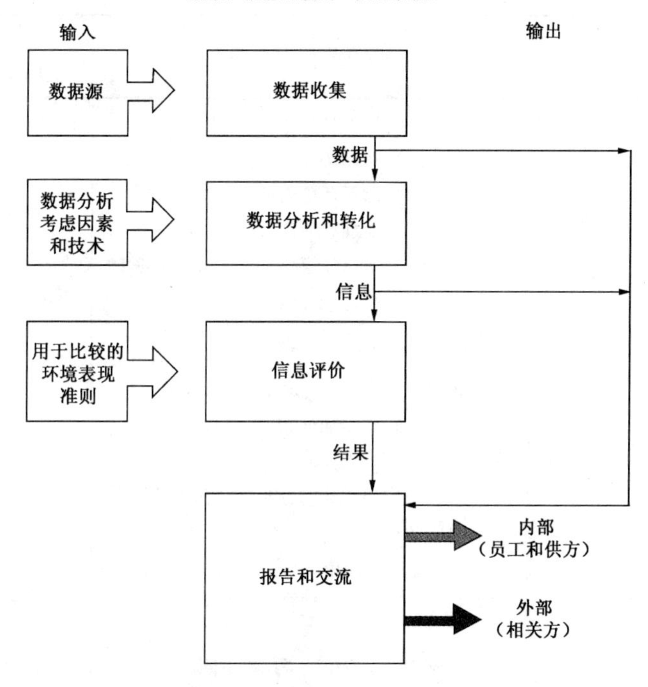

图 1-5　环境评价结构示意图

二、质量、环境与安全管理的关系

（一）质量、环境与安全管理体系

质量、环境和安全三种管理体系标准的产生，是为了适应世界经济市场一体化的格局，强调了企业组织生产的社会责任。质量管理体系（QMS）保证生产产品（工程）合格，使顾客满意；环境管理体系（EMS）保证在生产过程中节约资源，保护环境，使社会满意；职业健康与安全管理体系（OHSMS）保证文明组织生产，加强安全保障和职业健康，使员工满意。建立“三大标准”一体化管理体系基本框架可参阅表 1-3。

三种管理体系的对象不同，但目标一致。三种体系均作用于组织生产与建设的全过程，存在密不可分的内在联系。

在指导思想上，三种管理体系都遵循相同的管理思想：

1. 从注重技术解决发展到从组织上和管理职责上解决产品（工程）质量问题。
2. 从注重终端控制发展到全过程控制。
3. 要求制定管理方针，针对管理体系的总目标作出承诺。
4. 要求建立并保持分层次的文件化体系。
5. 强调记录和可追溯性。
6. 强调“预防为主，不断改进的思想”。
7. 要求采用适当的管理技术。
8. 体系的实用性和有效性原则。
9. 自愿性接受统一系列标准申请认证的原则。

建立管理体系框架必须要做的基本事项 **表 1-3**

序号	14001 标准要求	工　作　事　项	18000 不同点 （未注明的与 14001 相同）
1	现场环境情况调查	应覆盖四个方面： （1）法律法规要求； （2）重要环境因素确定； （3）对现有活动与程序的审查； （4）对以往事件调查的反馈意见的评价	危险辨识、危险评价
2	识别获得有关法律法规要求	应该考虑以下问题：组织如何获取并认定相关的法律法规和其他要求？ （1）组织如何跟踪法律法规和其他要求？ （2）组织如何使员工了解其中的相关信息？ 应建立清单	
3	识别重大环境影响因素	应该建立清单应考虑以下问题： 大气和水排放、废物管理、土地污染、原料与自然资源的使用、当地其他环境问题和社区问题。有下列步骤： （1）选择活动、产品或服务； （2）确定其中的环境因素并分类，找出：组织所能控制的因素和希望组织对其施加影响的因素； （3）确定环境影响； （4）评价环境影响的重要程度	建立预先危险分析表应对一旦发生泄漏，可能导致火灾、爆炸、中毒等重大危险和有害物资的情况进行分析： （1）由易燃易爆引起的事故； （2）由有毒物质引起的事故用作业条件危险性评价或 FMEA 方法将事故的可能性、暴露危险的频繁程度、发生事故的后果以及危险等级定量
4	根据以上情况制定管理者承诺—管理方针并发布	方针中应体现：通过新开发项目实施一体化环境管理与规划；体现生命周期思想；尽量减少生产、使用和处置过程中的环境影响；承诺进行循环，为可持续发展而努力	管理者对安全生产的态度、认识和责任，遵纪守法的承诺
5	指定管理者代表	确定管理者代表	同时确定员工代表
6	制定相关目标、指标并分解落实	制定有指标、有措施、有责任分配等信息的计划	
7	制定环境管理方案规定职责：实现的方法和时间表	针对每个目标有一个管理方案。例：方针：目标 1：指标 1：措施 1	
8	评审目标、指标符合性	目标诊断	

续表

序号	14001 标准要求	工 作 事 项	18000 不同点 （未注明的与 14001 相同）
9	运行控制四件事： （1）作业指导书； （2）运行标准； （3）重要环境因素标识； （4）与供方和承包方接口	结合生产的控制措施为了制定运行标准，对重大环境有影响的运行与活动的关键特性进行识别	
10	建立应急响应工作程序并成文	制定程序文件，培训，适宜时，进行演练	
11	对前 9 项内容监测：绩效、控制、目标、指标符合情况，评价法律法规符合情况	定期监督检查	
12	建立对违章处理、纠正和预防的程序	PDCA 循环	
13	其他文件的识别和建立	见程序文件清单	
14	查 12 种记录是否齐全	法律法规有关记录、投诉记录、培训记录、过程信息、产品信息、检查维护和校准记录、有关供应商与承包方信息、意外事件报告、应急准备等信息、重要环境因素和危险源信息、审核结果、管理评审	
15	体系审核	现场审核	
16	管理评审	管理评审	

（二）三种管理体系的运行

在体系运行方式上，三种管理体系都按照：制定方针目标计划、实施和运行、检查和纠正措施、审核及管理评价，即全面质量管理理论的模式（PDCA 循环）来实现管理体系的持续改进与发展。三大标准整合如图 1-6 所示。

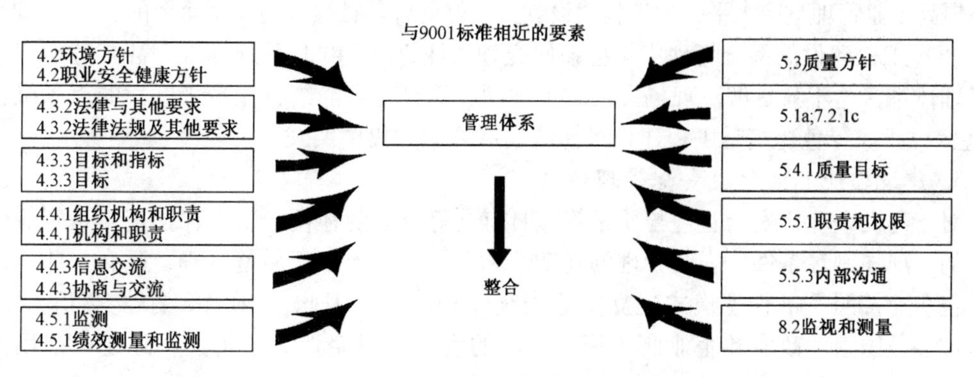

图 1-6　三大标准关系（整合）

1. 工程建设项目质量管理体系

基于对工程质量的需求，工程建设质量管理体系的建立在我国启动较早。如前所述，“百年大计、质量第一”早已成为我国建设领域工作的指导思想，且不断完善着质量管理组织，形成了一套行之有效的管理体系。项目管理特点和质量管理现状使得 ISO 9000 系列标准的作用在建设企业中得到更加突出的体现。ISO 9000 系列标准于 1994 年被我国等同采用后，立即得到我国建设企业的积极响应。如今，越来越多的工程建设承包企业已通过 GB/T 19000—ISO 9000 系列标准认证，这是企业提高质量管理水平和保证工程质量及安全生产的现实需要。

2. 工程建设环境管理体系

与 ISO 9000 系列标准相比，有些建设企业对悄然兴起的 ISO 14000 系列标准则表现出认识不足和热情不够。工程建设项目管理中则应该认识到：

（1）环境保护涉及每个建设项目。当今环境保护已成为全球的主题，环境保护不只是意味着控制污染，而应与节约资源和可持续发展联系起来。因此，环境保护涉及所有行业，ISO 14000 系列标准认证并不只是电子、化工、造纸等排污企业的事，而是面向所有企业和组织，特别是工程项目建设管理要重视，建设企业更要重视。

（2）工程建设从评估立项、施工到竣工面临越来越大的环境压力。随着公众环保意识的提高，建设企业也面临来自环保团体、业主、居民、社区和政府部门各方面的压力。建设“污染”已是人们关注的话题。事实上，目前在国际建设项目工程招标投标中，标书已明确要求承包商的标书中包含环境保护的内容。因此在项目评估与项目可行性研究报告审核时，应充分考虑“三大标准”，如图 1-7 所示。

（3）防止环境认证成为新的“绿色贸易壁垒”。早在 ISO 14000 系列标准颁布之初，ISO 就宣布对这一新的认证标准只给予 2～3 年的缓冲期。缓冲期过后国际市场就会对未获认证企业和产品作出若干限制，发达国家就可能借此对第三世界国家构筑“绿色贸易壁垒”。那时，国内的建设企业要在国际市场上开展竞争，除要持有 ISO 9000 的通行证外，还需要持有 ISO 14000 的绿卡。

（4）从事工程建设的企业同样可以享受 ISO 14000 系列标准的成果。在当前形势下，按 ISO 14000 系列标准建立 EMS，对建设企业同样具有重要的意义：树立“绿色企业”形象，扩大 ISO 成果，增加无形资产；帮助建设企业树立质量经营和可持续发展战略；促使企业节约资源，降低成本，增加效益；促进企业进行技术创新，加快科技进步；规范程序，强化管理，提高企业管理整体水平；为工程建设创造良好的外部社会环境是很重要的。

（5）工程建设的系统管理中也应该研究和关注 ISO 14000 系列标准，甚至考虑建立环境管理体系，这不只是解决现场文明施工问题，而且有可能给企业带来巨大的市场机会和“绿色效益”。绿色建筑是工程建设可持续发展理念的集中实践。

3. 建设企业职业健康安全管理体系

对于建设企业，安全管理与质量管理具有同等重要的地位，安全保证甚至是企业进入市场的一项强制性条件，安全管理的复杂性和系统性绝不亚于质量管理，已有一些建设工程承包企业按照质量管理模式建立企业安全管理体系。因此，OHSMS 标准经 ISO 颁布，立即被多数国家的政府和企业所采用。各国的大型建设企业为了扩大国际建设市场占有率，会以更积极的态度接受 OHSMS 标准。

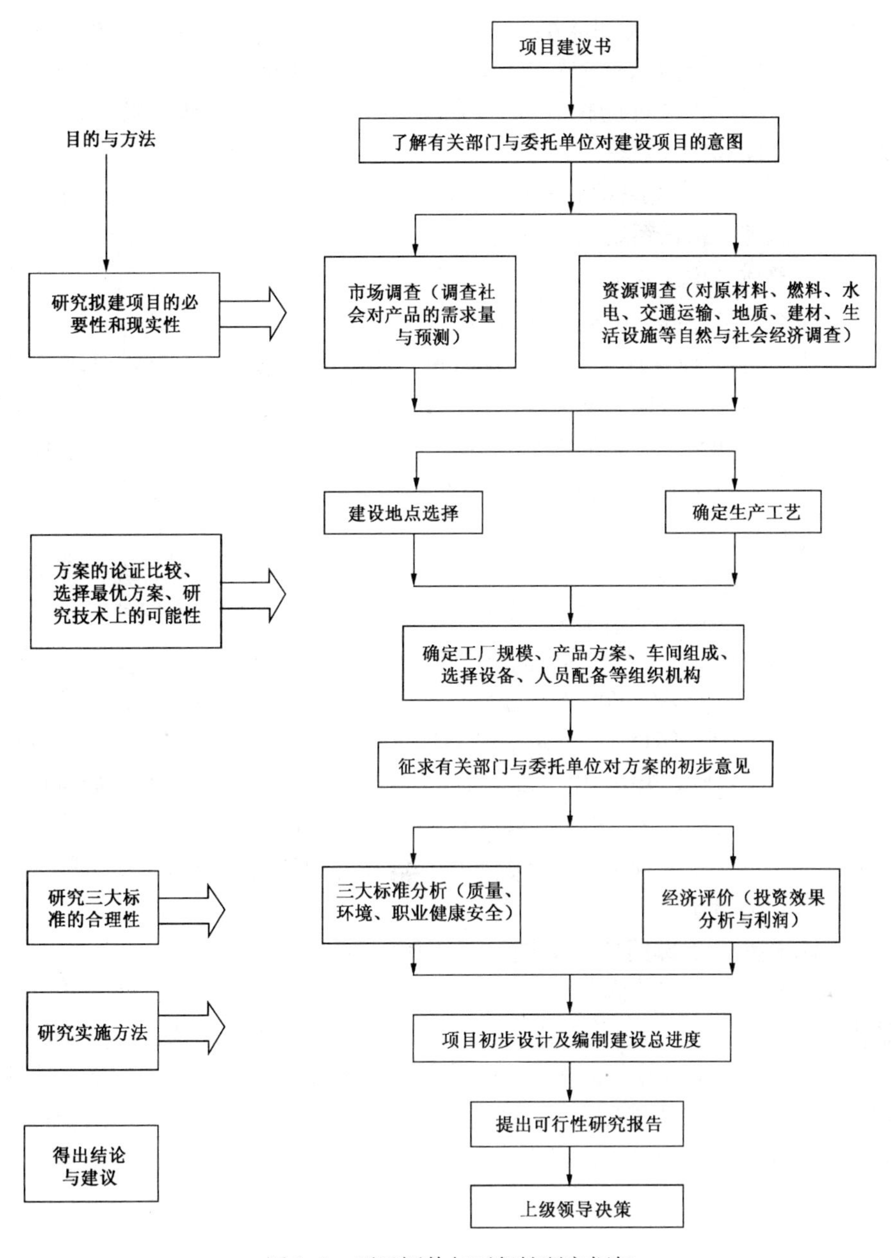

图 1-7　项目评估与可行性研究框架

三、建立一体化综合管理体系的必要性

(一) 质量、环境、安全管理体系密不可分

质量、环境、安全是企业管理不可分割的三个方面，都有必要建立系统化、文件化和按照全面质量管理理论持续改进的 PDCA 循环模式运行的管理体系来支持。然而，这并不意味企业要分别建立多套独立的管理体系来平行运行。从 ISO 9000 和 ISO 14000 贯彻认证的实践和管理体系标准的发展趋势看，建设企业建立一体化的管理体系是可行和必要的。

1. 一体化可避免工作重复和效率低下。按三套标准建立三套管理体系，意味着企业要设置三套组织机构，编制三套体系文件，势必造成职责和权限有交叉和混淆，使得工作重复，资源浪费，不利于文件的控制和管理。这样增大了企业管理系统的复杂性和无序性，降低了系统功能和管理效率。

2. 一体化是管理的系统原理的要求。企业存在三个平行的相互独立的管理体系，违背了管理的系统原理。根据系统原理的观点，为达到组织的管理效果最佳，其所有管理活动必须纳入一个整体考虑。这就意味着任何管理子系统都应该成为组织管理系统的一部分，从而达到节约管理资源，提高整体效益的目的。

3. 一体化反映了三种管理体系的内在联系。质量、环境、安全三种管理体系具有相同的管理学原理。三套管理体系同时作用于产品（工程）的生产过程，三者相辅相成，相互促进，密不可分。如影响质量的因素 5MIE 中就有人员和环境的因素。在工程施工的现场管理中，管理者很难把质量、环境保护、文明施工和安全生产割裂开来，建立一体化综合管理体系，正体现了三者的内在联系。

4. 一体化也是管理体系标准的发展趋势。ISO 已认识到建立多种管理体系和实行多重认证会给企业和生产建设管理带来不必要的负担和横向管理与签订合同的困难，如果不是为了认证，完全可以把 ISO 9000 和 ISO 14000 系列标准结合起来实行，这样可以统一考虑质量管理和环境管理体系的一致性和完整性。所以，有些学者提出制定综合管理标准体系（CMS），即 QMS + EMS + OHSMS = CMS。目前，ISO 正积极为管理体系一体化创造条件。在 ISO 9001，2000 年新版的说明中也强调了与 ISO 14000 的相融性。在今后将颁发的其他管理体系标准，ISO 也将使它们的结构、术语、技术和运作上都尽可能的接近，以形成一致，使共有的结构方式来实现不同标准要求的大致相同，从而为各国企业（单位）最终实现管理体系一体化创造条件。

（二）我国质量管理部门决定等同采用国际标准

我国质量管理部门决定等同采用国际标准，即 GB/T 19000—ISO 9000。用国际标准和国内创造优质工程的经验以及总结国内外出现劣质工程的教训，使我们进一步地认识到要完善我国工程建设质量与安全管理办法必须有计划、有步骤地采用国际标准，应用国际通用的管理方法，如菲迪克合同条款，才能把我国工程建设项目管理做到纵向指挥有力，横向协调有序，把我国工程建设质量提高到一个新水平，以确保工程建设服务年限。

第二章　工程质量与安全事故及其原因分析

第一节　工程质量与安全事故综述

一、工程质量事故概念及类别标准

工程质量事故，是指在工程的可行性研究、勘察、设计、施工和使用过程中，由于当事人的过错，使得建筑工程在安全、适用、经济、美观等特性方面存在较大缺陷，给业主造成人员伤亡或较大财产损失的事件。

根据不同时期的经济条件等诸方面情况，关于工程质量事故标准的划分，也有不同的变化。过去，建设部曾规定：凡质量达不到合格标准的工程，必须进行返修、加固或报废。由此而造成的直接经济损失在5000元（含5000元）以上的为工程质量事故（见建设部关于《工程建设重大事故报告和调查程序规定》有关问题的说明［1990年4月4日（90）建建工字第55号］文件指出：直接经济在5000元（含5000元）以上的称为质量事故）。

住房和城乡建设部于2010年7月20日，印发了《关于做好房屋建筑和市政基础设施工程质量事故报告和调查处理工作的通知》。其中，依据现阶段的经济形势，对房屋建筑和市政基础设施工程质量事故标准，作出了新的规定。即参照2007年4月9日，国务院第493号令《生产安全事故报告和调查处理条例》中，安全事故等级划分标准，制定了房屋建筑和市政基础设施工程质量事故标准。该标准根据工程质量事故造成的人员伤亡或者直接经济损失，把工程质量事故分为4个等级：

（一）特别重大事故，是指造成30人以上死亡，或者100人以上重伤，或者1亿元以上直接经济损失的事故；

（二）重大事故，是指造成10人以上30人以下死亡，或者50人以上100人以下重伤，或者5000万元以上1亿元以下直接经济损失的事故；

（三）较大事故，是指造成3人以上10人以下死亡，或者10人以上50人以下重伤，或者1000万元以上5000万元以下直接经济损失的事故；

（四）一般事故，是指造成3人以下死亡，或者10人以下重伤，或者100万元以上1000万元以下直接经济损失的事故。

本等级划分所称的“以上”包括本数，所称的“以下”不包括本数。

二、工程质量事故摘要

随着建筑技术水平的提高、工程建设责任心的增强，以及工程建设质量监管的强化，我国的工程建设质量也迅速提升。建筑工程的质量通病逐步减少，工程质量事故，特别是重大工程质量事故，有明显下降。但是，不能不看到，工程质量事故依然不时发生，给工程建设、给人们的生命财产、给社会造成了严重的损害。

像1998年，重庆綦江大桥的垮塌、九江防洪大堤等一批“豆腐渣”工程的曝光；2008年11月15日，杭州地铁一号线的坍塌；2009年6月27日，上海闵行区“莲花河畔景苑小区”一栋在建的13层住宅楼的整体倒塌；此外，房屋建筑整体倾斜、墙体裂缝、桥梁裂缝等事故尚不断发生。

三、工程安全事故概念及等级标准

依据工程安全的内涵，则可知工程安全事故的概念当是，在工程建设项目筹划及其实施过程中，发生较大偏离预想目标的现象，谓之。即包括投资选项的失误、可行性研究的失误、工程项目设计事故、工程施工质量和安全事故，以及工程建设工期严重滞后、投资严重超概算、工程使用环境严重失调等。现阶段，我国对于工程安全事故，尚无明确的、完整的、系统的概念认识。所以，更难以有系统的相关资料。目前，社会所关注的是其中之一的工程施工安全事故。

关于工程施工安全事故，2007年4月9日，国务院发布了第493号令《生产安全事故报告和调查处理条例》。其中，规定了安全事故等级划分标准，是根据生产安全事故（以下简称事故）造成的人员伤亡或者直接经济损失的数量划分的。事故一般分为以下等级：

（一）特别重大事故，是指造成30人以上死亡，或者100人以上重伤（包括急性工业中毒，下同），或者1亿元以上直接经济损失的事故；

（二）重大事故，是指造成10人以上30人以下死亡，或者50人以上100人以下重伤，或者5000万元以上1亿元以下直接经济损失的事故；

（三）较大事故，是指造成3人以上10人以下死亡，或者10人以上50人以下重伤，或者1000万元以上5000万元以下直接经济损失的事故；

（四）一般事故，是指造成3人以下死亡，或者10人以下重伤，或者1000万元以下直接经济损失的事故。

文中“以上”包括本数，所称的“以下”不包括本数。

值得研究的是，关于造成人员的伤亡，有可能随着“以人为本”指导思想的普遍重视和认真贯彻实施，对于事故等级的划分，将作出越来越严格的规定。

四、工程安全事故统计摘要

现阶段，关于工程建设施工安全事故的管理，国务院各有关部门根据职责分工，自行管理工程施工安全事故的统计等项工作。据住房和城乡建设部的统计，现就近期发生的安全事故资料摘录如下。

1. 建筑和构筑物或支护垮塌引发人员伤亡事故

（1）2007年8月13日，湖南某县长328m，宽13m的4孔65m跨径等截面悬链线空腹式无铰连拱石桥，在拆除拱圈支架和桥面铺砌施工时，发生向0号台方向坍塌，造成64人死亡、4人重伤、18人轻伤事故。直接经济损失3974.7万元。

据事故的初步分析，主要原因是业主违规，盲目赶工期、擅自与施工单位变更设计施工方案；施工现场安全管理混乱、未认真落实监理多次指出的严重质量安全隐患、为赶工期而违背施工操作规程等，导致事故的发生。

（2）2009年5月17日，由湖南某爆工程有限公司承建的湖南某高架桥拆除工程，施工人员在拆除作业时，部分桥体突然发生垮塌，造成9人死亡，16人受伤。

据事故的初步分析，主要原因是施工单位在拆除作业时，未能充分考虑到大桥的整体情况，对其中部分桥墩爆破引起大桥整体结构和承重能力变化的可能性估计不足。施工单位未对拆除作业区域及时进行封闭也是造成人员伤亡的重要原因。事故发生后，国务院领导先后作出重要批示，强调要切实加强建筑工程质量安全工作。

（3）2009年5月18日，由某集团开发有限责任公司承建的天津某厂搬迁改造工程热电站项目2标段安装工程，一幢在建烟囱，施工过程中因压缩气囊发生爆炸，造成现场作业的施工人员12人死亡，11人受伤。

据事故的初步分析，该事故发生的主要原因是施工人员在内套筒施工作业时，因违章作业，导致压缩气囊发生爆炸。

（4）2010年1月3日，云南某机场配套引桥工程施工现场，施工人员在浇筑混凝土时，模板支撑体系发生坍塌，造成施工作业人员7人死亡、8人重伤。

据事故的初步分析，该事故发生的主要原因是，施工单位管理失误，违规指挥。在桥体支架架体构造有缺陷，支架安装违反规范，支架的钢管扣件有质量问题等情况下，又违反规范规定，采用从箱梁高处向低处浇筑混凝土的方式，导致架体右上角翼板支架局部失稳，牵连架体整体坍塌。

（5）2010年1月12日，安徽某文化科技园配送中心工程施工现场，施工人员在浇筑混凝土时，发生坍塌事故，造成现场作业人员8人死亡、3人受伤。

据事故的初步分析，该事故发生的主要原因是，施工单位管理混乱、施工技术措施失当等原因导致现浇混凝土失稳坍塌，酿成严重事故。

2. 高空坠落伤亡事故

（1）2008年11月30日，天津市某小区二期工程施工中，16层的脚手架坠落，造成3人死亡，1人重伤。

据事故的初步分析，该事故发生的主要原因是，施工单位现场管理混乱，安全检查缺失。电梯井内悬空架体支撑杆件失效引发的安全责任事故。

（2）2008年11月7日，宁夏某大厦A座工程，工人清理19层电梯井施工垃圾时，不慎掉落，致使3人死亡。

据事故的初步分析，该事故发生的主要原因是，在电梯井安全防护设计不合理，且不牢固的情况下，施工管理者指挥非专业人员进行冒险作业；操作人员又没有采取任何安全防护措施，施工单位管理人员违章指挥、冒险作业而引发的安全责任事故。

3. 施工机具倾倒引发伤亡事故

（1）2006年9月10日，黑龙江某粮油贸易综合楼工程，货用升降机坠落，致使造成乘坐该升降机的8人中，7人死亡、1人重伤的重大事故。

据事故的初步分析，该事故发生的主要原因是，在施工单位安全生产许可证被扣留停工整改期间，违法施工、且管理混乱；违反物料机不许载人的规定，且无人阻止；提升机导向滑轮损坏，未能及时发现，致使钢丝绳断裂，酿成惨祸。

（2）2006年2月27日，北京某地铁施工工地，电动单梁起重机在提升时冲顶，引发料斗坠落，致使3人死亡。

据事故的初步分析，该事故发生的主要原因是，施工单位设备管理存在严重缺陷，安全教育不到位，且安全检查缺失；尤其是起重机的限位装置和导绳器均被拆除，滑轮存在较大的径向缺口，仍“带病”运行，引发了事故。

4. 其他形式引发伤亡事故

（1）2005年7月2日，内蒙古某污水合流排洪应急工程自留排水管道观察井硫化氢中毒事故，造成4人死亡，1人轻伤。

据事故的初步分析，该事故发生的主要原因是，建设单位违法组织施工、施工作业盲目蛮干、操作人员缺乏安全常识等酿成悲剧。

（2）2005年5月31日，河北省某电机科技园专特电机生产厂工程，在进行室内粉刷作业时，发生触电事故，造成3人死亡、3人轻伤。

据事故的初步分析，该事故发生的主要原因是，施工单位违反现场作业临时用电安全技术规范、安全检查不到位、安全教育不落实，致使移动作业平台滚轮压破电缆，使平台带电，引发事故。

（以上事故案例均摘自住房和城乡建设部质量安全司组织编写的《建筑施工安全事故案例分析》）

附件1　2010年房屋市政工程生产安全事故情况通报

一、总体情况

2010年，全国共发生房屋市政工程生产安全事故627起、死亡772人，比去年同期事故起数减少57起、死亡人数减少30人，同比分别下降8.33%和3.74%。

2010年，全国有31个地区发生房屋市政工程生产安全事故，其中青海（9起、9人）、河南（6起、7人）、宁夏（5起、7人）、新疆建设兵团（2起、2人）等地区事故起数和死亡人数较少，江苏（49起、63人）、浙江（45起、45人）、上海（44起、45人）、广东（30起、43人）等地区事故起数和死亡人数较多。

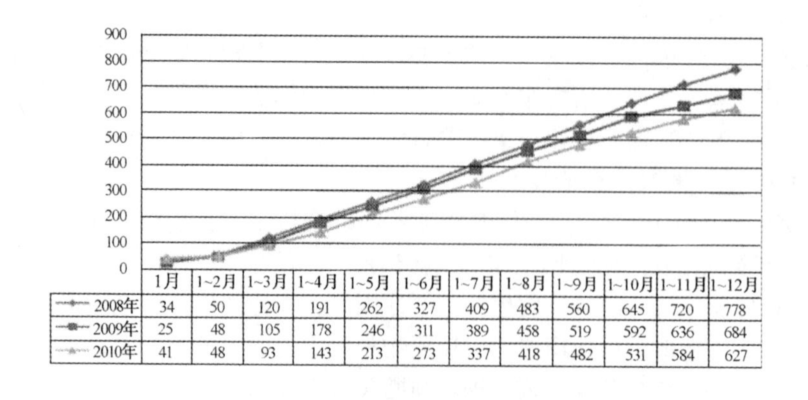

	1月	1~2月	1~3月	1~4月	1~5月	1~6月	1~7月	1~8月	1~9月	1~10月	1~11月	1~12月
2008年	34	50	120	191	262	327	409	483	560	645	720	778
2009年	25	48	105	178	246	311	389	458	519	592	636	684
2010年	41	48	93	143	213	273	337	418	482	531	584	627

图2-1　2010年房屋市政工程施工事故数量统计

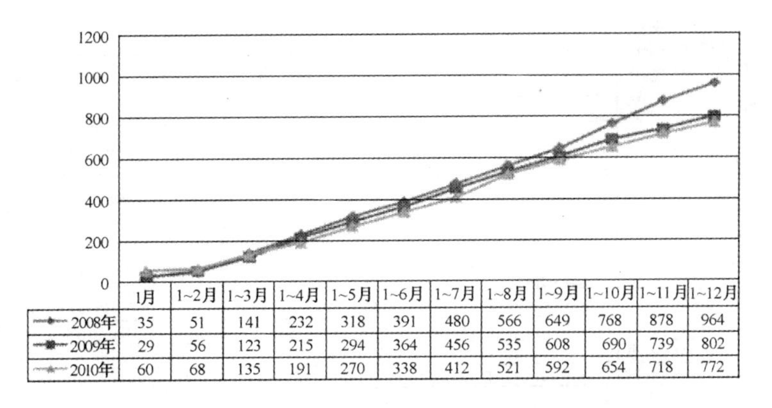

	1月	1~2月	1~3月	1~4月	1~5月	1~6月	1~7月	1~8月	1~9月	1~10月	1~11月	1~12月
2008年	35	51	141	232	318	391	480	566	649	768	878	964
2009年	29	56	123	215	294	364	456	535	608	690	739	802
2010年	60	68	135	191	270	338	412	521	592	654	718	772

图 2-2　2010 年房屋市政工程施工事故死亡人数统计

2010 年，全国有 12 个地区的事故起数和死亡人数同比下降，其中宁夏（起数下降 50%、人数下降 30%）、河南（起数下降 45%、人数下降 53%）、湖南（起数下降 42%、人数下降 49%）、安徽（起数下降 34%、人数下降 23%）等地区事故起数和死亡人数下降较大。有 11 个地区的事故起数和死亡人数同比上升，其中天津（起数上升 56%、人数上升 60%）、内蒙古（起数上升 50%、人数上升 75%）、黑龙江（起数上升 44%、人数上升 50%）、陕西（起数上升 33%、人数上升 36%）等地区事故起数和死亡人数上升较大。

二、较大及以上事故情况

2010 年，全国共发生房屋市政工程生产安全较大及以上事故 29 起、死亡 125 人，比去年同期事故起数增加 8 起、死亡人数增加 34 人，同比分别上升 38.10% 和 37.36%。

2010 年，全国有 15 个地区发生房屋市政工程生产安全较大及以上事故，其中江苏、四川各发生 4 起，辽宁发生 3 起，北京、河北、内蒙古、吉林、广东、贵州各发生 2 起，安徽、江西、湖北、湖南、云南、陕西各发生 1 起。尤其是吉林梅河口“8.16”事故、广东深圳“3.13”事故、贵州贵阳“3.14”事故、安徽芜湖“1.12”事故、云南昆明“1.3”事故、江苏南京“11.26”事故的死亡人数较多，给人民生命财产造成了极大损失。

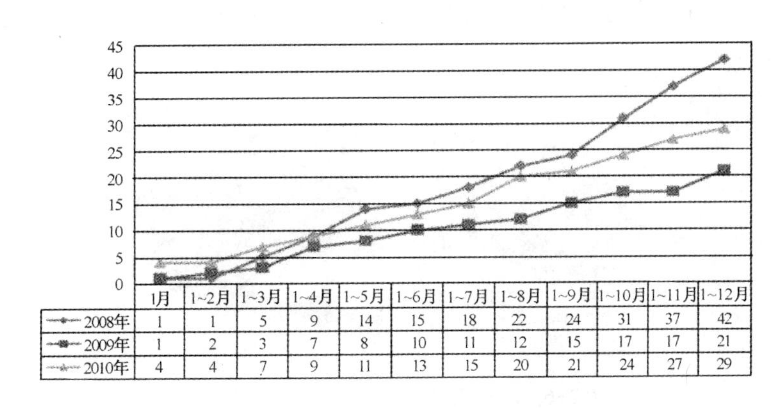

	1月	1~2月	1~3月	1~4月	1~5月	1~6月	1~7月	1~8月	1~9月	1~10月	1~11月	1~12月
2008年	1	1	5	9	14	15	18	22	24	31	37	42
2009年	1	2	3	7	8	10	11	12	15	17	17	21
2010年	4	4	7	9	11	13	15	20	21	24	27	29

图 2-3　2010 年较大及其以上房屋市政工程施工事故数量统计

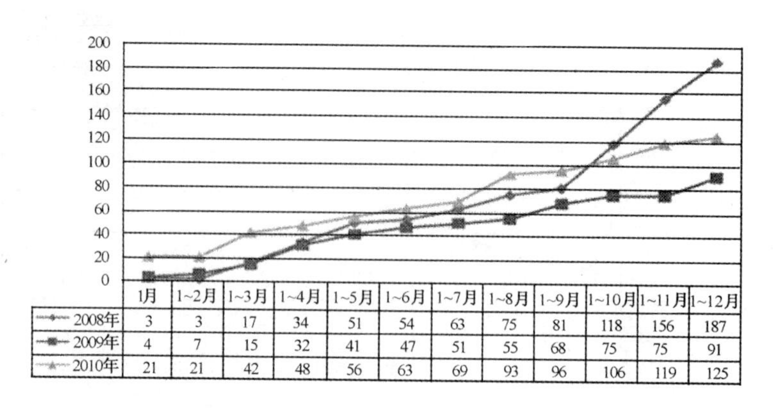

	1月	1~2月	1~3月	1~4月	1~5月	1~6月	1~7月	1~8月	1~9月	1~10月	1~11月	1~12月
2008年	3	3	17	34	51	54	63	75	81	118	156	187
2009年	4	7	15	32	41	47	51	55	68	75	75	91
2010年	21	21	42	48	56	63	69	93	96	106	119	125

图 2-4　2010 年较大及其以上房屋市政工程施工事故死亡人数统计

三、事故类型和部位情况

2010 年，房屋市政工程生产安全事故按照类型划分，高处坠落事故 297 起，占总数的 47. 37%；物体打击事故 105 起，占总数的 16. 75%；坍塌事故 93 起，占总数的 14. 83%；起重伤害事故 44 起，占总数的 7. 02%；机具伤害事故 37 起，占总数的 5. 90%；其他事故 51 起，占总数的 8. 13%。

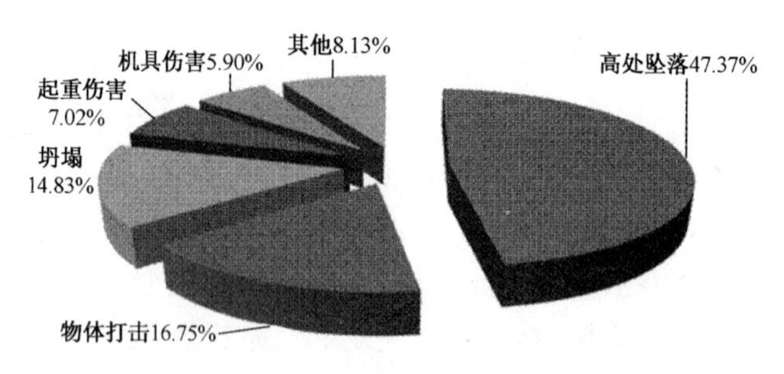

图 2-5　2010 年房屋市政工程施工事故类型分析

2010 年，房屋市政工程生产安全事故按照部位划分，洞口和临边事故 128 起，占总数的 20. 41%；脚手架事故 78 起，占总数的 12. 44%；塔吊事故 59 起，占总数的 9. 41%；基坑事故 53 起，占总数的 8. 45%；模板事故 47 起，占总数的 7. 50%；其他事故 262 起，占总数的 41. 79%。

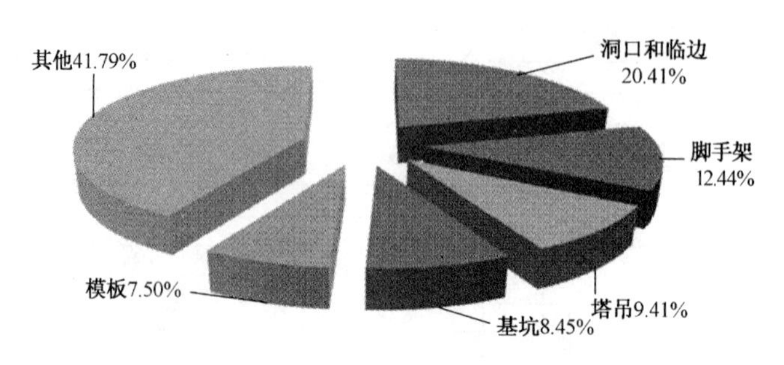

图 2-6　2010 年房屋市政工程事故部位分析

表 2-1

2010 年房屋市政工程生产安全事故情况

地区	全部事故								较大事故							
	事故起数（起）				死亡人数（人）				事故起数（起）				死亡人数（人）			
	2010 年	2009 年	同期比		2010 年	2009 年	同期比		2010 年	2009 年	同期比		2010 年	2009 年	同期比	
合计	627	684	-57	-8.33%	772	802	-30	-3.74%	29	21	8	38.10%	125	91	34	37.36%
北京	28	26	2	8%	34	29	5	17%	2	0	2	—	6	0	6	—
天津	14	9	5	56%	16	10	6	60%	0	0	0	—	0	0	0	—
河北	14	21	-7	-33%	20	25	-5	-20%	2	1	1	100%	6	4	2	50%
山西	13	13	0	0%	18	25	-7	-28%	0	4	-4	-100%	0	15	-15	-100%
内蒙古	24	16	8	50%	28	16	12	75%	2	0	2	—	6	0	6	—
辽宁	15	18	-3	-17%	24	19	5	26%	3	0	3	—	11	0	11	—
吉林	22	18	4	22%	36	22	14	64%	2	1	1	100%	15	3	12	400%
黑龙江	23	16	7	44%	24	16	8	50%	0	0	0	—	0	0	0	—
上海	44	45	-1	-2%	45	48	-3	-6%	0	1	-1	-100%	0	4	-4	-100%
江苏	49	45	4	9%	63	57	6	11%	4	3	1	33%	16	11	5	45%
安徽	27	41	-14	-34%	37	48	-11	-23%	1	2	-1	-50%	8	7	1	14%
浙江	45	51	-6	-12%	45	62	-17	-27%	0	2	-2	-100%	0	10	-10	-100%
福建	16	20	-4	-20%	17	20	-3	-15%	0	0	0	—	0	0	0	—
江西	14	16	-2	-13%	19	19	0	0%	1	0	1	—	3	0	3	—
山东	19	18	1	6%	23	25	-2	-8%	0	1	-1	-100%	0	5	-5	-100%
河南	6	11	-5	-45%	7	15	-8	-53%	0	1	-1	-100%	0	3	-3	-100%
湖北	26	23	3	13%	33	27	6	22%	1	0	1	—	3	0	3	—
湖南	19	33	-14	-42%	23	45	-22	-49%	1	1	0	0%	3	9	-6	-67%
广东	30	42	-12	-29%	43	53	-10	-19%	2	2	0	0%	13	9	4	44%

续表

地区	全部事故								较大事故							
	事故起数(起)				死亡人数(人)				事故起数(起)				死亡人数(人)			
	2010 年	2009 年	同期比		2010 年	2009 年	同期比		2010 年	2009 年	同期比		2010 年	2009 年	同期比	
广西	19	15	4	27%	19	16	3	19%	0	0	0	—	0	0	0	—
海南	10	12	-2	-17%	10	12	-2	-17%	0	0	0	—	0	0	0	—
四川	26	32	-6	-19%	36	34	2	6%	4	0	4	—	13	0	13	—
重庆	17	17	0	0%	20	21	-1	-5%	0	1	-1	-100%	0	3	-3	-100%
云南	27	39	-12	-31%	35	39	-4	-10%	1	0	1	—	7	0	7	—
贵州	16	27	-11	-41%	27	29	-2	-7%	2	0	2	—	12	0	12	—
西藏	—	—	—	—	—	—	—	—	—	—	—	—	—	—	—	—
陕西	16	12	4	33%	19	14	5	36%	1	0	1	—	3	0	3	—
甘肃	16	14	2	14%	16	14	2	14%	0	0	0	—	0	0	0	—
青海	9	9	0	0%	9	16	-7	-44%	0	1	-1	-100%	0	8	-8	-100%
宁夏	5	10	-5	-50%	7	10	-3	-30%	0	0	0	—	0	0	0	—
新疆	16	13	3	23%	17	14	3	21%	0	0	0	—	0	0	0	—
新疆建设兵团	2	2	0	0%	2	2	0	0%	0	0	0	—	0	0	0	—

四、形势综述

2010年，全国房屋市政工程安全生产形势总体稳定，事故起数和死亡人数比去年同期有所下降；有12个地区的事故起数和死亡人数同比下降；有16个地区没有发生较大及以上事故。但当前的安全生产形势依然严峻，事故起数和死亡人数仍然比较大；较大及以上事故起数和死亡人数出现反弹；部分地区的事故起数和死亡人数同比上升。另外，建筑市场活动中的各类不规范行为，以及生产安全事故查处不到位的情况，也给安全生产带来了极大挑战，使安全生产形势不容乐观。各地住房城乡建设部门要根据本地安全生产状况，认真反思、认真研究，对存在的问题采取切实有效的措施，把安全生产工作抓实抓好。特别是工作落后的地区，要尽快扭转被动的局面。

2011年是“十二五”规划的开局之年，做好安全生产工作意义重大。各级住房城乡建设部门要按照全国建筑安全生产电视电话会议的部署安排，深化落实企业主体责任，强化安全执法监督检查，大力整顿规范建筑市场，切实加强安全事故查处，积极推进长效机制建设，进一步促进房屋市政工程安全生产形势的持续稳定好转。

2010年房屋市政工程生产安全较大及以上事故情况 **表2-2**

序号	工程名称	事故地点	事故时间	死亡人数
1	爱民医院住院部综合楼工程	吉林梅河口	2010. 08. 16	11
2	汉京峰景苑工程	广东深圳	2010. 03. 13	9
3	贵阳国际会议展览中心工程	贵州贵阳	2010. 03. 14	9
4	华强文化科技产业园配送中心工程	安徽芜湖	2010. 01. 12	8
5	昆明新机场配套引桥工程	云南昆明	2010. 01. 03	7
6	南京城市快速内环西线南延工程	江苏南京	2010. 11. 26	7
7	花花世界中心广场二期工程	广东广州	2010. 05. 08	4
8	桓仁县人民医院异地新建工程	辽宁本溪	2010. 05. 09	4
9	崇山华府3号楼工程	辽宁沈阳	2010. 06. 25	4
10	中冶新奥蓝城3期工程	吉林长春	2010. 08. 31	4
11	筠连县丽都苑小区工程	四川宜宾	2010. 10. 23	4
12	彩弘苑7号楼工程	江苏扬州	2010. 01. 09	3
13	北城国际B-10号楼工程	河北石家庄	2010. 01. 03	3
14	四川农业大学温江校区学生宿舍楼工程	四川成都	2010. 03. 29	3
15	龙之梦亚太中心二期工程	辽宁沈阳	2010. 04. 06	3
16	天堂岛海洋乐园工程	四川成都	2010. 04. 15	3
17	天来豪庭工程	四川南充	2010. 06. 21	3

续表

序号	工程名称	事故地点	事故时间	死亡人数
18	商洛职业技术学院图书综合楼工程	陕西商洛	2010. 07. 03	3
19	四子王旗乌兰花镇和平路道路拓宽改造工程	内蒙古乌兰察布	2010. 07. 05	3
20	滨河休闲街A2号楼工程	湖北广水	2010. 08. 13	3
21	安化县东坪镇锦苑鑫城工程	湖南益阳	2010. 08. 23	3
22	北塘文教中心工程	江苏无锡	2010. 08. 30	3
23	苏尼特右旗人民法院审判法庭工程	内蒙古锡林郭勒	2010. 09. 19	3
24	围场广电中心工程	河北承德	2010. 10. 03	3
25	盛世江南1号楼工程	江西赣州	2010. 10. 20	3
26	雁栖镇中高路排水工程	北京怀柔	2010. 11. 04	3
27	浩邈汇丰医药科技有限公司生产楼工程	北京经济技术开发区	2010. 11. 12	3
28	世纪夏都工程	贵州贵阳	2010. 12. 15	3
29	北塘区刘潭拆迁安置房三期工程	江苏无锡	2010. 12. 26	3

小计：江苏/16、吉林/15、广东/13、四川/13、贵州/12、辽宁/11、安徽/8、云南/7、北京/6、河北/6、内蒙古/6、江西/3、湖北/3、湖南/3、陕西/3，共125。

“十一五”时期，全国房屋市政工程安全生产形势持续稳定好转。与2005年相比，2010年事故起数减少388起，死亡人数减少421人，分别下降38.23%和35.29%。多数地区安全生产状况好转，其中北京、河北、辽宁、黑龙江、福建、河南、广东、贵州、甘肃等9个地区的事故起数下降50%以上，北京、河北、辽宁、黑龙江、河南、四川、甘肃等7个地区的死亡人数下降50%以上；但仍有些地区安全生产状况不容乐观，如山西（上升225%）、内蒙古（上升71%）、天津（上升40%）、海南（上升25%）、吉林（上升22%）等地区的事故起数上升较大，山西（上升260%）、吉林（上升100%）、内蒙古（上升56%）、海南（上升25%）、江西（上升12%）等地区的死亡人数上升较大。

“十一五”时期，房屋市政工程生产安全较大及以上事故得到较好控制。与2005年相比，2010年事故起数减少14起，死亡人数减少45人，分别下降32.56%和26.47%。“十一五”期间共发生6起重大事故，分别是2008年杭州地铁“11.15”事故（死亡21人）、2008年湖南长沙“12.27”事故（死亡18人）、2008年福建霞浦“10.30”事故（死亡12人）、2007年江苏无锡“11.14”事故（死亡11人）、2010年吉林梅河口“8.16”事故（死亡11人）、2007年辽宁本溪“6.21”事故（死亡10人）。“十一五”期间没有发生特大事故。

据住房和城乡建设部的统计显示，2010 年全国房屋市政工程较大及以上事故起数和死亡人数分别为 29 起、125 人。而 2011 年，仅 1 月份，全国建筑施工现场就连续发生近 20 起重大事故。专家指出，控制和避免在建工程风险，亟待相关政策法规加以规范和引导，尤其要引入保险机制，如通过建筑工程险转嫁损失风险，弥补意外事故造成的经济损失。

其实，很多发达国家都通过立法对建设工程保险加以落实，但是，目前，国内建筑工程险的普及仍有待加强。建设部工程质量安全监督与行业发展司提供的数据显示：全国每年的建筑工程保险费大约仅为建筑安全工程投资量的 0.2‰；国内办理工程保险的工程项目不足 10%。

附件 2　工程质量安全事故标准

房屋建筑和市政基础设施工程质量事故标准

《关于做好房屋建筑和市政基础设施工程质量事故报告和调查处理工作的通知》
建质［2010］111 号

各省、自治区住房和城乡建设厅，直辖市建委（建设交通委、规委），新疆生产建设兵团建设局：

为维护国家财产和人民生命财产安全，落实工程质量事故责任追究制度，根据《生产安全事故报告和调查处理条例》和《建设工程质量管理条例》，现就规范、做好房屋建筑和市政基础设施工程（以下简称工程）质量事故报告与调查处理工作通知如下：

一、工程质量事故，是指由于建设、勘察、设计、施工、监理等单位违反工程质量有关法律法规和工程建设标准，使工程产生结构安全、重要使用功能等方面的质量缺陷，造成人身伤亡或者重大经济损失的事故。

二、事故等级划分

根据工程质量事故造成的人员伤亡或者直接经济损失，工程质量事故分为 4 个等级：

（一）特别重大事故，是指造成 30 人以上死亡，或者 100 人以上重伤，或者 1 亿元以上直接经济损失的事故；

（二）重大事故，是指造成 10 人以上 30 人以下死亡，或者 50 人以上 100 人以下重伤，或者 5000 万元以上 1 亿元以下直接经济损失的事故；

（三）较大事故，是指造成 3 人以上 10 人以下死亡，或者 10 人以上 50 人以下重伤，或者 1000 万元以上 5000 万元以下直接经济损失的事故；

（四）一般事故，是指造成 3 人以下死亡，或者 10 人以下重伤，或者 100 万元以上 1000 万元以下直接经济损失的事故。

本等级划分所称的“以上”包括本数，所称的“以下”不包括本数。

三、事故报告

（一）工程质量事故发生后，事故现场有关人员应当立即向工程建设单位负责人报告；工程建设单位负责人接到报告后，应于 1 小时内向事故发生地县级以上人民政府住房和城乡建设主管部门及有关部门报告。

情况紧急时，事故现场有关人员可直接向事故发生地县级以上人民政府住房和城乡建设主管部门报告。

（二）住房和城乡建设主管部门接到事故报告后，应当依照下列规定上报事故情况，并同时通知公安、监察机关等有关部门：

1. 较大、重大及特别重大事故逐级上报至国务院住房和城乡建设主管部门，一般事故逐级上报至省级人民政府住房和城乡建设主管部门，必要时可以越级上报事故情况。

2. 住房和城乡建设主管部门上报事故情况，应当同时报告本级人民政府；国务院住房和城乡建设主管部门接到重大和特别重大事故的报告后，应当立即报告国务院。

3. 住房和城乡建设主管部门逐级上报事故情况时，每级上报时间不得超过2小时。

4. 事故报告应包括下列内容：

（1）事故发生的时间、地点、工程项目名称、工程各参建单位名称；

（2）事故发生的简要经过、伤亡人数（包括下落不明的人数）和初步估计的直接经济损失；

（3）事故的初步原因；

（4）事故发生后采取的措施及事故控制情况；

（5）事故报告单位、联系人及联系方式；

（6）其他应当报告的情况。

5. 事故报告后出现新情况，以及事故发生之日起30日内伤亡人数发生变化的，应当及时补报。

四、事故调查

（一）住房和城乡建设主管部门应当按照有关人民政府的授权或委托，组织或参与事故调查组对事故进行调查，并履行下列职责：

1. 核实事故基本情况，包括事故发生的经过、人员伤亡情况及直接经济损失；

2. 核查事故项目基本情况，包括项目履行法定建设程序情况、工程各参建单位履行职责的情况；

3. 依据国家有关法律法规和工程建设标准分析事故的直接原因和间接原因，必要时组织对事故项目进行检测鉴定和专家技术论证；

4. 认定事故的性质和事故责任；

5. 依照国家有关法律法规提出对事故责任单位和责任人员的处理建议；

6. 总结事故教训，提出防范和整改措施；

7. 提交事故调查报告。

（二）事故调查报告应当包括下列内容：

1. 事故项目及各参建单位概况；

2. 事故发生经过和事故救援情况；

3. 事故造成的人员伤亡和直接经济损失；

4. 事故项目有关质量检测报告和技术分析报告；

5. 事故发生的原因和事故性质；

6. 事故责任的认定和事故责任者的处理建议；

7. 事故防范和整改措施。

事故调查报告应当附具有关证据材料。事故调查组成员应当在事故调查报告上签名。

五、事故处理

（一）住房和城乡建设主管部门应当依据有关人民政府对事故调查报告的批复和有关法律法规的规定，对事故相关责任者实施行政处罚。处罚权限不属本级住房和城乡建设主管部门的，应当在收到事故调查报告批复后15个工作日内，将事故调查报告（附具有关证据材料）、结案批复、本级住房和城乡建设主管部门对有关责任者的处理建议等转送有权限的住房和城乡建设主管部门。

（二）住房和城乡建设主管部门应当依据有关法律法规的规定，对事故负有责任的建设、勘察、设计、施工、监理等单位和施工图审查、质量检测等有关单位分别给予罚款、停业整顿、降低资质等级、吊销资质证书其中一项或多项处罚，对事故负有责任的注册执业人员分别给予罚款、停止执业、吊销执业资格证书、终身不予注册其中一项或多项处罚。

六、其他要求

（一）事故发生地住房和城乡建设主管部门接到事故报告后，其负责人应立即赶赴事故现场，组织事故救援。

发生一般及以上事故，或者领导有批示要求的，设区的市级住房和城乡建设主管部门应派员赶赴现场了解事故有关情况。

发生较大及以上事故，或者领导有批示要求的，省级住房和城乡建设主管部门应派员赶赴现场了解事故有关情况。

发生重大及以上事故，或者领导有批示要求的，国务院住房和城乡建设主管部门应根据相关规定派员赶赴现场了解事故有关情况。

（二）没有造成人员伤亡，直接经济损失没有达到100万元，但是社会影响恶劣的工程质量问题，参照本通知的有关规定执行。

七、村镇建设工程质量事故的报告和调查处理按照有关规定执行。

八、各省、自治区、直辖市住房和城乡建设主管部门可以根据本地实际制定实施细则。

中华人民共和国住房和城乡建设部

二〇一〇年七月二十日

附件3　房屋建筑和市政基础设施工程质量监督管理规定

中华人民共和国住房和城乡建设部令第5号

《房屋建筑和市政基础设施工程质量监督管理规定》已经第58次住房和城乡建设部常务会议审议通过，现予发布，自2010年9月1日起施行。

住房和城乡建设部部长　　姜伟新

二〇一〇年八月一日

房屋建筑和市政基础设施工程质量监督管理规定

第一条　为了加强房屋建筑和市政基础设施工程质量的监督，保护人民生命和财产安全，规范住房和城乡建设主管部门及工程质量监督机构（以下简称主管部门）的质量监督行为，根据《中华人民共和国建筑法》、《建设工程质量管理条例》等有关法律、行政法规，制定本规定。

第二条　在中华人民共和国境内主管部门实施对新建、扩建、改建房屋建筑和市政基础设施工程质量监督管理的，适用本规定。

第三条　国务院住房和城乡建设主管部门负责全国房屋建筑和市政基础设施工程（以下简称工程）质量监督管理工作。

县级以上地方人民政府建设主管部门负责本行政区域内工程质量监督管理工作。

工程质量监督管理的具体工作可以由县级以上地方人民政府建设主管部门委托所属的工程质量监督机构（以下简称监督机构）实施。

第四条　本规定所称工程质量监督管理，是指主管部门依据有关法律法规和工程建设强制性标准，对工程实体质量和工程建设、勘察、设计、施工、监理单位（以下简称工程质量责任主体）和质量检测等单位的工程质量行为实施监督。

本规定所称工程实体质量监督，是指主管部门对涉及工程主体结构安全、主要使用功能的工程实体质量情况实施监督。

本规定所称工程质量行为监督，是指主管部门对工程质量责任主体和质量检测等单位履行法定质量责任和义务的情况实施监督。

第五条　工程质量监督管理应当包括下列内容：

（一）执行法律法规和工程建设强制性标准的情况；

（二）抽查涉及工程主体结构安全和主要使用功能的工程实体质量；

（三）抽查工程质量责任主体和质量检测等单位的工程质量行为；

（四）抽查主要建筑材料、建筑构配件的质量；

（五）对工程竣工验收进行监督；

（六）组织或者参与工程质量事故的调查处理；

（七）定期对本地区工程质量状况进行统计分析；

（八）依法对违法违规行为实施处罚。

第六条　对工程项目实施质量监督，应当依照下列程序进行：

（一）受理建设单位办理质量监督手续；

（二）制订工作计划并组织实施；

（三）对工程实体质量、工程质量责任主体和质量检测等单位的工程质量行为进行抽查、抽测；

（四）监督工程竣工验收，重点对验收的组织形式、程序等是否符合有关规定进行监督；

（五）形成工程质量监督报告；

（六）建立工程质量监督档案。

第七条　工程竣工验收合格后，建设单位应当在建筑物明显部位设置永久性标牌，载明建设、勘察、设计、施工、监理单位等工程质量责任主体的名称和主要责任人姓名。

第八条　主管部门实施监督检查时，有权采取下列措施：

（一）要求被检查单位提供有关工程质量的文件和资料；

（二）进入被检查单位的施工现场进行检查；
（三）发现有影响工程质量的问题时，责令改正。

第九条　县级以上地方人民政府建设主管部门应当根据本地区的工程质量状况，逐步建立工程质量信用档案。

第十条　县级以上地方人民政府建设主管部门应当将工程质量监督中发现的涉及主体结构安全和主要使用功能的工程质量问题及整改情况，及时向社会公布。

第十一条　省、自治区、直辖市人民政府建设主管部门应当按照国家有关规定，对本行政区域内监督机构每三年进行一次考核。

监督机构经考核合格后，方可依法对工程实施质量监督，并对工程质量监督承担监督责任。

第十二条　监督机构应当具备下列条件：

（一）具有符合本规定第十三条规定的监督人员。人员数量由县级以上地方人民政府建设主管部门根据实际需要确定。监督人员应当占监督机构总人数的75%以上；
（二）有固定的工作场所和满足工程质量监督检查工作需要的仪器、设备和工具等；
（三）有健全的质量监督工作制度，具备与质量监督工作相适应的信息化管理条件。

第十三条　监督人员应当具备下列条件：

（一）具有工程类专业大学专科以上学历或者工程类执业注册资格；
（二）具有三年以上工程质量管理或者设计、施工、监理等工作经历；
（三）熟悉掌握相关法律法规和工程建设强制性标准；
（四）具有一定的组织协调能力和良好职业道德。

监督人员符合上述条件经考核合格后，方可从事工程质量监督工作。

第十四条　监督机构可以聘请中级职称以上的工程类专业技术人员协助实施工程质量监督。

第十五条　省、自治区、直辖市人民政府建设主管部门应当每两年对监督人员进行一次岗位考核，每年进行一次法律法规、业务知识培训，并适时组织开展继续教育培训。

第十六条　国务院住房和城乡建设主管部门对监督机构和监督人员的考核情况进行监督抽查。

第十七条　主管部门工作人员玩忽职守、滥用职权、徇私舞弊，构成犯罪的，依法追究刑事责任；尚不构成犯罪的，依法给予行政处分。

第十八条　抢险救灾工程、临时性房屋建筑工程和农民自建低层住宅工程，不适用本规定。

第十九条　省、自治区、直辖市人民政府建设主管部门可以根据本规定制定具体实施办法。

第二十条　本规定自2010年9月1日起施行。

第二节　劣质工程的形式及原因

一、劣质工程的主要形式

（一）工程质量“通病”严重影响使用功能

1. 工程建设中质量“通病”较为普遍

如建筑物及构筑物中，地面起砂、裂缝、凹凸度超限，墙面抹灰裂缝、脱落、起鼓、阴阳角不方正、不垂直、墙体砌砖“老虎茬”，内外墙错行，砂浆强度不均衡，门窗翘曲、歪斜、不合缝，油漆流淌；混凝土和钢筋混凝土构件几何尺寸和铁件位置不准，浇捣漏浆不实、蜂窝、露筋；地下室、屋面工程以及阳台、厕所渗漏。设备、电气、管道、仪表安装工程轴线位移、垫铁位置不当、孔洞灌浆不实、沟漕底面不平、电缆接头错口、接线不齐，管子、阀门不试压、法兰强制连接，管道保温层脱落，焊接有肉、夹渣、焊不透现象；外线安装杆坑回填土不实，久后线杆歪斜。矿山井筒巷道、地下峒库、铁路、交通、水利隧道等掘进工程施工中加大火药用量，造成围岩松动破碎、断面凸凹度超限；锚喷支护中锚杆放大间距、孔深不够、灌浆不实，喷射混凝土强度等级偏低、薄厚不匀，支护不牢出现片帮冒顶；道路、水利工程填土不实，出现路基、堤坝下沉、漏水、护坡、护堤开裂；路面工程碾压不平、凸凹度超限、裂缝等。在整体施工过程中土建工程和隧道峒室与机电设备安装工程之间不能同步交叉，不做预留、预埋，到处凿眼打洞，使结构、峒室和隧道强度受损等。

2. “消除质量通病”的呼声渐强

对工程质量“通病”如渗漏、下沉、结构裂缝等反应强烈。“通病”影响工程寿命和使用功能，增加工程维护量，浪费国家财力、物力和人力，给生产（使用）单位和人民生活带来困难，广大群众反映十分强烈，迫切希望改善和提高工程质量，消除质量“通病”，确保使用年限。

（二）211 例建筑倒塌事故剖析

据建筑业工程质量专家对 20 世纪后期全国数百例建筑倒塌事故的调查，采用随机抽样的方法，选择了 211 例倒塌工程进行分析研究，探讨造成工程质量安全事故的因素，以便制定措施，吸取教训。

综合分析认为，从技术上看，造成建筑物倒塌的直接原因，主要有下列八个方面。各方面问题所占比例，如表 2-3 所示。

1. 柱、垛等垂直结构破坏引起事故

柱、垛、墙等垂直结构破坏造成房屋整体倒塌和失稳倒塌的共 43 起。在这 43 起中，砖砌体破坏的 28 起，钢筋混凝土柱破坏的 3 起，柱、墙在施工中失稳倒塌的 12 起。

（1）砖柱、砖垛、窗间墙、空斗墙的设计安全系数不符合规范，再加施工质量不好造成的事故居多。安全系数不符合规定的如：四川宜宾某新建礼堂倒塌，就是支承楼厢的四根 50cm 直径圆柱首先破坏造成的。经复核，圆柱安全系数只有规定值的 65%。湖南某猪鬃加工厂的三层砖混结构，也是由于底层砖垛首先破坏，墙体崩裂，造成④轴线到⑧轴线范围内自下而上全部倒塌。复核其底层砖垛的安全系数只有规定值的38%。在砖柱承重的建筑中，有些门厅的独立砖柱是比较容易出事的。这种结构的特点是上部各层的重量都集中在门厅的几根柱子上，砖柱荷重很大；门厅较高，砖柱增高后承载能力显著减少。窗间墙也是比较容易出事的，窗洞开得越大，窗间墙的断面越小，其承载能力也就越小。空斗墙承重的结构更容易出事。空斗墙体的承载能力，只有同截面实心墙的60%左右，而且空斗墙的施工质量也较难保证，这就会进一步降低其承载能力。

211例建筑倒塌原因分类情况 表2-3

序号	倒塌事故原因	数量	所占比例（%）	序号	倒塌事故原因	数量	所占比例（%）
一	柱、墙等垂直结构破坏引起倒塌	43	20.4	三	悬臂结构破坏倒塌	19	9.0
1	柱、垛、墙破坏，造成整体倒塌	31	14.7	四	砖拱结构破坏倒塌	14	6.6
2	柱、墙在施工中失稳倒塌	12	5.7	五	地基问题造成倒塌	2	1.0
二	屋架梁、板等结构破坏引起倒塌	96	45.4	六	在原建筑物上加层造成整体倒塌	7	3.3
1	钢屋架破坏	38	18.0	七	使用不当造成倒塌	2	1.0
2	木、钢木屋架破坏	24	11.3	八	其他情况倒塌	28	13.3
3	钢筋混凝土屋架破坏	20	9.5	1	缺少冬季施工措施造成倒塌	5	2.4
4	钢筋混凝土大梁破坏	7	3.3	2	模板工程问题造成倒塌	18	8.5
5	钢筋混凝土楼板破坏	7	3.3	3	其他局部性倒塌	5	2.4
合计						211	100

（2）砖柱、砖墙在空旷建筑中的承载能力有较大幅度的降低。因此，对一些跨度较大、层高较高、隔墙间距较大的结构，如大会议室、阅览室、礼堂、仓库等，必须按规范进行稳定性和强度计算。各部位构件之间必须按设计规定连接牢固。否则砖柱、砖墙将会因承载能力不足首先破坏，造成房屋整体或局部的倒塌。砖柱、砖墙的承载能力是随其高度的增加而减少的，再加上在空旷建筑中柱、墙的计算高度又往往要大于其实际高度，这就进一步降低了其承载能力。如辽宁省某办公楼系二层砖混结构，宽14m，长45m。因砖柱首先破坏，引起房屋整体倒塌，压死七人，受伤几十人。1980年以来，不少乡镇建造的礼堂、影剧院等建筑因缺乏正规设计图和必要的技术指导造成倒塌，除屋架破坏以外，多数是与砖柱、砖墙在空旷建筑中承载能力大幅度降低有关。

（3）砖柱、砖墙在承受集中荷载的部位，有的设计未考虑做大梁的梁垫；有的是施工中未按设计做梁垫或做小了，使柱顶、墙顶局部承压能力不足而被压碎。这也是倒塌事故中常见的。这个问题很重要而又常被人们忽视。

（4）砖柱、砖墙施工质量低劣，引起柱、墙破坏、造成房屋倒塌事故。有的砂浆强度太低；有的砖柱采用包心砌法；有的不讲究组砌方法，通缝达十几皮砖；有的在柱上乱打洞；有的在墙上开槽；有的砂浆饱满度达不到要求等等。从不少倒塌现场看，大多数砖呈散状，砖柱、砖墙往往是沿着内外包心或通缝的地方破坏的。

（5）钢筋混凝土柱破坏的事故也有多起。如吉林某百货大楼的倒塌，就是因钢筋混凝土柱施工质量低劣，振捣不实，在二层楼的两根柱子上，竟分别有50cm和100cm高的一段，基本上是没有水泥浆的“石子堆”。因混凝土柱子破坏，引起整体倒塌。另外几起倒塌事故是因设计不遵守规范，配筋不足，施工质量低劣造成的。这几年因钢筋混凝土柱不遵守设计规范和操作规程造成建筑破坏的事故有所增加，应引起重视。

（6）柱、墙在施工中失稳倒塌。这类事故较多，主要是因为在施工过程中，房屋结构尚未形成整体时，有些柱、墙是处于悬臂或单独受力状态。施工过程中，没有采取防风、防倒措施，就会造成失稳倒塌。如浙江某锅炉厂，因预制钢筋混凝土柱没有设缆风绳固定，在校正柱位时一根倾倒，顺次打倒23根；山西某厂施工中发生顺次打倒4根柱的事故；沈阳某电厂扩建工程，发生顺次打倒12根44m的钢筋混凝土双肢柱事故。北京某焦化厂40m高的转料塔、山西某铝厂31m高的熟料烧成室两个钢筋混凝土框架的倒塌，都是没有及时固定接头以使柱、梁形成整体结构，而在大风中被刮倒的。上海某玻璃器皿厂加工车间为五层升板结构，因施工中没有及时采取楔紧柱与板之间的空隙等措施，来保证柱子在升板过程中的稳定性，在施工提升中，五层升板一塌到底。墙砌好后未及时与抗风柱连系，山墙砌好后未及时上屋盖，又缺少防风措施，在大风中被刮倒的事故也曾多次发生。浙江某通用机械厂铸造车间的东山墙（一砖厚围护墙）砌到8.8m高，因墙中的钢筋混凝土柱未浇好，结构整体性差，被大风刮倒。而西墙和北墙浇灌的钢筋混凝土柱已凝固，就未刮倒。

2. 屋架、梁板等结构破坏引起倒塌

屋架、梁、板等水平结构破坏引起屋面和楼面系统塌落的事故有96起。其中，钢屋架38起；木、钢木屋架24起；钢筋混凝土屋架20起；钢筋混凝土大梁7起；钢筋混凝土楼板7起。

（1）钢屋架破坏造成的质量事故

近几年，有些地区采用简易轻钢屋架，由于不了解轻钢结构特性，发生质量事故较多。

①钢屋架的失稳破坏。钢屋架的特点是强度高，杆件截面小，容易发生屋架压杆失稳或整体失稳。完善屋架的支撑系统十分重要。因屋架上下弦的水平系杆、垂直支撑、横向或纵向支撑以及天窗架的支撑和柱间支撑等的作用，一方面是把各种水平荷载传递到主要承重结构和基础；另一方面，是保证房屋结构在施工和使用中的空间刚度和稳定性。有的在设计上考虑不周，缺少完善的支撑系统；有的设计上虽有，但在施工中未能安装或没有及时安装，造成失稳破坏。如湖南某影剧院19m的钢屋架破坏，就是没有设置必要的支撑系统，同时上弦压杆的实际应力超过允许应力的3.9倍。河北省保定某橡胶厂的双肢钢屋架破坏，就是因为端部压杆失隐而破坏。

②屋面严重超载造成倒塌。简易轻钢屋架，其屋盖系统应是轻型的。但有很多工程项目建设不但屋架加工粗糙，节点及焊缝达不到规范要求，还盲目地在屋面上增加荷重。辽

宁某地小学教室，采用双肢轻型钢屋架，上面铺 27cm 厚的灰泥和黏土瓦，后为利于排水又加大坡度，在屋面上增铺 22cm 厚泥灰，使屋架上荷载超过设计值两倍。因此，在施工中即倒塌。

③施工中在屋架上任意挂吊重物，以及不合理加大荷载造成倒塌。如某军工厂 30m 跨的钢屋架，在安装行车时，将滑轮挂在屋架上，把屋架拉弯造成倒塌。宁夏某影剧院钢屋架，由于单坡铺瓦，造成屋架失稳塌落。

（2）木屋架和钢木屋架破坏造成的质量事故

①由于屋架上弦和受压腹杆截面太小，设计安全系数不够，实际应力大于允许应力，杆件受压弯曲折断，造成屋架破坏。如福建某影剧院 14.6m 跨钢木屋架，在正放映电影时倒塌。经验算，上弦压杆及腹杆的实际应力，已分别超过容许应力的三倍和四倍。

②施工中选材不当，把腐朽、虫蛀严重及木节太多的材料用在屋架上；有的孔洞、榫眼开凿在同一个面上，减少了有效截面积。如贵州某小学教室木屋架，就是选材不当，又把榫眼开在木节断面上，使截面减少 30% 而折断倒塌。

③下弦杆拉断或拉托引发事故。下弦杆应保证有足够的断面，不得有大的死节，不得采用单行排螺栓连接。要防止湿木材干缩裂缝，螺栓从裂缝中滑出而导致下弦断裂。要注意端节点开槽不要太深并保证端头有足够的抗剪力面积。如四川绵阳某饭店，将端节点下弦杆锯掉，使其丧失抗剪能力而倒塌。钢木屋架的拉杆还要注意靴脚焊接质量，螺孔直径要同拉杆直径相配合，防止因孔太大，拉杆连同螺帽一同滑出。

④屋架支撑系统的设计或施工质量问题引发事故。近几年，不少影剧院采用木屋架或钢木屋架，在这种跨度、层高较大的空旷建筑中，按规范设计和安装完善的支撑系统就更为重要。实际上影剧院与会议室的倒塌很多与支撑有关。

⑤不当加大临时施工荷载引发事故。在下弦上铺脚手板或屋面上操作工人太多，增大施工荷载造成在建设中倒塌的事故，也时有发生。

（3）钢筋混凝土屋架破坏造成的倒塌

①钢筋混凝土组合屋架破坏引发事故。这些年钢筋混凝土组合屋架破坏事故所占比重较大。因为这类屋架节点构造不易处理，稍有疏忽，节点就首先破坏，引起整个屋架的破坏。如杭州某钢厂第一炼铁车间就是这样倒塌的。后来山西、辽宁、新疆、河南等地都发生这类事故。因为这种屋架技术要求高，加工与组装时要特别注意，在施工质量控制没有可靠保证情况下，不宜采用。

②屋架失稳引发事故。要十分注意吊装过程中屋架的稳定。由于这类屋架重量较大，容易裂缝，吊装时，要有严格的加固措施；就位后，应及时完善支撑系统，防止在外力（大风、雪、施工荷载等）的作用下失稳倒塌。如山西某厂屋架倒塌，主要是屋架和天窗架支撑都未安好的情况下，就安装屋面板，造成三个车间屋面板等结构全部倒塌。

③焊接质量问题引发事故。焊接质量是保证屋架安全的重要一环，正确选择材料和焊接方法十分重要。一定要按设计规范和操作规程作业，如新疆某厂六榀 12m 钢筋混凝土屋架，下弦接头错误地采用单面帮条焊接，因帮条处应力集中而被拉断，屋架倒塌。哈尔滨某厂 12m 钢筋混凝土薄梁倒塌，原因是错误采用 45 号中碳钢作为焊接钢筋，造成在低温下脆断。

④屋面严重超载造成倒塌。邯郸某厂房屋盖，原设计为 4cm 厚泡沫混凝土做隔热层，

后改为10cm厚炉渣白灰，下雨后又增加水分，倒塌时的实际荷载已是设计荷载的193%。

（4）钢筋混凝土大梁破坏造成的倒塌

①钢筋混凝土大梁设计截面不够，配筋不足使梁折断。按规范梁高与跨度的比例和基本安全系数不符规定造成建筑倒塌的也较多。经复核，有些倒塌的钢筋混凝土大梁安全系数仅达到国家技术标准规定值的50%~85%。

②施工质量太差。如广西某茶场烘干车间11.63m跨的钢筋混凝土大梁拆模时倒塌。主要是不按规范施工，混凝土配合比不合理，拌和不匀，振捣不密实，混凝土强度等级实际只达到设计规定的强度等级的35%。

③钢筋混凝土大梁端头要注意设置梁垫，防止砖墙局部压碎而引起倒塌事故。

（5）钢筋混凝土楼板破坏造成的倒塌

①临时荷载严重超标引发事故。在楼板上大量堆放施工用材料、构件、砂浆等，施工荷重大大超过其设计规定的承载能力。如江西宜春某饭店，在六层楼面堆放白灰砂浆厚达1.1m，造成楼板断塌，二层到五层的楼板全部被砸断。

②楼板质量低劣引发事故。楼板本身加工质量不好，达不到规范要求，造成断裂塌落。值得注意的是，近几年混凝土构件厂大量兴起，乡、镇办的混凝土加工构件厂不按操作规程加工，大多数构件质量达不到规范要求。

③缺乏施工常识引发事故。由于施工人员缺乏结构基本知识，不执行规范造成倒塌。大连市某新建三层楼房现浇钢筋混凝土楼板时，由于操作人员缺乏施工常识，将主筋、副筋放错方向，在拆除模板时，三层楼板全部塌落，并砸坏部分二层楼板。

3. 悬臂结构破坏造成的倒塌

悬臂结构倒塌事故共19起。这类结构因受力情况复杂、特殊，比较容易发生工程质量事故。

（1）抗倾覆安全系数达不到规范要求，造成倒塌

雨篷、阳台等结构的特点，是绝大部分需要依靠其根部的外加压力或拉力来维持其稳定。规范要求抗倾覆安全系数有明确规定。在需抗震设防地区，还要考虑震级的要求。对发生的几起工程倒塌事故进行验算，其安全系数均不符合规定。如江苏某中学餐厅的16m长，1.8m宽的雨篷倒塌，其抗倾覆安全系数不足设计规范规定的80%。

（2）悬挑结构配筋不当或根部厚度不足引发事故

悬挑结构钢筋的位置、构造及阳台等根部的厚度严重影响结构安全。一般梁、板的受力筋大多在下部，而阳台等悬挑结构的受力钢筋是在上部。这些倒塌的悬挑结构，经事后检查发现，多数是将受力筋放到下部或施工中被踩到下部，因而发生裂断倒塌。如湖南某厂四层楼上的阳台，因根部断裂而倒塌。根部实际板厚只有8cm，钢筋位置下移3.2cm，阳台的承载能力只有设计的39%。有的悬壁结构是靠伸入墙或梁板内的钢筋来保持其稳定的。如果漏放或长度不足，以及未按要求连接好，也会发生断塌。如上海某住宅楼六层上的七个双阳台上的遮阳板，因漏放伸入圈梁的钢筋，在拆除模板时全部倒塌。

（3）不具备拆模条件而拆模引发事故

阳台等悬挑结构不同于一般梁板，混凝土强度一定要达到设计强度后才能拆除承重模板的顶撑。拆除时，还要考虑原设计的抗倾覆荷重是否都已加上，如尚未全部压上即拆模，也会发生倾覆。

4. 砖拱结构破坏造成的倒塌

砖拱结构倒塌事故有 14 起。这类事故都是在瞬间拱顶建筑整体倒塌，危害性很大。

（1）拱脚处抗推结构不可靠引发事故

在拱脚处，不仅有垂直力，还有水平推力，其大小与拱的矢跨比成反比。一般筒拱在均布荷载下，其水平推力，当矢跨比为 1/4 时，等于垂直力；当矢跨比为 1/8 时，是垂直力的两倍。为抵抗水平推力，一般采用钢筋混凝土端跨圈梁、现浇平板和抗推端墙等，也可用拉杆拉住拱的两脚。在多跨连续砖拱中，各跨间的拱腿应设在同一标高处，否则还将产生很大的扭力。砖拱结构也不宜建在软土地基和有可能产生不均匀沉降的地基上，以防产生额外的水平推力。很多砖拱倒塌，就是因为不懂或忽视了上述水平推力问题而造成的。云南某钢厂、山西某铁厂等砖拱倒塌，都是因为这个原因造成的。这几年在山西、河南、吉林等地又不断发生类似事故。如吉林某县一水果仓库，采用砖拱屋面的标准设计，但不懂拉筋是抵抗拱脚处的水平推力用的，施工中将拉筋去掉，造成倒塌。

（2）砖拱拱体的设计和施工质量问题引发事故

根据专业标准规定，筒形砖拱的跨度一般不大于 4m，拱体的长度也不宜超过拱跨的二倍。砖拱砌筑必须先从拱脚处连续对称地砌筑到拱顶，拱脚面要垂直拱的轴线。很多砌拱倒塌都是违反了上述这些基本要求造成的。如倒塌的山西某县粮库，拱跨达 4. 9m，拱体长达 17. 3m。另外，还有不少拱体的砖和砂浆强度低于规范要求。

（3）拆模时间不当或加荷不当引发事故

砖拱的砂浆强度要达到设计规定值后才能拆模板，拆模时要防止碰撞拱体，更不得以拱为支点往下撬模板。如山西某瓷厂倒焰窑倒塌，就是在拱顶砌完不足 4h 就拆模造成的。还有的是在拱体强度很低时，就往上边填土，如河南省某市中心一座拱形桥梁，就是由一侧填土造成倒塌。也有因集中堆放材料造成倒塌。如山西某县百货公司楼，由于砖拱上集中堆放炉渣，造成三孔倒塌。

5. 地基问题造成的倒塌

地基处理不符合规范要求造成倒塌事故有 2 起。

（1）未经地勘就施工引发事故

近年来，由于不进行地质勘察就进行设计，因地基承载能力不足而造成房屋破坏的情况时有发生。虽然有些没有倒塌，但是，由于沉降不均，造成结构开裂、倾斜，有的不能使用，有的要加固，有的要拆除。如某市一栋六层住宅，由于地基处理不好，主体刚完工，因不均匀沉降比较严重，四角均裂缝，已无法使用。有的地基出现问题，因不及时采取补救措施而造成房屋倒塌。

（2）地基承载力不足引发事故

如广东某大旅店，系七层钢筋混凝土框架结构，建筑面积 4190m^2。开工第二年，发现基础下沉 10. 5cm。在第三年，主体结构及大部分装饰已完成，西南角下沉达 41cm，并出现梁、隔墙多处裂缝。裂缝还不断发展，但仍没有引起重视，未采取措施，终于在同年 5 月整体倒塌。其主要原因之一，就是基础底面的实际荷载大于地基允许承载力三倍多。湖南某县建委杂物库为混合结构砖基础，当墙砌到 3. 2m 高时，突然倒塌 4 间。主要是因基础处于淤泥层上，地基沉陷，失去了承载能力而倒塌。

6. 在原建筑上随意加层造成倒塌事故

在原有或原设计的建筑物上加层，造成房屋整体倒塌有7起。

在原有建筑物上加盖楼层，是解决建设用地难的一种办法。但必须核算原有地基基础、墙、柱、梁、板的承载能力。加层增加的全部重量，最后都要传到基础上，原地基基础能否承受。墙、柱、梁、板不仅要承受直接加在其上的上层墙、柱重量，还要承担大梁、楼板传来的静荷载和动荷载。建筑加层后，屋面大梁变成楼面大梁，不仅增加楼面荷重，大多数情况下还要增加横墙和纵墙的重量。原屋面板也变成了楼板，其所受荷载也将大大增加。这些都应按技术规程进行详细核算，才能决定能否加层，不执行规范就会出事。

如某烟厂主厂房，要在二楼上加盖一层。施工中，二层梁、柱首先被破坏，造成瞬间全部倒塌。事后核算，钢筋混凝土柱和梁的安全系数仅为规范规定值的70%和58%。又如某空军医院，原设计为一幢二层砖混房屋，一层为车库，二层为教室。施工过程中，未经设计核验，就决定再增加一层单身宿舍。这样二层大开间，三层小开间，原二层屋面钢筋混凝土大梁变为三层楼面大梁，动荷载及静荷载大大增加，在拆除原二层屋面大梁模板支撑时倒塌。

7. 使用不当造成的倒塌

使用维护不当造成的倒塌有2起。

辽宁某瓷厂窑房的柱子与窑相距仅14cm，投产后由于炉体失修，火焰喷出，把柱子烤酥，混凝土强度等级降到相当于设计强度等级的25%，因柱子首先破坏，整个屋盖倒塌。

青岛某钢厂转炉车间建成后，屋顶两年未清扫，天窗挡风屏侧积灰80cm厚，局部积灰每平方米达2000kg，由于严重超载，屋面倒塌，造成多人伤亡。

在工程建成，特别是住宅建筑交付使用后，使用方任意在结构上打孔、加荷等类问题目前较多，应引起使用和维护单位的严重注意。

8. 其他情况造成的倒塌

其他几种情况造成的倒塌事故有28起。

（1）缺乏冬季施工措施造成房屋倒塌事故有5起

在晚秋和冬季施工中，不采取必要措施造成混凝土、砂浆受冻，使其强度大幅度降低，特别是柱、梁、屋架以及墙体等主要承重结构的承载能力相应大幅度降低。致使在拆模时或开春解冻后发生倒塌事故。这在北方寒冷地区应特别引起注意。

（2）因模板工程问题造成的倒塌事故共18起

其主要原因为：

①由于支模不牢。特别是在层高较高的情况下，模板没有加强剪刀撑，经不住施工的荷重而失稳倒塌的事故发生。北京某电站厂房灌筑32m高楼层时，因模板失稳，造成混凝土楼面塌落；江西某电站主厂房6m高楼层浇灌混凝土时，也发生模板支撑失稳倒塌。

②违反操作规程。在混凝土未达到规定的强度时，提前拆模造成倒塌。如有的大梁混凝土强度只达到设计强度的30%～40%就拆模，结果造成钢筋混凝土梁折断坍塌。

③临时荷载严重超标引发事故。在浇筑混凝土时，有的搞“人海战术”，模板上大量堆放材料和操作工人太多，致使施工荷重过大而倒塌。

(3) 其他局部倒塌事故有 5 起

这些事故主要是由局部构件的设计不合理，或施工焊接质量不合规定造成的。焦作某电厂锅炉转向室的钢漏斗，因设计构造不合理，施工焊接质量不好而坠落。同样的事故在甘肃某冶炼厂工程施工中也发生过。

以上这 211 例建筑倒塌事故都是在无地震震害情况下发生的，在有抗震要求的地区，还一定要认真按照抗震规范，规程进行设计和施工。

以上分析主要是设计、施工方面技术上的问题。要防止建筑倒塌，全面提高工程建设项目质量，还必须加强建设管理，切忌违背客观规律，不执行国家标准。

"百年大计，质量第一"。实践表明，在建筑工程质量一切正常情况下，只要合理使用，在设计标准规定的时期内，对建筑物（构筑物）进行合理的维护与加固、是完全可以发挥建筑物的设计标准所确定的使用寿命的，并不需要大拆大建。如京沪等市近年来采取的旧有建筑的外保温改造和平改坡等措施，都是提高建筑使用工能，延长建筑使用年限的成功探索。

近几年来，我国住宅建设领域的许多规划设计师、专家、学者在关切建筑寿命的同时，开始提出住宅安全生命周期等理念，并在住宅工程建设中引入 ISO 标准体系等新的工艺、工法，以期优化生产方式、提高住宅工程建筑的质量和寿命。以"百年住宅"的理念来对待住宅工程建筑的规划、设计、建造、使用和维护，方能杜绝"短命建筑"的频现。

著名建筑大师梁思成有一句名言：对待建筑"要让它延年益寿，不要返老还童"。面对短命建筑，面对资源的极大浪费，面对低碳环保目标，"百年住宅"的理念亟待确立。

进入 21 世纪，全国建筑工程质量水平有所提高，但存在的问题还需进一步改进。例如：2009 年新闻媒体公布的全国各种危楼 10 例：有"楼脆脆"、"楼歪歪"、"楼断断"、"楼薄薄"、"楼高高"、"楼停停"、"楼裂裂"、"楼垮垮"、"楼晃晃"、"楼酥酥"等十种危楼。这说明，全国建筑工程质量安全依然存在严重的问题，必须引起全行业以及有关部门高度重视，要以对人民、对社会高度负责的精神，认真总结经验教训，努力排除质量隐患，确保建筑工程质量及其服务年限。

二、造成劣质工程的原因

（一）建设市场不规范

从全局看，现阶段，我国建设市场尚处于买方市场（当然，国际上也基本如此，）而且是不很成熟的建设市场。项目法人不仅处于强势地位，而且，残留的单纯计划经济思想观念迟迟不愿退出历史舞台。所以，变相违规招标、违反基本建设程序、盲目压价和压工期，甚至追求形象工程、追求大洋全等违法、违规现象不断出现，构成了劣质工程的根源。具体表现在以下几方面：

1. 工程招标投标不规范

1999 年，我国颁布了《中华人民共和国招标投标法》（以下简称《招标投标法》）。这是一部大法，一方面，需要有一个逐渐学习贯彻的过程。另一方面，具体到建设领域，还要制定一系列配套的法规、办法等。所以，在这期间，问题比较多。据有关部门调查和统计，建设项目全过程的工程总承包招标投标尚未推广；工程勘察设计招标投标推广面还较低；工程施工招标投标不规范，甚至走形式等，这些不健康因素，成了影响工程质量的祸根。

如近些年来，各地区都称工程项目招标率很高，有些地区声称本地区招标率已达100%。但在国家《招标投标法》颁发后，国家权威部门对国家投资项目进行检查发现，其中真正进行工程招标投标签订合同的比例并不高。首先是招标投标还没有走上法制轨道，缺乏有效地制约机制，有些项目法人竟然无视招标投标法，该招标的工程，不招标，擅自委托承建商，而且是委托不符合相应资质的承建商。二是招标投标运作不规范，不能严格按照程序办事，甚至是走形式，明招暗定。三是盲目压价、压工期。在一部分人的眼里，好像标价愈低愈好，工期愈短愈好。漠视工程的合理标价、科学工期。建设市场中的这种不健康交易行为，是造成劣质工程的重要原因。

当前招标投标行为不规范，还表现在：第一，随意肢解工程。把本该属于一个标段的项目，人为地分作几个标段。不仅额外增加了招投标工作量，更为工程建设实施造成毫无必要的困难和麻烦。第二，项目法人干预评标。有的项目法人过分强调自己的意见，派往参与评标的人员比例过大。或者，采取种种手段，向评标专家灌输自己的意见，干扰评标专家评标。第三，在不具备招标的情况下，如地质勘探没有进行；或钻探密度过稀，勘探资料不能使用；或设计图纸不全；或设计深度严重不足等，不具备招标条件，而急于招标。就搞形式、走过场。第四，与中标单位签订"阴阳合同"（又叫"黑白合同"），就是在工程招标投标过程中，除了公开签订的合同外，又私下与中标单位签订合同，强迫中标单位垫资，带资承包、或压低工程款等。在检查中，检查组了解到这个问题不仅相当普遍，而且难以查处。普遍提议，应当加强对建设单位行为的规范和监督，严肃查处规避招标、肢解项目、盲目压价压工期，以及签订"黑白合同"等违法行为。逐步建立权责明确、制约有效、科学规范的招标投标管理体制及运行机制。

此外，在工程建设项目招标投标中，诸如主管部门及建设单位对施工企业资格审查控制不严、地区和部门垄断、行政严重干预、投标定标过程控制不严、权钱交易、随意更改评标办法、标底缺乏合理性等等现象也十分突出。

中标单位层层转包，投资被截留，倒塌事故大部分是资质不合格的工程设计和施工单位发生的。其中属于新组建的非国有建筑业企业设计和施工的占大多数。因此，一定要抓好设计、施工和构件生产单位的资质审查；认真做好招标投标和工程合同管理；加强对建设工程项目管理的质量监督，以促进企业自身加强质量管理。

2. 项目法人违法违纪现象不时发生

部分工程建设管理人员对"百年大计、质量第一"及"安全生产、人命关天"的重大政策认识不清，工作中不能落实。长期以来，有些建设单位（项目法人或业主）不能"严于律己"，千方百计增加建设单位管理费。有些设计单位不认真执行咨询立项投资估算，一味追求加大投资概算。有些建设企业只顾经济效益，任意转包给不符合资质的施工队，不顾工程质量和安全管理。甚至有个别企业领导明知工程质量不符合国家标准，还确定为优良品或合格品，使工程质量在评定中存在着"水分"。工程质量和安全事故发生后，企业主管部门和企业领导缺乏严肃认真的态度，使事故得不到及时处理，事故责任者未受到必要的教育。据某省审计部门归纳审计情况指出：违法违纪主要表现有项目超规模、超标准、超概算；财务管理不严，截留、挪用、挤占、转移建设资金；工程决算高估冒算，材料价格高估，综合费用高套，以及假借招标，营私舞弊、中饱私囊等现象；工程监理未通过招标择优选用，个别领导干部利用手中权力，弄虚作假，收取回扣等，是造成工程质量低劣的重要原因。

3. 工程承包合同不规范

虽然我国也制定了相关合同示范文本，但是，一则现行的合同示范文本本身就不十分科学。二则，在具体实施中，又随心所欲地更改。三则不同行业又都各自为政，千差万别。所以说，我国现行的合同文本的规范性与国际通用的菲迪克合同条件规定的各方职责还有明显差距。对工程建设中发生质量事故的责任追究不规范，甚至往往是“各打五十板”或依照“人人有份”的原则处理。在人身伤亡及经济补偿方面，更没有科学的、规范的标准。这在一定程度上也影响着工程质量安全。

4. 技术立法不到位

健全技术立法是加强建设工程质量与安全管理的重要基础工作。目前，国家施工验收规范（包括正在修、编本）及质量评定标准，与国际标准比有差距，数量少；对已采用的新工艺、新技术、新设备和新材料的施工及验收规范修编迟缓。尤其是构成工程主体结构（包括楼面、地面、屋面）工程的大宗材料（砖、瓦、石灰、砂、石），占建筑物及构筑物用料总量的60%左右，由生产、销售、检验到包装的质量标准和规范均需制定或修订，需纳入国家生产系列产品。目前，多数地区把白灰、砂、石料（包括碎石、片石、料石）称为“土产”材料。不建生产基地，边采边用，质量不稳定，规格不统一，受季节影响，材质难控制。更未纳入《中华人民共和国质量产品法》的管理范畴，给工程建设项目管理留下质量安全隐患。

另外，在国家标准规范中，没有建设工程质量监督检查方面的技术标准和管理规程。同时，也没有专门培养工程质量监察检测和工程监理专业技术人才的机制和渠道。工程施工质量检测技术和检测机具、仪表的科研与制造相对迟缓。按国家有关规定建立的地区、专业工程质量监督检验机构及工程监理机构的质量监督与监理人员，尚没有建立职业技能和职业道德的工作标准。这些，也都间接构成了工程质量低劣的原因。

（二）工程勘察设计与科研问题

1. 工程地质勘察问题

（1）凭经验提供勘察资料

有些工程建设项目，由于多方面原因，未经认真地质勘察，草率估计地基的容许承载力，就出具地质勘察报告，造成建筑结构产生过大的不均匀沉降，导致结构裂缝、倾斜，甚至坍塌。如某加工厂的一座构筑物，自重引起的地基计算应力高于使用荷载下的地基应力。实际的地基承载能力只有设计时计算应力的80%，造成构筑物局部倒塌。又如，广东某七层现浇钢筋混凝土框架大楼，建在淤泥地基上。采用独立柱基，基础埋深只有80cm。地基实际承载能力只有使用时地基应力的31%。在施工过程中，即发生了不均匀沉降达33cm，加上主体结构设计也有问题，结果七层框架一塌到底。

（2）勘察方案不科学

地质勘察时，钻孔间距不符标准，不能全面准确地反映地基的实际情况。在丘陵地区的建筑中，由于这个原因造成的事故实例尤多。如四川省某单层厂房建筑在丘陵地区，地基中的基岩面起伏变化较大，达0.5m（水平方向）。地质勘察资料的钻孔间距大，没有提供这些数据。由于基础下可压缩的土厚度变化相差甚大，造成厂房出现较大的不均匀沉降，引起砖墙裂缝，裂缝长达5m多，宽达6mm。

（3）地质勘察时，钻孔深度不够

有的工程仅根据地基表面或基础面以下深度不大范围内的地基情况来进行基础设计，没有查清在较深范围内地基中有无软弱层、墓穴、孔洞。因而造成明显的不均匀沉降，导致建筑结构裂缝，有的甚至不能投产使用。这类问题在不埋板式基础中，尤应引起足够重视。如江苏省某五层住宅，1/3建在水塘边，2/3建在水塘上。地质勘察时，未查明地基下0.4m处有一层稻壳灰，厚为0.4~4.4m。施工到五层时，发现基础板断裂，砖墙和圈梁也产生裂缝，只得暂停施工。经过一年多观测，裂缝不断发展，致使该住宅建筑不能交付使用。

（4）勘察报告有误

地质勘察报告不详细、不准确，导致采用错误的基础构造方案。如四川省某单层厂房采用爆扩桩基础。桩下持力层土的含水量接近液限，饱和度大于80%，稠度大于0.75，属于高压缩软塑状态土，这种土不适宜作爆扩桩的持力层。加上基岩埋深较浅，岩面坡度起伏较大，桩下可压缩的土层厚度大等原因，造成地基明显不均匀沉降，使厂房建筑整体倾斜，砖墙裂缝，不能使用。

2. 工程设计计算问题

（1）建筑结构方案不符合专业标准

有些建筑结构跨度较大，层高较高，没有间隔墙或间隔相距甚远，形成很大空间，又缺少必要的建筑结构措施。因而，在某些外力作用下（如基础下沉，大风或某一结构部位过于薄弱首先破坏时产生的冲击力等）发生倒塌。近年来，有些地区所建筑的大会议室，大跨度礼堂倒塌，基本属于这类情况。

（2）结构设计简图与实际受力情况不符

例如在砖混结构中，大梁支承在窗间墙上，一般可按简支梁进行内力分析。但是，当梁垫做成与窗间墙同宽、同厚，与梁等高时，梁与墙的连接接近刚性节点。因此，窗间墙中产生了较大的弯矩，在与轴向荷载共同作用下，砖墙承载能力不足而出工程质量事故。某地建一幢五层教学楼，就因此而造成建筑一垮到底。

（3）作用在建筑结构上的荷载取值不正确

例如砖混结构建筑，两跨大梁传给墙或柱的荷重，没有考虑梁的连续性，中间支座处的荷载比技术标准少算25%；又如砖混结构用木屋盖时，当屋架跨度大于11m时，屋架受荷后，下弦拉伸，屋架下垂，对外墙将产生水平推力；如用钢筋混凝土挑檐时，对砖墙将产生弯矩等。这些外力设计考虑不周，或计算不正确时，将使砖墙、柱出现裂缝、倾斜，甚至破坏。

（4）建筑构造不合理

如沉降缝、伸缩缝设置不当；新旧建筑连接构造不良；圈梁和地梁设置不当等都会造成墙体裂缝。如：单层厂房中生活间与车间连接处，平屋顶建筑的顶层墙身中，都可能因建筑结构构造不合理，受温度变形和地基不均匀下沉影响，使砖墙裂缝。又如基础埋深不足，基底下土层或灰土垫层受冻，将建筑地基基础上抬而造成墙裂缝等问题，应引起设计、审核人员的重视。

（5）工程设计计算不符合标准

有些建筑中砖柱、砖垛、窗间墙结构设计计算错误，截面承载能力严重不足而破坏，造成结构倾覆倒塌。阳台、雨罩、遮阳板等悬挑结构，由于未作抗倾覆力矩验算，造成结构倾覆倒塌。一些构筑物（如钢料斗、筒仓、水池、挡土墙等）因设计计算错误、施工质量不达标而造成倒塌。

据有关部门统计，在近年来出的工程质量事故中，跟设计有关的事故约占八成。专家们呼吁，我国的工程设计体制已到非改不可的时候了。

3. 科研成果与新工艺应用问题

（1）对预应力钢筋混凝土构件加工工艺有待深化探讨

有些预应力钢筋混凝土构件的生产，对放张应力和固定胎模的约束力等，造成构件端部裂缝等类问题，需要进一步研究探讨。对混凝土的新型外加剂和掺合料也急需开发完善。以期提供成熟的经验或科学的标准，指导实践，避免发生质量事故。

（2）对进口钢材的使用条件研究不够

有的工程建设中，对进口钢材的化学物理性能还未完全搞清，就使用到工程上，而造成质量事故。所以，对从国外引进的材料应先进行专项检验和研究，制定标准后再使用，包括焊接钢材用的焊条，都应进行专项研究。

（3）对钢结构的技术性能研究尚不全面

对钢结构的各项技术性能研究不够而造成质量隐患和安全事故。如对金属脆性破坏现象研究不够，使廊道钢结构倒塌；又如对金属疲劳和对桥式起重机水平荷载考虑不够，使吊车梁破坏。

（4）对结构受力分析研究不够而造成的事故

如对作用在筒仓壁上力的变化，以及筒仓内贮料受季节温度变化，结构受力有不同影响等问题研究不够，使水泥筒仓倒塌；又如对薄壳结构的工作状况研究不够，加上焊缝质量不合格，使储油罐破坏等。

（5）建筑科研比较落后

当前，工程建设科研工作落后于工程设计和施工，一些工程质量检测盲点引发质量事故。如无损探伤检测技术亟待开发；移动式现场检测仪器、机具配套问题等均未能满足实际需要，应引起重视。

（三）建筑材料及建筑制品质量问题

1. 建筑材料质量良莠不齐

（1）钢材质量有瑕疵

承重结构材料质量不合格，而导致结构承载能力下降，造成结构裂缝，甚至倒塌。例如土法生产钢材（包括钢结构用材及钢筋混凝土用材）物理力学性能不良，而使钢结构及钢筋混凝土结构产生过大的裂缝，或产生脆性断裂破坏。如以高碳钢代替建筑钢作屋架，而发生事故，农村小水泥厂生产的产品多数安定性不合格，造成结构混凝土爆裂；还有的砖砌体，因砖的抗压、抗折强度不足，而造成砖墙、柱裂缝等。

（2）混凝土材料质量有缺陷

水泥受潮过期，结块；砂、石有害物质含量及含泥量太大，都降低混凝土和砂浆的强度。如混凝土中石子料径太大，造成钢筋密集部位出现蜂窝、露筋；石子粒径太小，水泥用量增加，不仅浪费，而且导致混凝土的收缩加大，产生收缩裂缝；在早已超过水泥初凝时间的剩余砌筑砂浆中加水继续使用，降低了砌体强度事故也时有发生。

（3）油毡质量问题多

油毡柔性和韧性差，而使卷材裂缝，导致渗漏；油毡纸胎没有渗透沥青，导致渗水，耐久性差；还有，如沥青质量不符合技术标准，耐热度不够而发生流淌，致使失去防水、防潮作用等。

（4）保温隔热材料质量不良

常见的有容重、导热系数达不到设计要求，湿度太大，影 响建筑物理性能；有时甚至造成结构超载，影响结构安全使用。

（5）装饰（修）材料质量不良

最常见的有：石灰膏熟化不透，使抹灰层产生鼓泡；水泥地面中，砂子太细，砂含泥量太大，级配不好，水泥质量太低，这些都会造成地面起灰；漆料太稀，含重质颜料过多，涂漆附着力差，使漆面流坠以及有毒有害的装饰（修）材料用于公共工程及住宅建筑工程内，影响使用功能，同时，也对操作者的健康带来危害。

2. 建筑制品质量问题

（1）钢筋混凝土制品质量不良

板厚、构件重量超过设计，不仅浪费材料，而且造成承受这些构件的结构超载而发生事故。预应力冷拔丝空心楼板中，底面蜂窝、露筋，使预应力值降低，影响钢丝与混凝土共同作用，降低了建筑构件的承载能力，甚至引起构件突然断裂等。

（2）材料及构件制品保管不良

如砖多次倒运，乱卸乱堆，缺棱掉角和断砖增多；又如水泥因保管不善造成结硬，水泥过期，强度降低等；再如钢筋保管不善造成锈蚀严重，品种混杂而影响使用；至于钢筋混凝土预制构件的运输、堆放方法不当而造成构件的裂缝损坏，更是影响工程质量和安全。

（3）洁具陶瓷质量差

建筑工程用卫生陶瓷质量差，严重地影响了建筑的使用功能。尤其是国产洁具质量与国外产品比相差很大。一方面，我国建筑陶瓷技术标准与国际比有明显差距；另一方面，产品质量不稳定，甚至不达标，均影响建筑产品质量和使用功能。

3. 伪劣建材及构件生产问题

当前，建材市场中，鱼龙混杂，特别是一些中小企业。诸如原材料质量不合格、生产工艺落后、技术力量薄弱、质量检验松懈等，导致生产的建筑构件（包括半成品、成品）的质量问题时有发生。再加上监管乏力，形成劣质建材及其构件流入建设市场，引发工程质量事故。

（四）工程施工方面的问题

1. 建筑工人素质偏低

目前，我国建筑大军有近4000万人。其中，绝大部分都是走出农村不久的青年。这些青年人进入建设行业前，极少受到专业技术培训，更没有受到施工安全知识和工程结构知识的规范培训。由于职工缺乏应有的结构理论知识，频频引发事故。

（1）没有压力知识概念而引发事故

由于对土压力的作用缺乏认识，采用不适当的回填基坑方法。诸如，在基础一侧高填后，再回填另一侧，使基础两侧压力差过大；或者在一段基础两侧高回填，致使该段地基承受远高于临近地基承受的荷载，从而，造成基础移位或基础裂缝或基础下沉破坏。

（2）缺乏对简支梁和连续梁的基本知识

对简支梁和连续梁的基本概念模糊。如某单层厂房为预制地梁。施工时，把预制地梁现浇成连续梁，造成地梁在支座附近出现裂缝。

（3）预制构件使用和施工时的受力区别认识不清

如不能正确区分简支梁、连续梁、悬臂梁而使预制梁在运输安装时开裂。又如预制桩在使用时，为受压构件；施工中为受弯、压弯、拉弯构件，施工操作稍不注意，就易使桩开裂或折断。其他如柱、屋架都有对受力不清，在运输、或施工中造成质量事故的问题。

（4）对砖砌体在施工阶段中的稳定性考虑不周

如山墙在大风或脚手架的振动下倒塌；还有，墙体因单独砌筑偏高，相应的柱、梁等结构未能同步施工，在大风中或其他外力作用下，造成墙体倒塌。

（5）对装配式结构施工中的强度、刚度和稳定性重视不够

如钢筋混凝土构件强度还未达到要求就进行运输、安装，造成构件裂缝；又如，单层厂房柱与上部结构尚未形成整体，处于悬臂状态，在大风或其他外力作用下失稳倒排；再如，装配式多层框架接头混凝土强度还未达到设计要求，就施工上层结构而造成事故。

（6）对悬挑结构的受力特性缺乏认识

有的是由于施工中钢筋错放或漏放；有的是浇混凝土时，将上面的钢筋踩下；还有的是拆模过早而造成事故。

（7）模板及支架设计错误和安装不当

由于模板工程结构方案不合理，强度不够，支架构件稳定性和模板系统整体稳定性不好，而造成楼板、顶板、大梁倒塌。在江西、四川、广东、江苏、上海、黑龙江、北京、贵州等地都发生过重大的模板倒塌事故。

（8）没有许用荷载概念

施工中，楼面超载堆放构件、材料等造成楼板断裂倒塌。目前，我国居住建筑的楼面设计活荷载取值，按交付使用后的荷载值计算。施工时不注意就易造成超载而出事故。在上海、四川、江西、广西、河南等地都重复发生过这类事故。

（9）缺乏稳定结构概念

脚手架或井架设置不当。有的外脚手和井架失稳倒塌，砸坏建筑物；有的里脚手的构造和布置不合理，造成楼板出现过大的变形和裂缝。

（10）施工时，对临近已有建筑保护措施不足

有的在基坑开挖时，破坏了已有建筑的地基；有的采用人工降低地下水位方法，造成已有建筑地基下沉加大；有的开挖时出现流沙，不采取有效措施而影响已有建筑的地基。这些都会造成已有建筑物裂缝或倾斜。

（11）对大跨度钢结构屋架的受力状况认识不清

一般情况下，都是采用现场焊接加工。但是，若不清楚其制作、吊装、使用期间的受力变化，而简单地实行单榀制作、吊装，安装后将无法控制桁架变形，而为工程留下安全隐患。

2. 施工技术管理不当引发事故

（1）不熟悉图纸，盲目施工

如重庆市某挡土墙工程，没有按照图纸要求做滤水层和排水孔，结果在地下水压力和土压力共同作用下，挡土墙出现裂缝和倾斜。

（2）图纸未经会审就进行施工

例如建筑图与结构图有矛盾，土建图与水电设备图有矛盾，基础施工方案与实际地质情况有矛盾，以及建筑结构方案与施工条件有矛盾等，这些矛盾未妥善解决仓促施工，酿成重大质量事故。

（3）未经设计人员同意，擅自修改设计

如对柱与基础连接节点、梁与柱连接节点，不明就里，随意施工，改变了原设计的铰接或刚接方案而造成事故。又如不经计算，用光圆钢筋代替变形钢筋，而造成钢筋混凝土结构出现较大的质量事故。

（4）不按有关规程和施工验收规范施工

如现浇混凝土结构施工中，不按规定位置和方法随意留设施工缝；又如，在小于1米的窗间墙上留设脚手眼；再如，对现浇混凝土构件、混凝土（或砂浆）试块，不按规定进行养护，既不能保证现浇混凝土应有的强度，又不能掌握混凝土（或砂浆）的真实强度等。

（5）不按有关的操作规程施工

不少砖柱、砖垛破坏的主要原因之一，就是砌筑质量不好，上下通缝、包心砌筑、砂浆强度不够。检查中发现，破坏面都在通缝和内外包心处。

（6）没按规定对进场材料和制品进行检查验收

如钢筋进场后，不按规定抽样试验，造成错用；又如，对预制构件没有进行验收编号，错安装到工程上去而造成事故。

（7）施工技术人员素质不高

缺乏熟练称职的施工技术人员，或技术人员更换频繁。实行单位工程分包后，技术指导跟不上。特别是县以下建筑队，有些工长或施工员技术素质不高，甚至根本就不合格。不知道应该做哪些主要施工技术工作，更不知道应该怎样做好这些工作。第一线技术人员对操作规程不清等，这些都有可能酿成事故。

（8）施工顺序错误

如靠得较近的相邻基础，不是先做深基础，而造成开挖深基础时破坏浅基础的地基；结构吊装中，没有校正，即进行最后固定；再如装饰工程中，不具备保证质量的条件（如封顶、防止漏水等）就进行抹灰等。

（9）缺乏统一、协调的技术管理制度

项目经理部，把工程按承包合同进行分包后，没有建立统一、协调的技术管理制度。各级技术管理，自行其是。不仅造成重复劳动，更严重的出现一些无人管的真空地带，而造成质量安全事故。

（10）施工方案考虑不周

如大体积混凝土浇灌方案不当，造成严重裂缝、或变形；浇筑强度考虑不周，造成不容许的施工缝；温度控制和管理方案不完善，造成因温度而裂缝，以及振捣不足，形成蜂窝、狗洞等。

（11）技术组织措施不当

如现浇钢筋混凝土工程中，没有考虑必要的技术间歇时间。有些需要连续浇灌的结构，在中途停歇时，没有采取必要的技术组织措施；又如砖混结构施工中，预制楼板安装完成后，没有留出足够的时间，用来进行楼板灌缝和抄平放线等，给板缝浇灌质量和标高的控制造成隐患。

（12）季节性施工预案不周

如基坑开挖中，雨期施工时，截水、排水措施，放坡的坡度系数等，如考虑不周就会造成事故；又如基坑开挖后，若基础不能及时施工，没有预留保护层；再如，冬期施工中，没有采取适当的防冻措施等。

（13）技术交底不认真或交底不清

如对设计和施工比较复杂或有特殊要求的部位交底不清造成质量事故；又如在采用新结构、新材料、新技术和新工法时，不进行必要的技术交底，也易造成安全事故。

（14）没有认真进行质量检查验收工作

如基坑（槽）开挖前，不对测量放线进行复检；基础施工前，不认真验槽；基坑（槽）回填前，不对基础进行检查验收等，都会造成质量事故或留下质量安全隐患。

（15）土建与其他专业工种之间配合协作不好

如装配式建筑施工，只考虑预制方便，使运输、安装困难，而造成事故；如水电设备安装与土建施工配合不好，在已施工的结构上任意凿洞而造成事故。

（16）缺乏处理事故的应变能力

发生质量事故后，不认真调查事故的全部情况，没有认真分析事故产生的原因，就匆忙处理，既难以吸取教训，又可能处置不当。如现浇钢筋混凝土结构表面出现蜂窝麻面后，不调查分析，就用水泥砂浆涂抹，而给结构留下严重缺陷；对砖砌体中的裂缝，随便勾缝涂抹处理等，都为工程留下安全隐患。

（五）操作人员素质及建筑使用问题

1. 工程设计、施工人员素质低下

近20年来，我国施工队伍结构发生了巨大变化。一是，现阶段施工管理层与劳务层分离体制仍处于磨合期，由于不同利益的驱使，施工管理意图很难落实到位。二是，基于建设规模的膨胀需求，经济体制改革的发展，不仅民营设计、施工企业迅猛发展，而且，农民工成了施工的主力军。三是，对农民工的培训教育严重缺损，更远远没有形成制度。各类施工队伍良莠不齐，甚至是“一级单位承包，乡镇队伍施工”。因此，工程质量低劣的情况更为突出。据调查，全国发生的各类房屋建筑和构筑物的倒塌事故中，属城市、县镇集体所有制等非国有企业设计、施工的居多，其建筑的使用功能及工程质量“通病”更为严重。

2. 建筑结构使用不当

（1）在原有建筑上任意改变用处或加层，造成整体倒塌事故。

（2）设备荷载加大，使结构及构件内产生超应力而造成事故。如安装了原设计未考虑的额外设备；用动力荷载较大的设备代替原设计的设备；设备的振动太大对结构产生有害影响而造成安全事故。

（3）在建筑主体承重结构上任意增凿各种孔洞、沟槽，削弱了结构断面的承重能力而造成质量安全事故。

（4）水泥厂等粉尘较大的车间，生产中，常因未及时清除屋面积尘，使屋盖超载，造成屋盖局部损坏或坍塌。

第三节　工程安全事故分析及防范

一、工程安全事故类别

如前所述，工程安全是一个广义的概念。因此，工程安全事故的类别也就呈现出多样性。在工程建设的不同阶段，可能发生不同的工程安全事故。按照诱发事故的责任，可以有不同种类的责任事故。按照事故的性质，又可分为不同名称的事故等等。工程事故种类有多种多样划分方式。本节所划分的类别，着眼于加深对工程事故的认识，特别是着重于探究引发工程事故的原因，以便作为今后的鉴戒，提高预防发生工程事故的能力。

前面讲到的工程质量事故，仅仅是工程施工阶段，施工质量事故方面的问题。其表现形式是量大面广，且直观，同时，往往与人员伤亡事故相关联。这是现阶段，社会、政府等有关方面给予关注的重点问题之一。但是，它毕竟只是工程安全事故中的一小部分。真正认识工程安全事故的全貌，还应当从工程建设全过程的视角来审视。

现仅就以下五种情况，划分不同类别的工程安全事故。

（一）按照工程建设阶段划分

如果按照五段式来划分工程建设阶段的话（工程建设项目筹划阶段、工程建设项目勘察阶段、工程建设项目设计阶段、工程建设项目施工阶段和工程建设项目交付使用阶段），那么，围绕着质量、进度和费用三项主题，可能会发生不同类型的工程安全事故。

1. 工程建设项目筹划阶段的工程安全事故类别

（1）由于信息资料不齐全，或者不真实等导致投资选项决策失误事故。其诱因可叫做信息缺失事故；或者叫做信息失实事故。

（2）由于工程项目的可行性研究深度不够（包括种种原因而未能充分论证），或者有重大疏漏，甚至错误，或者没有充分考虑客观环境的变化因素，而形成了带有严重工程安全隐患的可研报告。这“带病的”可研报告是工程项目的安全事故，造成可研报告有问题的各个诱因也是一种工程安全事故。可分别叫做可研疏漏事故、可研错误事故、可研虚假事故等。

2. 工程建设项目勘察阶段工程安全事故

由于工程勘察可细分为可行性研究勘察（应符合选择场址方案的要求）；初步勘察（应符合初步设计的要求）；详细勘察（应符合施工图设计的要求）以及施工勘察4种类型（适用于场地条件复杂或有特殊要求的工程）。

工程勘察阶段的安全事故类别主要有：

（1）提交勘察报告延误事故；

（2）勘察报告疏漏事故；

（3）勘察报告失实事故；
（4）勘察方法不当事故；
（5）勘察深度不符要求事故；
（6）勘察费用不实事故；
（7）勘察合同不当事故等。

3. 工程建设项目设计阶段的安全事故类别

工程建设项目设计，一般分为工程项目初步设计、扩大初步设计和工程施工图设计三种类别。三种类别的工程设计，代表着不同的设计深度。在我国，工程项目设计，都是由工程设计单位完成（国外的工程项目施工图设计，有交由工程承包企业设计的做法。）比较简单的工程项目，一般可直接进行工程项目施工图设计。但是，在工程项目设计阶段，如果发生事故，则其性质基本雷同。大体上，工程设计事故可归纳为以下几种：

（1）提交工程设计图纸等设计资料延误事故；
（2）工程设计疏漏事故；
（3）工程设计失误事故（包括结构计算错误、选用工艺或设计工艺错误、选用设备错误、与规划不协调以及设计的经济效益指标错误等）；
（4）工程设计标准不当事故；
（5）设计深度不符要求事故；
（6）设计的工程使用环境不符合职业健康安全要求的事故；
（7）工程设计合同管理不当事故等。

4. 工程建设项目施工阶段的安全事故类别

工程建设项目施工阶段，是工程建设各项预想计划付诸实现的关键阶段。如果以往的问题未能发现，或未能解决的话，那么，在工程施工阶段，就会暴露无遗。再加上，工程施工阶段发生的新问题，就形成了工程施工安全事故频发的现象。

（1）工程进展延误（超出工程施工合同工期）事故；
（2）突破工程预算并导致工程结算价款纠纷事故；
（3）工程质量事故，包括未能发现的工程质量隐患事故；
（4）工程施工安全事故，包括直接造成人员伤亡，或危及职业健康安全、危及生态环境安全的事故；
（5）不符设计要求，且无法逆转的设备或材料代换事故；
（6）未能按图施工，且影响使用功能事故；
（7）施工合同及管理不当事故；
（8）片面追求进度，或片面追求低造价，或不恰当地追求高标准等凸显三者矛盾，致使工程项目建设没能科学地实施事故。

5. 工程建设项目交付使用阶段安全事故类别

工程建设项目交付使用阶段，由于工程质量隐患、或者由于环境的变化、或者由于使用管理不当等因素，造成危及职业健康安全，或者造成影响工程建设项目全寿命周期的种种安全事故。现阶段，对这种安全事故的认识，还没有真正提到议事日程，更没有引起社会广泛重视，没有相应的法规规章。但是，它毕竟是客观存在的事实。其主要类别有：

（1）原有工程质量隐患在使用（生产）中暴露出来，引发使用功能的降低，甚至是缺失、或需进行加固补强、或缩短工程使用年限事故；

（2）由于使用或管理不当，导致使用功能的降低，甚至是缺失、或需进行加固补强、或缩短工程使用年限事故；

（3）投入使用生产后，实践验证原设计的生产工艺不成熟，且难以修正而形成的经济效益萎缩，甚至难以为继的重大事故；

（4）由于多种原因，导致工程使用环境不符合职业健康安全要求事故；

（5）在工程长期使用过程中，形成的对周围环境、或自然生态破坏事故等。

（二）按照工程事故性质划分

按照工程事故的性质来划分类别，也有多种情况。如按照事故性质的严重程度，一般分为4个等级（一般事故、较大事故、重大事故、特大事故）；按照工程事故地域性质又可划分为国内外（或境内外）事故、各地区事故等；按照事故的工程专业性质，还可划分为20余种工程事故等。现仅就工程事故本身的性质而言，拟划分为以下4种事故：

1. 自然事故

所谓自然事故，包括各种自然因素或人为因素引发的工程事故。如风灾、水灾、雪灾、雷暴、泥石流、火山、地震等自然灾害导致的工程事故。

还有一类自然事故，就是地质灾害引发的事故。即在自然或者人为因素的作用下，形成对人类生命财产、环境造成破坏和损失的地质作用，造成的工程事故。如崩塌、滑坡、泥石流、地裂缝、煤层自燃、洞井塌方、冒顶、岩爆、高温、突水、瓦斯爆炸、海平面升降、水土流失、土地沙漠化及沼泽化、土壤盐碱化，以及地震、火山、地热害等诱发的工程事故。

2. 责任事故

工程责任事故，可笼统地分为领导责任事故、管理责任事故、操作责任事故三种。

领导责任事故，主要指对于工程项目建设的决策责任事故。如对于投资选项决策、工程项目可行性决策、承建商选用决策、拟定工程建设项目三大目标（投资、工期、质量）决策，以及重大技术应用、重要设备采购、交工使用（生产）期间重大事项等决策不当，甚至错误造成的工程事故。

管理责任事故，主要指工程项目建设各阶段，各职能部门管理不当或错误的管理，造成的工程事故。如拟定的投资信息收集、管理的方略不当或不全，导致错误的决策；如工程设计任务书编制的指导思想偏颇、编制工程施工招标书中三大目标设置的主导意见不妥等造成的工程事故。简单地说，介于高层领导者、具体操作者之间的所有责任事故，都可以归结为管理责任事故。

操作责任事故，诸如投资信息收集、整理工作者；工程项目工程勘察作业者、工程项目设计人员、工程咨询评估人员、工程监理人员、工程施工人员等工作或操作失误引发的工程事故。

3. 技术事故

工程技术事故与工程管理责任事故，有时候难以严格区分。但是，不言而喻，工程技术事故，主要是指由工程技术问题引发的工程施工。可研报告的编制水平、可研报告的评估水平、工程设计的先进程度、工程施工技术能力等不高，或错误导致发生的工程事故。引发这类事故的原因，在主观上不是故意的，或者不宜归结为有意酿成的事故，一般应当划归技术事故。

4. 政治原因事故

这方面的工程事故比较容易界定。诸如政治动荡，引发的停工事故、责权关系变更带来的事故；比如战争造成的对于工程项目建设的破坏事故等。

此外，工程项目施工阶段，还可根据引发事故的直接原因，而把事故分为：

（1）高空坠落事故；

（2）物体打击事故；

（3）坍塌事故；

（4）机械损害事故；

（5）触电和中毒事故等。

（三）按照工程事故责任划分

工程建设活动的主要参与者有业主、承建商、建设监理/咨询，其中，承建商又包括工程勘察、工程设计、工程施工，还有设备、构配件供应商等间接参与者。所以，按照造成工程事故的直接责任者来划分，工程安全事故有：

1. 工程业主责任事故，主要是指违背工程建设有关规定，主观臆断地处理有关工程建设事项，而引发的工程事故。如违背法规规定，该委托工程建设中介机构的，不委托；该报批的，不报批；该按照相关标准办理的，不按照标准办理等，而自行决断，导致引发工程事故。

2. 工程勘察责任事故，主要是指违背工程勘察有关法规规定、违背工程勘察合同约定，未能提交符合规定的工程勘察报告，包括未能按时提交工程勘察报告、或因不当的勘察方法，而形成的不符合要求的勘察报告；提交的工程勘察报告有严重错误，或不全面、不正确、不符合实际等，而引发不正确，甚至是错误的工程项目设计事故。

3. 工程设计责任事故，主要是指没能按照工程项目设计合同完成设计工作，而引发的工程事故。包括未能按时完成工程设计、没能控制好工程项目概（预）算，甚至是有严重错误的工程设计，以致影响正确地选址、错误地采购设备和造成严重的施工工程质量事故、严重影响投资效益等。

4. 工程施工责任事故，主要是指违背有关工程施工法规、标准、规范的规定，违背工程施工合同的约定，或者不遵从工程监理的指令，造成工程项目建设工期延误、或投资加大、或工程质量低下或有工程质量安全隐患、或破坏了良好的工程使用环境和职业健康安全条件、或直接导致人员伤亡事故、或经济财产损失事故等。

5. 工程咨询责任事故，主要是指违背工程咨询有关法规和规定，违背工程咨询合同约定，未能按时、或未能提交正确的咨询意见，包括投资决策咨询意见、工程可研报告评估意见、专项工程设计或工程施工咨询意见，以及工程项目使用期间的后评价报告等，而使委托咨询、或委托评估单位蒙受较大的经济损失，或严重延误了工程项目建设等。

6. 工程监理责任事故，主要是指监理的错误指令或决定性意见，引发的工程事故。如要求业主接受错误的投资选项、接受有严重错误的可研报告、工程设计方案或工程项目设计；错误地评定工程项目投标书，而选定了不当的工程项目施工单位；错误地指令施工单位进行施工并造成了工程事故等。

此外，工程设备、构配件制造单位，或建筑材料供应单位，虽然不直接参与工程项目建设活动，但是，对其供应的工程设备、或工程构配件、或工程建筑材料等均负有相应的责任。一旦为此而引发了工程事故，包括违背相应合同，延误交货时限、或提交不符合合同要求的质量的货物，而引发了工程事故，则势必要承担相应的责任。

二、工程安全事故原因

前面列举了工程质量事故（211 例倒塌事故）、工程施工安全事故的基本情况，并作了简单的原因分析。一方面，这些事故是现阶段普遍存在的事实。另一方面，这些事故仅仅是工程项目建设过程中的两个阶段——工程施工和工程使用阶段、两类事故——工程质量和施工安全事故。因此，分析、总结其原因，难免有一定的局限性，或者是片面性。如果从工程建设的全过程，来考察分析所有工程事故的原因，则可能更全面、更深刻、更具教育和指导意义。

综合上述工程事故责任分析，不难看出，发生这些事故的原因，概括起来说，有管理方面的问题，也有操作层面的问题；有法规规范方面的问题，更有体制机制方面的问题。现仅就这 4 个方面的原因，稍加分析。

（一）体制机制原因

现阶段，我国尚处于社会主义市场经济体制初始状态，不仅相关法规还很不完善，而且，有关市场责任主体也很不健全。更重要的是，还有很多观念滞留在单纯计划经济体制下，不适应市场经济体制的行为规范约束。建设市场情况同样如此。诸如建设市场的三元结构还没有完全确立。业主（包括工程项目法人，以下同）的组织架构形形色色，有的甚至亦然很庞大。不少业主远没有把应当委托监理单位承担的责任和权利，委托给监理。像截止到目前，我国尚没有实施投资选项评估、可研报告评估；没有开展工程勘察和工程设计监理；基本没有开展工程后评价；即使是工程施工监理，也仅仅局限在工程质量方面（外加工程施工安全监理）。更为严重的是，有些投资项目的决策、可研报告的审批，远没有很好听取咨询等专业技术服务单位的意见。监理单位不仅总体规模还很小，技术能力也远远满足不了工程建设全过程的监理需要。就连承包商，尽管其形体已经进入了市场经济体制下，但是其观念、其相应机制等也还没有达到市场化的程度。可以说，现阶段的承包商只是被动地应对市场经济体制的要求。另外，虽然在形式上，基本做到了政企分开。但是，在企业的具体经营运作上，还时不时地受到行政方面的干预。所以，建设市场中，行政干预、无序竞争、违法违规等现象不时发生，严重影响着工程安全。这是现阶段诱发工程安全事故的主要原因。

（二）管理原因

工程建设管理方面的问题，也普遍存在。业主的管理问题，尤为突出。特别是，业主的管理，不仅时常表现出行政观念的痕迹，而且，还顽固地保留着小生产者事事亲力亲为的做派。因此，严重地阻碍着科学的、民主的、制度化的管理模式的实施和推进。阻碍着能够提高工程建设安全度的建设监理制的实施。

承包商的管理，尤其是施工单位的管理脱节现象比较严重。众所周知，我国的施工企业，自 20 世纪 90 年代开始，普遍实行管理层与劳务层分离的组织体系。这种陡然地分离，造成了双方的不适应。管理层由原来的全面管理——组织的、行政的和经济的管理，蜕变为单纯的经济管理。既感到失落，又不会恰当地运用经济手段。作为劳务层，由于陡然地独立，既缺乏应有的管理能力，又往往过于偏重于经济利益。再加上，劳务层人员的高流动性，更增加了管理的难度。由于这双方面的不适应，造成了工程安全事故的频发，特别是施工安全事故，甚至是特别重大安全事故接连不断。

作为新兴行业，建设监理企业，不仅规模还很小，技术能力也不高，而且，其管理同样有待改进、完善、提高。比如，如何建立高效的内部管理机制、如何科学地进行“三控制”、如何进行工程建设全过程的建设监理等，都有待不断探索、总结、提高，以避免或减少工程安全事故。

（三）素质问题原因

所谓建设队伍素质，主要是指施工单队伍素质问题。包括施工队伍的责任素质、技术素质、管理素质等。坦率地说，目前，我国的工程施工队伍总体素质不高，尤其是劳务层的总体素质不高，是普遍存在的事实。近4000万人的建筑大军，除了有限的相关大专院校培养的管理层人员外，其余的劳务层人员，基本上没有固定的培训基地。个别地区虽然设置了培训基地，但是，培训的稳定性、连续性、有效性等，很难达到应有的要求。再加上，由于税收问题、基本固定资产购置的投入问题、资产的积累问题、管理问题、人事问题等种种原因，时至今日，我国建设队伍的劳务层，基本上还没有形成有建制的劳务公司。所以，往往是工程承包单位一方面抱怨劳务层素质低下，承包公司成了职工培训学校，一方面，迫于工程项目建设的急需，不得不良莠不齐地招募劳务层操作工。一个工程项目竣工后，大多数劳务层人员都星散了。接到新的工程建设项目后，又不得不像前一个工程项目建设那样，重新招募劳务层人员。劳务层素质低下的突出表现是，劳务层有关人员难以全面、正确理解并掌握管理层的意图；难以准确地按照施工技术交底的要求进行操作；甚至连基本的操作技术、基本的自我安全保护知识都不掌握。因此，工程质量通病延续不断；本不该发生的施工安全事故，却再三发生。

2004年，全国共发生建筑施工事故1144起、死亡1324人。2004年，全国建筑施工伤亡事故类别仍主要是高处坠落、施工坍塌、物体打击、机具伤害和触电等类型。这些类型事故的死亡人数分别占全部事故死亡人数的53.10%、14.43%、10.57%、6.72%和7.18%，总计占全部事故死亡人数的92.0%。

按照2010年发生的施工安全事故数量分析，位居前三位高事故比例的安全事故，依次是：高空坠落：47.37%；物体打击：16.75%；坍塌：14.83%。

另外，据住房和城乡建设部工程质量安全监管司组织编写的《建筑工程安全事故案例分析》一书介绍，2005年至2008年间，全国发生的50例一次死亡3人及其以上建筑施工安全事故。按照引发这些事故的直接原因分析，坍塌（包括工程坍塌和工程模板坍塌）事故26起，占总量的52%；机械伤害事故17起，占总量的34%；高空坠落事故4起，占总量的8%；触电和中毒事故3起，占总量的6%。这些事故的发生，无不与职工素质低下有关。

（四）法规建设问题

现阶段，尽管我国的工程建设法规建设有了长足的进步，而且，国家已经确定实行工程建设项目法人责任制、招标投标制、建设监理制和合同管理制。但是，工程建设过程中，毕竟还有一些环节尚无章可循，或者尚未形成带有强制性的法律规定。如工程建设前期阶段的监理问题，连一般部门规章都没有；有关咨询问题，也是各行其是，国家并没有明确推行；工程项目的后评价工作，基本上没有开展。就连对于工程建设项目安全有重大作用的可研报告评估，国家也没有明文规定要求，更没有形成强制推行的制度。此外，已有的相关法规，也有不少需要完善、修订之处，甚至有明显不妥之处。没有法规、或者没有科学健全的法规，就很难保证工程建设有较高的安全度。

三、工程安全事故的防范

任何事物的发生、发展过程，都难免不出现意想不到的问题，甚至发生意外的事故。同样，工程建设也难免不发生事故。应当说，工程安全事故屡屡发生，有的还十分严重。诸如投资决策的失误，导致重复建设。工程项目建成后，由于市场的限制，难易投入正常使用，发挥其应有的作用，造成巨大的浪费。由于工程规划的失误，极大地缩短了工程建设项目的寿命。就一般房屋建筑而言，我国《民用建筑设计通则》规定，使用寿命为 50 ~ 100 年；重要建筑和高层建筑主体结构的耐久年限为 100 年。可是，近些年来由于规划决策的失误，一些刚刚使用不久的建筑，就被拆掉。还有一些工程建筑，或者由于工程设计的失误、或者由于工程施工的问题等，导致了工程使用寿命大大降低。轻则，必须加固补强；重则，须拆掉重建。总之，一旦发生工程安全事故，往往就会造成严重的经济损失。

像其他行业竭尽全力避免或减少安全事故一样，工程建设领域也一直在努力避免或减少工程安全事故。应当说，在防范工程安全事故方面，我们已经取得了可喜的成效。但是，不能不看到，防范工程安全事故的责任，依然非常艰巨。甚至可以说，尚任重而道远。借重以往的经验，借重社会和科学技术的进步，当须坚持以下 7 项原则，努力防范工程安全事故。即按照各自的责任，分工负责原则；以预防为主原则；全面实施监理/咨询原则；加大必要投入原则；依靠科技进步原则；提高全员素质原则；强化激励机制原则。

（一）按照各自的责任，分工负责原则

基于工程项目建设的长期性、多方参与性，为了防范工程项目建设发生安全事故，势必需要各个参与方，依据有关法规的规定，按照各自的责任，努力做好分内的工作。

作为工程项目业主，最根本的责任，就是按照《关于实行建设项目法人责任制的暂行规定》的权限和义务，行使好自己的权利，尽到应尽的义务。尤其是，要努力做到该委托专业的中介服务机构的事项，全部委托，不留尾巴，彻底放权。而且，决不做表面文章。决不越俎代庖，干涉受委托的单位的正常工作，真正实行“小业主”的管理模式。

作为中介服务机构的监理/咨询单位，为避免工程安全事故的发生，应当在业主委托的职责范围内，按照有关法规和委托合同的约定，尽最大可能，完成合同的约定。为业主提供应有的服务。杜绝工作失误，并尽可能帮助相关单位，共同完成好工程项目建设事项。

作为工程建设项目的具体实施者，承建商亦应当按照有关法规、规章和标准的规定，以及工程建设合同的约定，组织力量，认真地完成相关工程项目建设工作。按照《建筑法》的规定，无论是工程安全问题，还是承建商内部的安全问题，承建商都应当承担工程项目建设实施的安全责任。

（二）以预防为主原则

为了尽可能提高工程安全度，避免或减少工程安全事故，最主要的就是要认真贯彻以预防为主的原则，防患于未然。事先做好充分的预防工作，包括采取科学的程序、选配符

合资质要求的单位和人员、制定完备的计划和可靠的措施，以及拟定应对一旦发生安全事故的应急方案、对策等。

（三）全面实施监理/咨询原则

我国有关法规已经明确规定，工程建设实行建设监理制。20余年的初步实践证明，建设监理是建设市场不可或缺的主体之一。建设监理既应当，也有能力担当起工程建设安全进行的保驾护航责任。所以，工程项目建设的各个主要阶段，都应当委托监理；而且，应当把工程项目建设的具体监管事项——“三大控制”等都委托监理。只有这样，才算是全面实施监理，才可能充分发挥建设监理应有的聪明才智。

当然，毋庸讳言，现阶段，建设监理的总量和素质、水平等，还远没有达到全面承担工程建设监理的程度。即使将来，实现了全面监理，也不是说，每家监理单位都具有这种能力。在建设监理事业发展的进程中，有可能造就出一批具有工程建设全过程监理能力的企业。但是，这些企业毕竟是少数。大多数监理企业不会向“大而全”的方向发展，而是朝着“专而精”的方向发展。

（四）依靠科技进步原则

科技进步是一个行业、一个地区、一个国家，是整个人类社会发展的基石和第一生产力，也是发展的重要标志。工程建设安全度的提高、工程建设水平的提升都离不开科技进步。现阶段，我国的科技进步的基本要点，就是指国家坚持科学发展观，实施科教兴国战略，实行自主创新、重点跨越、持续发展、引领未来的科学技术工作不断发展。1993年7月，我国制定了《科学技术进步法》（以下简称科技进步法）。该法明确指出：“国家实行经济建设和社会发展依靠科学技术，科学技术工作面向经济建设和社会发展的基本方针”（第二条）。同时，“国家鼓励科学研究和技术开发，推广应用科学技术成果，改造传统产业，发展高技术产业，以及应用科学技术为经济建设和社会发展服务的活动”（第五条）。2002年6月制定的《生产安全法》也明确规定“国家鼓励和支持安全生产科学技术研究和安全生产先进技术的推广应用，提高安全生产水平”（第十四条）。目前，我国工程建设领域的安全生产状况，亟待强化科技研究和推广应用。像投资风险的研究、先进生产工艺的研究、超高层建筑结构力学研究、矿井建设安全研究等等，无不需要依赖科技进步，推陈出新，实现在高安全度下，进行工程项目建设。

（五）搞好培训教育提高全员素质原则

20世纪末，我国建设领域全面实施管理层与劳务层分离管理体制。原有管理层人员的更新，主要来源于两方面。一是从原有劳务层人员中选拔出来，进入管理层。应当说，在两层剥离初期，补充的这部分管理层人员，占有一定的比例。之后，就逐渐被大学毕业生所垄断。而原有劳务层人员逐渐老化、退出后，新补充的劳务层人员，绝大部分是农村的年轻人。而且，由于建设规模的迅猛扩大，建筑业从业人员也快速增加。据国家统计局统计，摘录1990年、2000年和2010年，全社会固定资产投资规模和建筑业从业人数如下：

1990年：全社会固定资产投资完成4451亿元，全社会建筑施工队伍达到1716.7万人；

2000年：全年全社会完成固定资产投资32619亿元，比上年增长9.3%。全社会建筑施工队伍达到2740.9万人；

2010 年：全社会固定资产投资 278140 亿元，比上年增长 23.8%，全社会建筑业从业人数达到 4043.37 万人，约占全社会就业人数的 5%。同比增长 10.1%。

从以上三个时段来看，前一个十年间，建筑业人员增加 1000 万人；后一个十年间，建筑业人员增加 1300 万人。现在的建筑队伍总量与 20 年前相比，扣除自然减员，翻了一番还多。这就是说，现在，我国建筑业队伍，不仅规模大，而且，新人多。所以，建筑业面临着巨大的培训教育压力。搞好建筑业职工教育，是每一个建设领域的领导者义不容辞的责任和义务。

综合各方面的资料，尤其应抓好以下四方面的培训教育。

（1）责任心教育。这项教育，既是各行各业永恒的教育主题，更是现阶段——市场经济体制建设初期，尤为重要的内容。在社会主义市场经济中，法制建设是第一位的，尤其是在激烈的建设市场竞争中，工程建设各方必须遵纪守法。中国古代工程建造过程中，建造师告诫操作者，搞建筑要有“天、地、良心”。如何深入理解“天、地、良心”的古训？笔者认为，“天”，则是全面落实国家有关工程建设方面的法律、法规和技术标准。现阶段，必须全面贯彻执行项目法人负责制，招标投标制、工程监理制和合同管理制。“地”，则是工程设计符合立项规定的前提下，工程施工对构成工程主体的建筑材料，建筑构配件和设备质量的检验符合标准再用。这是确保工程建设质量和安全生产的基础。“良心”，则是对项目经理与操作人员的职业道德与专业技能的考核，尤其是职业道德。只有符合条件的项目经理与操作人员上岗，才能确保工程建设质量和安全。归根到底，就是突出了责任心问题。

一般说来，封建时代，建筑业从业者的责任心源于对皇权的崇敬和畏惧；资本主义时代，责任心源于苛刻的制度约束和金钱的诱惑。我们是社会主义国家，构建的是社会主义市场经济体制。所以，提高职工的责任心，既要运用法规制度的约束，更要培养主人翁的精神，从而不断增强职工的责任心。这是现阶段，应当加大投入的教育事项。

（2）技术素质教育。如上所述，现在的建筑大军，多是从业不久的农民。而且，多数人的文化水平比较低。有关建筑技术素养就更差。屡屡发生的工程质量、工程安全事故，特别是工程安全事故，往往是因为操作人员缺乏必要的基本安全常识。抓紧并强化职工的技术素质，尤其是加强自我保护的安全素质教育，是建设领域的重要使命。也是工程项目经理的重要责任。

（3）团队精神教育。工程项目建设规模大、周期长、专业多，而且不可逆转。因此，开展好团队精神教育，培养、发挥好团队精神，是我们应当清晰认识，并应迅速强化教育的重要内容。

（4）管理才能教育。这里所说的管理才能教育，主要是强调工程建设管理通才的培养教育。就目前状况看，无论是工程项目经理，还是工程项目总监，其专业技术管理水平普遍较好。而经济管理水平、合同管理水平，尤其是外语水平，普遍较低。在全球经济一体化的迅猛进展压力下，工程建设管理通才的培养日趋严重。有条件的地方或企业，当着力搞好工程建设管理通才的培养教育。以期带好头、树榜样、积累经验，为推动全国建设领域管理上水平作出贡献。

提高工程建设领域全员素质，即包括提高业主、监理、承建商三方所有人员的素质。这是现阶段建设大军比较薄弱的环节，也是提高工程建设安全度、提高工程建设水平的最坚实的基础。其中，尤以业主的市场观念素养、承建商（特别是施工企业）的技术素质和安全素质、建设监理队伍的技术素质等最为紧要快速提高。只有建设领域的全员素质都达到相当高的水准，建设市场中的三方有了更多的共同语言，就能大幅度降低工程安全事故。

（六）强化激励机制原则

激励机制是各行各业，长期以来，行之有效的措施之一。在市场经济体制下，激励机制更是不可或缺。面对工程建设安全度不高的现实，更应当强化激励机制。尤其是，对于安全生产的激励、科技进步的激励、先进技术的激励等，应当进一步广泛推行，并加大激励强度。包括行政对于企业和个人的激励、行业对于企业和个人的激励、企业对企业的激励、企业内部的激励等。而且要持续不断地进行，甚至建立激励制度。从而，逐渐培养起为提高工程建设安全度而孜孜不倦拼搏，调动方方面面的积极性，形成你追我赶的群体性进取热潮，为工程项目建设的安全群策群力，不断攀登。

（七）加大必要投入原则

要想提高工程安全度，单凭号召是难以奏效的，起码不能持久。现阶段，从总体来看，我国在工程安全方面的投入还是很有限的。尤其是为了工程安全的科研投入、继续教育投入、培训投入、新技术试用投入、安全经费投入、技术咨询投入等方面，都比较薄弱。像有些业主，片面追求低投标报价；有些承建商，为了迎合业主的低价位中标意向，一味减少投标报价。及至低价中标后，盲目地克扣或降低包括施工安全措施费在内的种种必要的投入，一致酿成严重的安全事故。企业的科研投入、职工的培训教育投入等更是微乎其微，甚至根本没有。这种状况，决不能再继续下去了。否则，我们的建设大军素质，乃至工程建设水平老是在低水平线上徘徊、震荡，老是落在国际先进水平后面。

第三章 工程质量安全监管与建设监理

我国对外开放以来，国际金融组织、外商和港澳台地区向我国境内投资或贷款，要求按照菲迪克合同条件规定，实行“业主—工程师—承包商”制。即以实行建设监理制为条件之一。这是国外金融组织，特别是国际金融组织，对其投资（包括贷款、无偿援助等）建设项目实施监管的通行作法。这里所说的“工程师”，不是我国技术职称概念上的工程师。它是特指工程建设领域中，提供专业技术服务的中介机构（我国创建建设监理制之前，没有“监理”一词，所以，对这类中介服务，有不同称谓。即使现在，还有的同志，出于既有习惯，仍然把这类服务，叫做“工程师”，或“咨询”）。其目的在于，实行建设监理制能够使工程建设有序进行，能在确保工程质量的前提下，充分发挥投资效益，以取得投资利润和偿还贷款。也就是说，这些金融机构委托监理单位监管其投放资金得以合理、有效使用。由于我们以前没有建立这一制度，没有相应的监理组织，工作非常被动，绝大部分工程建设，不得不付出高昂的代价，请外国人来监理。例如“鲁布革水电站”工程建设项目、京津塘高速公路建设项目等。

根据我国改革开放的需要，参照国际通行惯例，结合我国的具体情况和初步实践，从1988年开始，我国探索、开创了工程建设监理制。

我国的建设监理制，包括两个层面的内容。一是政府有关部门对工程建设的监管；二是受项目法人委托，监理企业为工程建设提供专业性的技术服务。

建设部于1988年7月25日、1989年7月28日，先后印发了《关于开展建设监理工作的通知》和《建设监理试行规定》。这两个文件都明确了政府有关部门管理建设监理的职责，除了制定有关法规、政策、标准、规范外，重点是督促、检查、落实四项制度的责任：

一是工程建设项目法人负责制；

二是建设项目的招标投标制；

三是工程项目建设监理制；

四是工程建设合同制的签订与落实。

为了确保四项基本制度的落实，各级政府有关部门应不断规范并净化建设市场；严把市场准入关，大力加强建设市场监管力度；严格各类企业资质管理；参与重大建设项目竣工验收；指导管理监理工作等。

笔者认为，以上这些都是比较宏观方面的内容。其具体事项当有以下几点：

1. 工程建设项目立项审批；
2. 政府投资建设的工程项目的初步设计和概算审批；
3. 工程建设项目的规划及征用土地审批；
4. 工程建设项目招标投标监管；
5. 工程建设项目开工报告审批；
6. 工程建设项目施工期间工程质量、施工安全及环保的监管；

7. 对建设市场的监管，包括对项目法人、建设监理、承建商（勘察、设计、施工、总承包等企业）市场行为的监管；

8. 政府投资建设的工程项目竣工验收、工程建设项目后评价；

9. 工程建设活动中，其他应由政府监管的事项。

建设部制定的《关于开展建设监理工作的通知》有关建设监理内容是：建设监理组织受业主委托，可以是项目建设全过程的，也可以是勘察、设计、施工、设备制造等的某个阶段的监理。

第一节　建设监理的工程质量监控

一、建设监理的工程质量责任渊源

（一）建设监理的工程质量责任法理根据

我国在社会主义经济体制改革的浪潮涌动下，开始筹建市场经济体制。在社会主义市场经济体制酝酿初期，我们开创了建设监理制。实行建设监理制的目的，正如《工程建设监理规定》第一条所述的那样："为了确保工程建设质量，提高工程建设水平，充分发挥投资效益，促进工程建设监理事业的健康发展，制定本规定。"《建筑法》在建设监理一章中也明确规定"（第三十二条）建筑工程监理应当依照法律、行政法规及有关的技术标准、设计文件和建筑工程承包合同，对承包单位在施工质量、建设工期和建设资金使用等方面，代表建设单位实施监督。"还特别指出"工程监理人员发现工程设计不符合建筑工程质量标准或者合同约定的质量要求的，应当报告建设单位要求设计单位改正。"这些法规条款，无疑都强调把好工程质量关，促进工程建设质量的提高，是实施建设监理的重要目的之一。或者说，搞好工程建设项目的质量，是建设监理的重要责任之一。

工程项目建设是逐步实施的。在各个不同阶段，需要监管的工程质量内容和目标各有侧重，且其表现的形式也各不相同。累积以往的经验，工程项目建设各个阶段进行质量控制的内容及其目标见表3-1所示。

（二）建设监理工程质量责任的合同依据

建设监理单位接受业主委托后，要商签工程建设项目委托监理合同。其实，在目前，实行监理招标投标制择优选用工程监理单位的过程中，投标的监理单位在投标书中已有包括搞好工程质量监理等条款的承诺。中标后，业主和中标的监理单位在招投标文件的基础上，进一步商签委托监理合同。其中，当会把有关监理对工程质量监管的要求、内容、方法等具体事项列入合同。双方签订合同后，有关工程质量监管的条款，就是监理的责任和义务。监理方必须认真贯彻执行。

一般情况下，列入监理合同条款的监理人的权利和义务有以下几项：

1. 审查工程施工组织设计和技术方案

按照保安全、保质量、保工期和降低成本的原则，向被监理单位提出建议，并向委托人提出书面报告。

2. 检验工程材料和施工质量

对不符合设计要求和合同约定及国家质量标准的材料、构配件、设备，有权通知被监理单位停止使用；对于不符合规范和质量标准的工序、分部、分项工程和不安全施工作业，有权通知被监理单位停工整改、返工。

建设项目各主要阶段质量控制内容和目标　　表 3-1

<table>
<tr><th colspan="2">建设阶段</th><th>控制对象和目标</th></tr>
<tr><td rowspan="4">建设前期工作阶段</td><td>可行性研究</td><td>（1）项目可行性研究及其结果。可行性研究报告要满足编制和审批初步设计的需要；
（2）可行性研究报告经批准后，不得随意修改和变更。如果对建设规模、市场预测、产品方案、建设地区、主要协作关系等方面有变动以及突破投资控制数时，应经原审批机关同意</td></tr>
<tr><td>地质勘察</td><td>（3）地质勘察（探）成果准确、翔实。其深度和精度应满足工程设计和工程施工各阶段的要求</td></tr>
<tr><td>设计工作</td><td>（4）工程设计要有可靠的矿产资源和工程地质报告做保证；
（5）要严肃慎重、科学地决定工艺水平，搞好设备选型，既要满足产品质量和数量的要求，又要保证技术上的先进可靠，适用和经济；
（6）协作配套项目及燃料、原料、动力供应要落实；
（7）有可靠和必要的水文地质资料</td></tr>
<tr><td>设计概算</td><td>（8）根据设计文件内容搞好设计概算，进一步落实项目投资额</td></tr>
<tr><td colspan="2">施工准备阶段</td><td>（9）制定工程项目总进度计划，落实征（购）地拆迁，搞好“三通一平”和大型临时工程及设施计划与实施方案；
（10）组织设备和材料招标工作，落实主要设备及材料货源；
（11）单项工程施工图会审、编制施工技术组织措施，制定施工图预算，落实贷款计划和年度资金；
（12）承包单位向发包单位申请开工、发包单位检查开工条件后下达开工令。招聘工程监理单位，工程监理单位代表进驻施工现场</td></tr>
<tr><td colspan="2">施工阶段</td><td>（13）审查施工组织设计方案。审查分包单位的资格，落实招标承包合同的有关条款；
（14）审查工程质量保证体系。按项核对工程进度计划落实（执行）情况，按工程进度计划进行拨款</td></tr>
<tr><td colspan="2">竣工验收阶段</td><td>（15）检查竣工验收标准，做好单机试运和整体生产系统负荷试运，检查建筑使用功能消除质量“通病”，做好竣工验收工作；
（16）提出保修服务内容，落实招标承包合同规定的保修服务条款</td></tr>
</table>

3. 实施必要的巡检

按照监理规划及其实施细则的规定，对于工程项目的重点部位，监理人员要适时地深入工程建设第一线，监督工程的实施。

4. 检查承建商的质保体系

承建商的质保体系是工程质量的重要保证。作为施工组织设计的重要组成部分，监理单位要认真审查，更要督促其落实相关职责。

5. 检查、监督工程施工进度，签认工程提前竣工日期或工程延期竣工日期。

6. 监理过程中如发现被监理单位人员工作不称职，监理人可要求被监理单位调换有关人员。

7. 对监理过程中发现的可能影响到安全生产、工程质量、工程造价以及工期的问题，应立即要求被监理单位采取措施，并及时向委托人报告。

二、建设监理对工程施工质量的监管

工程建设项目的质量、进度和工程项目的投资控制，以及对工程施工安全的监控，是紧密相连、相互制约的矛盾的统一。因此，顾此失彼，单抓其中一项，或只抓其中几项控制，都是难以奏效的。作为监理单位是如此，作为承建商亦是如此。

（一）监控的基本方法

1. 工程建设项目管理的五环节

工程建设项目管理的目的是，有效地实施项目建设规划“立项方案”目标。管理过程中最基本的几个环节是：决策、组织、领导、控制、创新。决策工作是对整个工程项目建设确定目标，作出总体规划设计和工程施工部署。组织工作是通过内部结构设计和组织关系的确定，并在项目管理中进行人员配备和职责分配，确定各岗位的职责，以保证计划的落实和目标的实现。业务部门领导工作是管理者运用职权和国家法律、技术、标准施加影响，以充分发挥每一个成员的积极性，指导、协调、激励各方人员努力实现组织目标。控制工作是检查、监督、确定组织活动进展情况，对实际工作与计划工作所出现的偏差加以纠正，从而确保整个项目建设目标的实现。创新工作则是在以上几个环节的运行过程中，根据工程项目建设管理情况，结合外部环境，不断地分析、改良、提升，使其组织目标的制定及实现更具有效性、科学性、前瞻性。

单位工程质量控制全过程如图 3-1 所示。

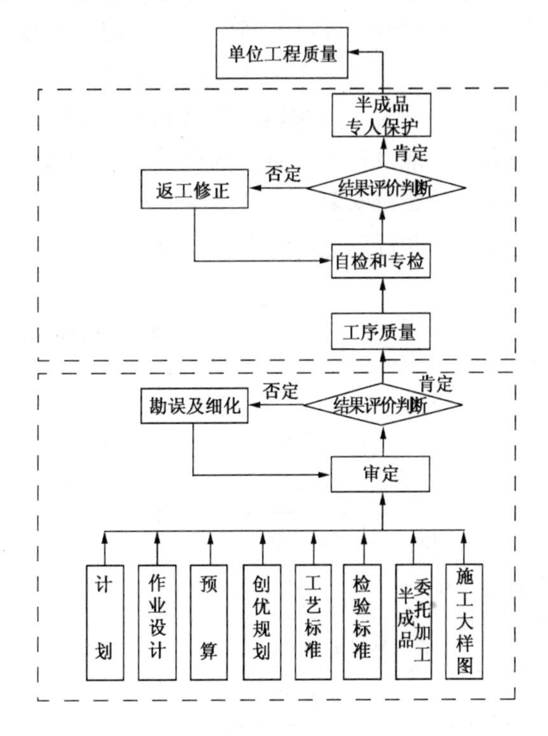

图 3-1 单位工程质量控制过程图

2. 控制是项目管理的关键

对于一个工程承包和相关单位（企业）而言，以上几个管理环节，缺一不可。但针对工程总承包企业，在具体的生产经营工作过程中，控制管理显得更为突出。当企业决策层制定了方向、目标后，操作层能否有效实现目标，控制管理起到了非常重要的作用。

在现代工程项目建设管理中，因为建设市场管理的不确定性、组织活动的复杂性及质量与安全管理的不可避免性，没有有效地控制，实际工作就有可能偏离计划，组织目标也将有可能无法实现。因此，控制管理是改进工作、推动工作不断前进的有效手段。作为在全国各地流动作业的广大建筑工程管理和承包企业，在项目建设实际管理工作过程中，进行有效的控制管理是必须的。

（二）控制对象及控制主体

1. 控制对象

要进行控制管理，首先必须明确控制对象。控制对象可以从不同的角度进行划分：从横向看，企业的人、财、物、时间、资源等都是控制对象；从纵向看，工程承包企业（单位）内的各个组织层次，从领导，到部门，到每项工序和班组、各个岗位都是控制对象。从控制内容的性质来看，能力、行为、态度、业绩等也可成为控制对象。在项目建设管理各方职责内，怎样去找准控制对象，关键是必须清楚地了解本建设项目生产流程特点，及各阶段哪些问题是生产的突出问题，哪些问题是控制点，也就是控制对象。比如：建筑工程承包企业，在工程招标投标时，投标报价分析的准确性、数字的保密性、标书制作的技术性；在工程实施过程中，每一分项工程质量可靠性、安全生产设施的到位程度、操作工人的安全意识状态等，这些具体的管理问题，就成为了项目监管（理）控制对象。

项目信息与控制系统开发的主要时期如图 3-2 所示。

2. 控制主体

（1）为了落实各控制对象，能按要求进行有效控制，就必须明确工程项目建设各项工作的控制主体。如每项工作（工序）的控制职责，必须有分工明细表。

（2）组织（企业，以下同）内的控制活动，是由职工来执行和操纵的。因此，组织控制的主体是各级管理者及其所属的部门。在控制管理的主体中，管理者由于所处的位置不同，其控制的任务也不同。一般而言，是按工程承包合同及批准的施工组织设计规定，进行监控管理。身为企业（单位）职工，只是分工不同，控制的是按岗位，各尽其责。

（3）由于复杂的关键设备（包括大型专用设备和需要进行新产品试制的设备）、标准设备和非标准设备的交货时间的不同，因此，应按三类设备和散装材料（包括管道、电气、仪表及建筑安装工程所用材料），在工程设计阶段，编制器材采购计划进度。

器材采购计划进度如表 3-2 所示。

工程设计器材采购计划进度表 **表 3-2**

顺序	工序名称	周期（周或天）				说明
		关键设备	标准设备	非标准设备	散装材料	
1	询价申购单准备工作					
2	进行审批					业主负责审批
3	向供货单位发出询价书					
4	收回供货单位询价书					
5	组织报价评审					评审委员由业主审定

续表

顺序	工 序 名 称	周期（周或天）				说　明
		关键设备	标准设备	非标准设备	散装材料	
6	业主审批报价评审结论					
7	发出采购订货单					
	需要工作时间合计					由第1项到第7项的合计工作周数
8	收到制造单位初期确认的图纸					
9	收到制造单位最终确认的图纸					
	附加工作时间合计					第8项和第9项的合计工作周数

3. 控制方法

（1）财务控制。是通过对一个组织中，资金运作状况的监督和分析，对各个部门工作人员的活动和工作实施控制，最终达到资金的合理运用和增值的目的。财务控制方法有预算控制、会计稽核、财务报表分析等。

（2）进度控制。对工程进度进行控制的目的是，使项目建设对其实现目标过程中的各项工作，作出合理的安排，以求按期实现目标。其关键是监督各工种工序活动的进行是否符合施工组织进度计划。

（3）质量控制。对任何产品（工程）质量都是企业的生命，加强质量控制是一个企业永恒不变的主题。影响质量的因素很多，很复杂。质量控制主要是通过建立工程质量体系、标准、制度，并且严格监督实施来进行的。与此同时，强调工程项目建设的每一项管理工作，每一位成员都要有质量意识。通过质量控制过程，努力提高责任心，树立严谨、细致的工作作风。在工程质量方面，重点整治建设单位（业主）为节省成本投入，恶意压级压价，导致工程质量和安全标准下降；施工企业质量管理意识不强，质量管理体系不健全，质量责任落实不到位，违反工程建设标准规范施工；工程监理（咨询）不照程序办事，单位之间恶意竞争、取费过低，旁站监理制度没有得到落实；质量检测机构水平不高、行为不规范，随意出具检测报告，导致不合格产品（材料、设备）进入施工现场，甚至使不合格产品流向社会等问题。

（4）安全控制

①安全控制包括：人身安全、财产安全、资料安全等内容。安全生产是企业的每一位管理者的最基本工作意识之一。所以，我们常常讲“安全生产，人人有责”。安全控制是通过建立标准、设施到位、加强教育并且严格监督实施来进行的。在社会财富中，人是最宝贵的。“以人为本”全面提升安全生产素质，消除隐患，强化教育，是安全控制的目的。在安全生产方面，重点整治建筑施工企业安全生产主体责任意识不强；施工现场安全隐患

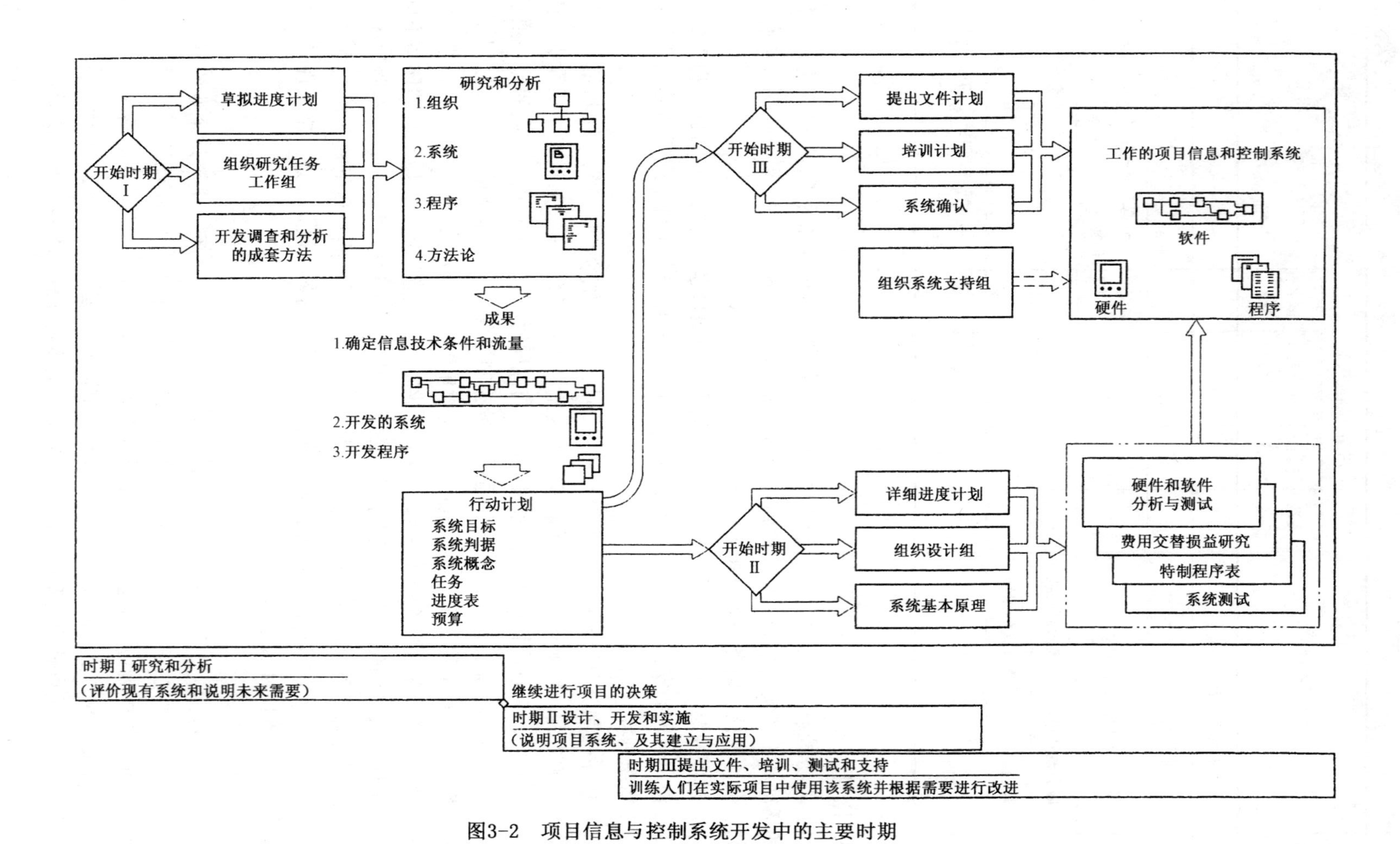

图3-2　项目信息与控制系统开发中的主要时期

较为突出；高处坠落、坍塌等多发性伤亡事故未得到有效控制；不严格执行安全技术规范和标准；安全生产管理制度不健全；应急预案缺乏可操作性；安全事故处置措施和预警机制不完善等问题。近阶段，由于各地修路建桥工程中，规划设计及施工原因，存在问题较多，导致事故频发。因此，务必加强道路、桥梁工程建设规划的审批和施工的监控。

道路桥梁工程规划审批流程如图3-3所示。

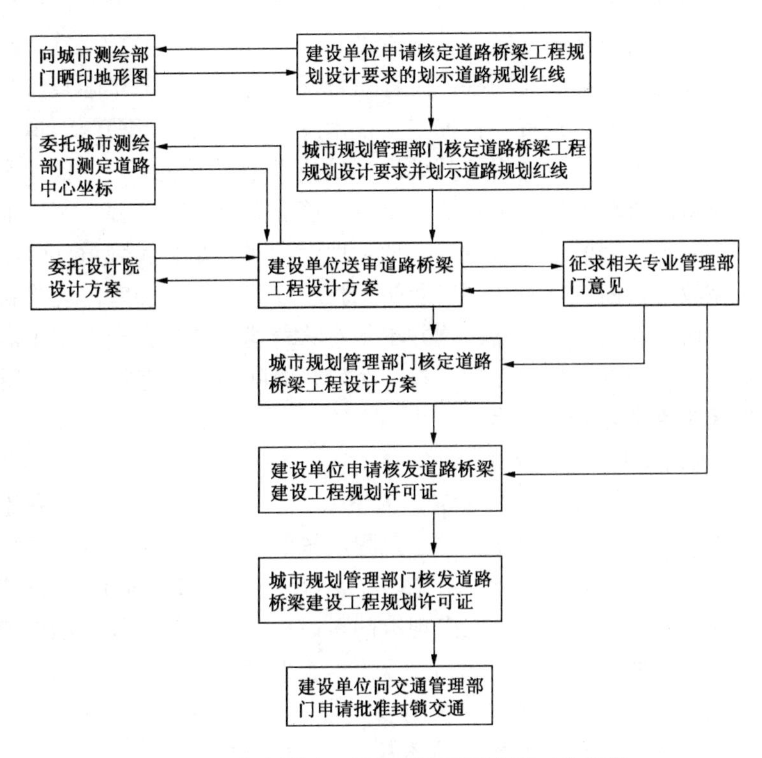

图3-3 道路桥梁工程规划许可证申请工作程序

②高度重视建筑工程（包括在建和改扩建工程）消防安全控制力度。针对建设工程项目施工消防安全工作存在的薄弱环节，制定各项消防安全管理制度，及时排查治理消防隐患，确保工程项目及人身安全得到保证。

（5）人员操作能力行为控制。控制工作从根本上来说是对人员操作管理能力的控制。对人的控制应做到以下几点：一是用规章制度约束人的行为；二是培养用激励机制提升人的工作积极性；三是培养专业文化，凝聚人的思想；四是坚持操作人员持证上岗，以确保质量安全管理得到控制。

（6）最重要的是，具有决策权力的领导要尽快确立以人为本思想意识和提高安全意识。分析、归纳发生工程质量事故，或者发生施工安全事故的原因，往往是与领导决策时，盲目追求建设进度，或者片面追求低标价中标，或者为“献礼”工程、“政绩”工程搞突击、会战。总而言之，一句话，不讲科学，瞎指挥，往往是造成事故的原罪。

三、开发检测技术、健全工程质量监理

建设监理单位为了科学地检测工程质量，必须掌握相应的检测技术，甚至拥有基本的

检测设备和仪器。但是，任何一家企业，都不可能包罗万象，样样具备，尤其是随着市场经济的发育完善，社会分工会越来越细，企业的行事方法，必然越来越社会化。工程质量检测技术专业性很强，门类又比较多。所以，开发检测技术，对于监理单位进行工程质量监管工作来说，是十分必要的。

（一）开发工程质量检测技术

工程质量检测包括多种专业技术，涉及的专用仪器设备繁多。随着现代化工程建设技术的发展，检测技术的研究将越来越显示出它的重要作用。检测试（实）验手段的革新，往往能带来施工工艺的重大突破。为提高工程质量（设计规定服务年限），确保施工安全，实现计划工程进度，节省建设投资，根据施工技术发展的趋势，近期内，拟应以以下几项研究开发为重点：复杂地基及软弱土地基处理测试技术；地下建筑、港口、水坝、井巷工程锚喷支护工程质量的检测预控技术；混凝土及钢筋混凝土结构（件）强度非破损检测技术；轻型围护结构隔绝工程效果测试技术；地下埋设金属和非金属管道、电缆的非破损探测技术；施工机械故障诊断和状态检测以及防水材料性能的检测和室内装修材料的化学反应技术等。开发、研制新的检测仪器，这并不是意味着老工艺就完全不用了。应对传统的检测方法和仪器进行相应的改造。今后，在一个较长时间内，新老检测仪器还会并用。

（二）健全区域性质量检测网络

1. 质量检测组织建设

国内外经验证明，组织各类型试（实）验室（站），对工程建筑施工和重要安装设备的全过程进行技术检测，是当前建立和健全工程质量监督机构的主要内容。各地区技术检测中心（站）应以大中城市和工矿区为主体，在不改变各类试（实）验室（站）领导体制的前提下，打破部门界线，将本地区内现有的科研单位、高等院校、勘探设计、工程施工以及工业、交通企业的试（实）验室（站），本着平等互利，自愿结合的原则，按专业实行松散联合，独立核算，各有侧重。采用以大带小，共同协作的方针，组织层次分明，纵向指挥有力，横向联系协调的区域性技术检测（验）网络。检测中心（站）受工程建设主管部门，或工程监理受建设单位的委托，按国家（部）颁布的技术标准规范，对合同规定的检验（测）项目进行检测监控，方能在工程项目建设竣工验收时，防止“不检不测”的现象。

2. 提高质检能力

改进检验测试单位的作业环境，是保证测试（验）技术数据准确性的重要条件。应按国家规范和专业标准建设施工现场的试（实）验室（站）。有条件的地区，组建适合施工现场检测内容的、移动式标准化综合试（实）验室，以便随时到施工工地进行检验（测），以提高测试效率。

3. 解决基层质检问题

根据我国现行经济管理体制，县以上（含县）集体施工队伍多的地区，可集资组建简易试（实）验站。实行企业（专业）化经营，接受区域检测中心（站）派出有资质的技术人员进行业务指导。参加区域技术检测协作网，以解决集体建筑工程承包队技术力量和测试仪器的不足的问题。

4. 严肃质检工作

经认证的各类试（实）验室（站），应按国家（部）颁布的标准规范试验和检测各项技术数据。它提供的检测报告，具有社会公证作用。其填写的内容要符合施工验收规范的规定，格式要统一，数字要可靠，结论要确切。要严格执行《中华人民共和国产品质量法》第五十七条规定“产品检验机构、认证机构，出具的检验结果或者证明不实，造成损失的，应当承担相应的赔偿责任；造成重大损失的，撤销其检验资格、认证资格”。

5. 质检人员应持证上岗

检测单位的工程质量测试人员要有法定的技术、业务水平和职业道德准则。检测人员要经培训和考核评定。其技术技能和职业道德则应符合规定，方可持证上岗。根据有关规定，各地区中心试（实）验室（站）具有高级技术职称的专职检测人员不应少于本室（站）检测人员的20%，相应专业要配套。

（三）严肃工程监理的监测工作

做好建设工程项目所用的建筑材料、建筑构配件和机电设备的检验与检测的监控，是工程监理工作中对工程质量和安全生产预控的重要内容。工程监理单位不仅要对承包单位提供的建筑材料、建筑构配件和各类安装设备的出厂合格证明、化（实）验单进行核对，而且应对一些关键部位所用的建筑材料，建筑构配件和设备进行抽检和复测。工程监理单位委托的抽检或复测的单位必须是国家认定的检测中心（站）。其抽检或复测的数量，除合同中有明文规定的数量外，不应少于国家规定技术标准规范的检测项目内容；也不应少于承包单位报送的试验单数量。检测内容应符合国家（部门、地区）规定。否则竣工验收时需要复检。

（四）监理检测人员应做到的基本要求

工程质检机构应逐步实现社会化。与此同时，建设监理单位应当有自己的基本质检能力和必要的手段。可在自愿的基础上，自主地筹建较大规模的工程质量检验检测及实（试）验机构，承接企业内外的检测业务。

1. 应当遵纪守法

工程监理单位的检（测）验工作，要遵守国家有关技术标准、规范和设计要求，要遵守有关的操作规程，提出准确可靠的数据，确保试验，检验工作的质量。

2. 选择好社会质检机构

工程监理单位必须选择国家主管部门或（地区政府）认定的检验（试验）机构进行复检复测工作。这个复检机构不应与承包单位的委托检测机构相同。检验（试验）机构应按照工程监理单位具体要求规定对建筑材料、建筑配件和设备等进行随机抽样检查，提供数据要有可靠性，所提供的检测数值要存入工程档案，其所用的仪器仪表和量具等，要做好检修和校验工作。

3. 监理技术人员要严格把好各项质量关

工程监理单位的技术人员在施工中，应按合同规定，检查或抽查有关器材的质量和使用情况。防止在工程项目建设中，使用不符合质量要求的建筑材料、半成品和成品，并确定处理办法。

4. 实行复检和确认制

工程监理单位负责检测工作的人员，必须依监理合同约定，对工程项目建设实施全过程，或相应阶段的工程质量实行复检和确认制。对工程建设项目质量全过程确认程序，见图3-4所示。

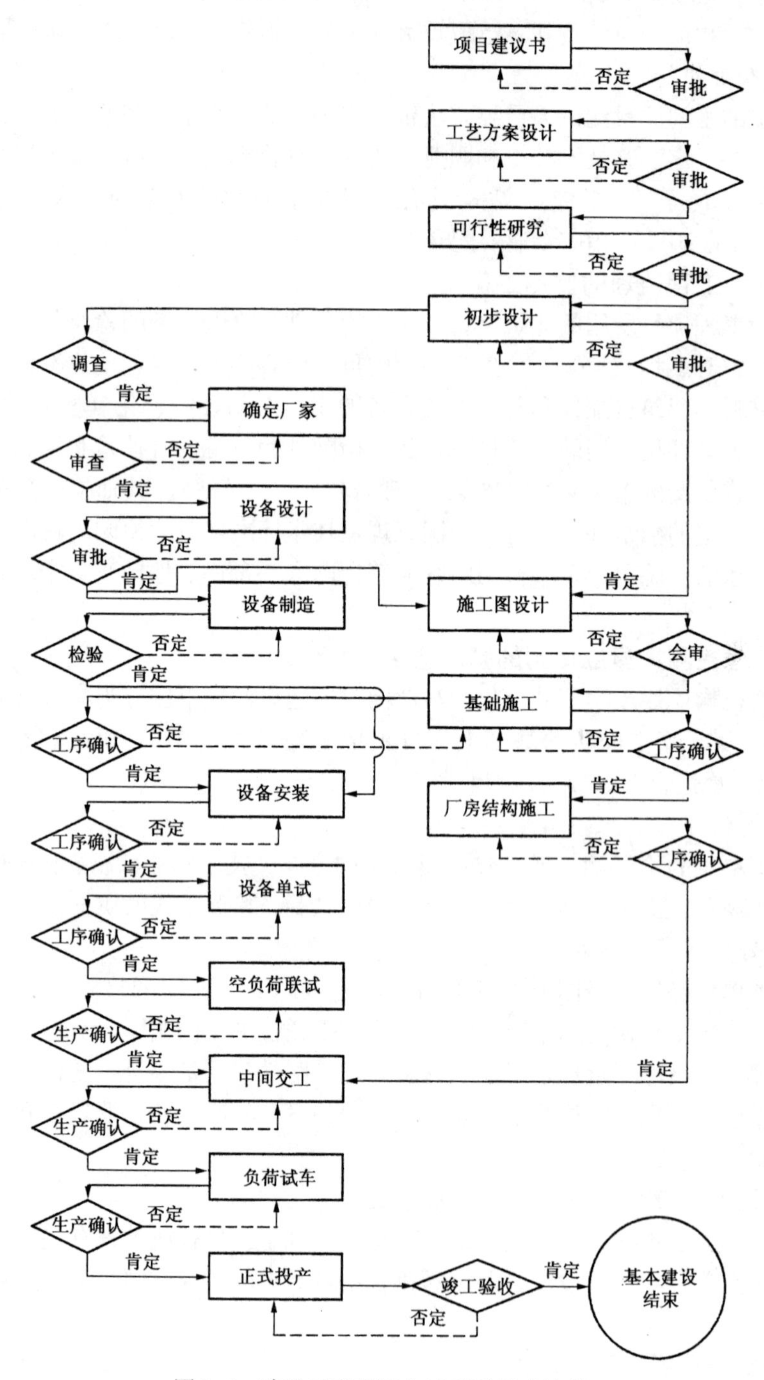

图 3-4 建设工程项目全过程质量确认制

第二节　建设监理的工程安全监控

工程建设是一个国家经济生活中的一件大事，甚或成为政治生活中的大事。一方面它需要投入较大的财力、物力和人力。从而，拉动相关行业的发展。另一方面，工程建设竣工，投入生产/使用后，它又需要一定的财力、物力和人力，进行生产/使用。它的产品进入市场后，为社会提供一定的物质财富。同时，可以获取新的、更多的经济利益。这种良性的循环活动，就成为一个国家，或地区经济生活的大好事，也就是政治生活中的大好事。显然，如果建设的工程项目质量不好，存在着影响其发挥作用的质量安全隐患，或者在工程项目建设过程中，就发生质量、安全事故，势必造成一定的经济损失，甚或酿成社会不安定的局面。所以，工程安全问题，是一件大事。方方面面都应予以高度关注，积极预防，决不能掉以轻心，更不能置若罔闻。

一、建设监理的工程安全责任

（一）工程安全的概念

按照现行相关词典的释义，词条“安全”的概念，是指不受威胁，没有危险、危害、损失。人类的整体与生存环境资源的和谐相处，互相不伤害，不存在危险的危害的隐患，是免除了不可接受的损害风险的状态。安全是在人类生产过程中，将系统的运行状态对人类的生命、财产、环境可能产生的损害控制在人类能接受水平以下的状态。

工程安全的概念，则当是，无论工程规模大小，无论什么行业，工程建设项目的投资人希望所投资建设的项目是低风险、比较恰当的选择；希望所建工程既不发生工程质量事故，也不发生施工安全事故。同时，还希望在预定的使用寿命期间，不发生任何危及正常使用、危及经济效益、危及人身财产安全、影响职业健康的工程质量安全意外（不可抗力引发的意外除外）。这里所说的工程安全，是广义的安全。或者说，没有任何问题、缺憾的工程，包括投资选项无误，直至安全运行并达到预期的经济效益目标的工程，才是安全的工程。

（二）工程安全的内容

按照工程建设宏观的安全理念来思考，工程建设的各个阶段，都有相应的安全要求，只是所包含的内容不同罢了。综合以往普遍的认识，和突出的关注点，工程建设各阶段的安全内容如下：

投资决策阶段。在这个阶段，主要工作有两大项：一是选择投资方向；二是进行项目可行性研究并组织评估。根据评估意见，作出决定。所以，在这个阶段，安全问题有两方面。其一，就是投资的安全性。即投资方向的选择是否正确，或者说，投资风险是否比较小。这个安全性最为重要，花费的精力也最大，甚至时间很长。像日本的濑户大桥，据说，反复论证，历经百年，才决定建造。我国的黄河三门峡水电站，由于没有充分论证，特别是没有全面听取意见，而急于上马。结果，竣工不久，就暴露出致命性的问题。几十年来，对于该项工程建设废兴的争论一直持续不断，甚至越来越尖锐对垒。而且，由单纯的学术、技术之争，演变为区域间利益纷争（2004 年 2 月 4 日，陕西省 15 名人大代表提案建议三门峡水库停止蓄水。3 月 5 日，在陕西的全国政协委员联名向全国政协十届二次会议提案，建议三门峡水库立即停止蓄水发电，以彻底解决渭河水患。而河南的32名全国人大代表也联合提交了一份议案，要求“合理利用三门峡水库”。议案说，三门峡水利枢纽是治黄工程体系最重要的组成部分，担负着黄河下游防洪、防凌的重任，保护着冀、豫、鲁、皖、苏5省25万km^2范围内1.7亿人口的生命财产安全。）另外，近几年，不时披露出一些竣工不久的建筑就被拆除、或者是重复建设，或者是出现严重质量问题，难以发挥应有的投资效益。这是工程建设最不安全的问题。其二，是可行性研究的安全性。即待建项目的技术和经济方面的进一步研究。只有技术上可行，经济上亦有理想回报的项目，才是比较安全的项目。尽管二者不可能都达到最佳峰值，但是，决不能只顾其一，不及其余。对二者可行性的评估，起码都应在较好的水准以上，使工程项目的可行性研究达到比较安全的程度。煤矿工程建设项目立项评估工作如图3-5所示。

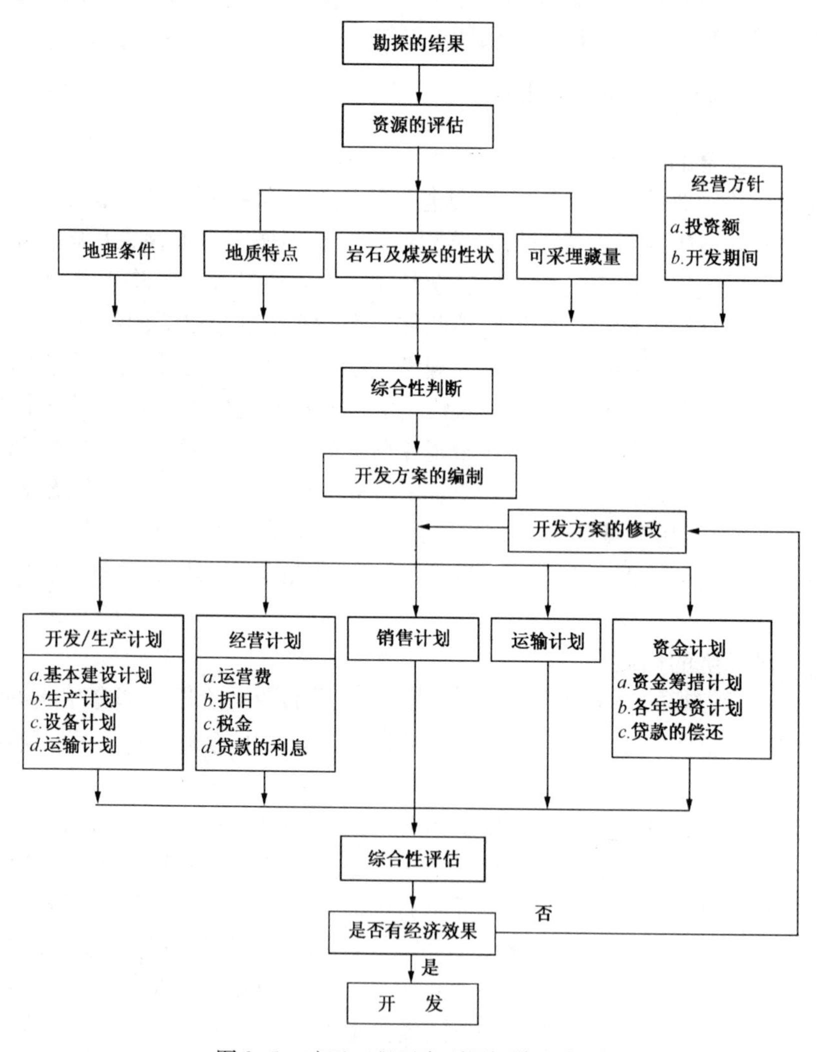

图3-5　矿区工程开发项目评估程序图

项目勘察阶段。多数情况下，都把工程建设项目的勘察并入工程设计阶段。客观上说，工程项目勘察所占用的投资比较小，涉及的单位也比较少，而且，时间很短。鉴于此，在工程建设阶段的划分上，把它并入工程设计，也无可厚非。但是，从研究工程安全的角度看，把它作为一个单独的阶段来分析，是十分必要的。其根本的原因就是，工程勘察对于工程安全的影响度不容小觑。

工程地质勘察，是为查明影响工程建筑物的地质因素，而进行的地质调查研究工作。包括地质结构或地质构造：地貌、水文地质条件、土和岩石的物理力学性质，自然（物理）地质现象和天然建筑材料等。查明这些工程地质条件后，根据设计建筑物的结构和运行特点，对工程建筑物与地质环境相互作用的方式、特点和规模，作出正确的评价，为设计建筑物稳定与正常使用的防护措施提供依据。

按工程建设的阶段，工程地质勘察一般分为：规划选点至选址的工程地质勘察、初步设计工程地质勘察和施工图设计工程地质勘察。

显然，对于工程项目规划选点，以及项目的具体选址来说，工程勘察则是一项举足轻重的工作。即使是在基本确定工程项目建设地点的前提下，开展施工图设计之前进行的工程地质勘察工作，也是十分必要的。众所周知，工程地质勘察的成果，是进行工程设计的重要基础资料之一。或者说，没有工程地质勘察，工程设计就像是空中楼阁、无根的树木。工程设计，往往依据工程勘察提供的工程地质构造，决定工程基础设计的类型；依据工程勘察提供的工程地质地耐力的大小，设计工程基础的大小；依据工程勘察提供的工程地质环境条件，决定工程设计所采取的结构设防形式和大小，以及其附着构筑物/设备等工作条件参数等。毋庸置疑，工程地质勘察对于工程建设项目的安全影响十分突出，是研究工程安全的重要课题。

项目设计阶段。这里所说项目设计，指的是工程施工图设计。这是把所有关于工程项目建设的方案构思、预期目标等详细地表现为平面视图的过程。施工图设计是工程建设项目最高水平的详细体现。在设计深度和水平上，它应该超过之前的可行性研究阶段的初步设计。同时，它也绝对高于其后的工程施工的产物——工程项目实体的水平。无论是技术水平，还是经济效益，施工图设计都应处于最佳的理想状态。任何偏离工程项目经济技术最佳组合的设计，都是不科学、不合理的设计。出现这些偏颇，甚至发生错误设计，则都是工程设计的不安全现象。因此，把好工程设计关，提高工程项目安全度，是工程设计工作的重中之重。

由于专业的限制、阅历和水平的限制，以及工程施工条件的变化等因素的影响，工程施工图设计难免存在一些可待修正、改进，甚至是错误的地方。对施工图设计的修正，哪怕是一条线、一个数字的修正，就可能带来巨大的工程效益（包括经济效益、文化效益、环境效益，以及社会效益等）。就是说，工程项目施工图设计阶段，关于工程项目的安全问题，往往大有文章可做。

项目施工阶段。工程建设项目进展到施工阶段，是把有关项目建设的思想、理念、期望等预设的种种目标，从概念变为现实的实施过程。工程的安全问题，集中体现在工程建设的质量方面（包括工程本体质量、工程环境质量，以及给工程竣工后使用期间创造的职业健康质量）。同时，还包括与工程建设密切相连的施工安全。工程施工期间，工程安全问题不时发生，甚至危及生命财产的安全。因而，在社会上反应强烈，成为普遍关注的焦点。建设领域视工程质量安全为永恒的主体，一代一代，孜孜以求地努力提高工程质量安全。

投用保修阶段。工程竣工后，交付使用期间，工程安全的关注点，主要是工程能否按照设计的使用寿命年限，提供安全的服务；能否提供符合职业健康安全要求的工作环境；能否达到设计要求的效益目标等。

（三）建设监理的工程安全责任

建设监理，作为业主工程项目建设监管的委托人，毋庸置疑，应对工程安全负责。就是说，建设监理接受业主的委托后，应运用自己专业技术的特长，维护好工程建设项目的安全。这是建设监理神圣而艰巨的使命。工程项目建设的不同阶段，建设监理的工程安全责任原则都一样，只是责任的具体表现形式不同而已。

投资决策阶段，建设监理的工程安全责任主要是，帮助投资者选择正确的投资方向，即预期能获取合理的投资回报；同时，在可行性具体方案的选择上，帮助投资者/项目法人择优确定。在此期间，建设监理首先要协助投资者/工程项目法人挑选有能力、有信誉的工程咨询单位，协助签订并监督执行咨询委托合同。以期在合理的时限内，作出正确的决策、选定最佳的可行性研究方案。

工程勘察阶段，建设监理的工程安全责任主要是，协助投资者/工程项目法人，挑选有能力、有信誉的工程勘察单位，协助签订并监督执行工程项目勘察合同。以期在合同约定的时限内，得到翔实、可靠的勘察报告。

工程设计阶段，建设监理的工程安全责任主要是，协助投资者/工程项目法人，挑选有能力、有信誉的工程设计单位，协助签订并监督执行工程设计合同。在合同约定的时限内，完成高质量的工程施工图设计。

工程施工阶段，建设监理的工程安全责任主要是，协助投资者/工程项目法人，挑选（通过招投标形式确定）有能力、有信誉的工程施工单位，协助签订并监督执行工程施工合同。有效地控制工程建设投资、工期和工程质量。促使工程项目建设全面安全地竣工。同时，要帮助施工单位搞好施工安全生产，以避免或减少施工安全事故。

竣工投用阶段，建设监理的工程安全责任主要是，协助业主搞好工程保修期内的保修工作，以及对后发现的工程质量隐患的处理；帮助业主搞好工程项目后评价。

二、建设监理的施工安全监管现状

现阶段，建设监理基本上局限在工程施工阶段，也就是说，建设监理仅仅具有工程施工监理的普遍实践。同时，关于工程施工阶段，对建设监理安全责任的认识，有不小的差异。认识上的差异，导致责任界定的偏颇。责任界定的失当，导致责任追究的错误，一致难以有效地调动有关方面的积极性，更难以起到赏罚分明，发挥奖惩应有的激励机制的作用。所以，认真研究这方面的问题，科学划分各有关方的工程质量安全责任，不仅有利于建设监理事业的健康发展，更有利于提高工程建设项目的安全度，有利于提高工程建设的总体水平和总体效益。

（一）建设监理的施工安全责任依据

关于建设监理承担施工安全生产管理责任的问题，源于 2003 年 11 月，国务院颁发的《建设工程安全生产管理条例》（以下简称《安全条例》）。该安全条例第十四条规定：“工程监理单位应当审查施工组织设计中的安全技术措施或者专项施工方案是否符合工程建设强制性标准，”还规定“工程监理单位在实施监理过程中，发现存在安全事故隐患的，应当要求施工单位整改；情况严重的，应当要求施工单位暂时停止施工，并及时报告建设单位。施工单位拒不整改或者不停止施工的，工程监理单位应当及时向有关主管部门报告。”该条第三款规定“工程监理单位和监理工程师应当按照法律、法规和工程建设强制性标准实施监理，并对建设工程安全生产承担监理责任。”

为了贯彻落实《安全条例》，建设部于2006年10月，制定了《关于落实建设工程安全生产监理责任的若干意见》（以下简称《意见》）。该《意见》对建设工程安全监理的主要工作内容作了如下规定：

监理单位应当按照法律、法规和工程建设强制性标准及监理委托合同实施监理，对所监理工程的施工安全生产进行监督检查，具体内容包括：

（二）施工准备阶段安全监理的主要工作内容

1. 监理单位应根据《安全条例》的规定，按照工程建设强制性标准、《建设工程监理规范》（GB 50319—2000）和相关行业监理规范的要求，编制包括安全监理内容的项目监理规划，明确安全监理的范围、内容、工作程序和制度措施，以及人员配备计划和职责等。

2. 对中型及以上项目和《安全条例》第二十六条规定的危险性较大的分部分项工程，监理单位应当编制监理实施细则。实施细则应当明确安全监理的方法、措施和控制要点，以及对施工单位安全技术措施的检查方案。

3. 审查施工单位编制的施工组织设计中的安全技术措施和危险性较大的分部分项工程安全专项施工方案是否符合工程建设强制性标准要求。审查的主要内容应当包括：

（1）施工单位编制的地下管线保护措施方案是否符合强制性标准要求；

（2）基坑支护与降水、土方开挖与边坡防护、模板、起重吊装、脚手架、拆除、爆破等分部分项工程的专项施工方案是否符合强制性标准要求；

（3）施工现场临时用电施工组织设计或者安全用电技术措施和电气防火措施是否符合强制性标准要求；

（4）冬期、雨期等季节性施工方案的制定是否符合强制性标准要求；

（5）施工总平面布置图是否符合安全生产的要求，办公、宿舍、食堂、道路等临时设施设置以及排水、防火措施是否符合强制性标准要求。

4. 检查施工单位在工程项目上的安全生产规章制度和安全监管机构的建立、健全及专职安全生产管理人员配备情况，督促施工单位检查各分包单位的安全生产规章制度的建立情况。

5. 审查施工单位资质和安全生产许可证是否合法有效。

6. 审查项目经理和专职安全生产管理人员是否具备合法资格，是否与投标文件相一致。

7. 审核特种作业人员的特种作业操作资格证书是否合法有效。

8. 审核施工单位应急救援预案和安全防护措施费用使用计划。

（三）施工阶段安全监理的主要工作内容

1. 监督施工单位按照施工组织设计中的安全技术措施和专项施工方案组织施工，及时制止违规施工作业。

2. 定期巡视检查施工过程中的危险性较大工程作业情况。

3. 核查施工现场施工起重机械、整体提升脚手架、模板等自升式架设设施和安全设施的验收手续。

4. 检查施工现场各种安全标志和安全防护措施是否符合强制性标准要求，并检查安全生产费用的使用情况。

5. 督促施工单位进行安全自查工作，并对施工单位自查情况进行抽查，参加建设单位组织的安全生产专项检查。

《意见》还就建设监理的监理责任，作了如下规定：

“（1）监理单位应对施工组织设计中的安全技术措施或专项施工方案进行审查，未进行审查的，监理单位应承担《条例》第五十七条规定的法律责任。

施工组织设计中的安全技术措施或专项施工方案未经监理单位审查签字认可，施工单位擅自施工的，监理单位应及时下达工程暂停令，并将情况及时书面报告建设单位。监理单位未及时下达工程暂停令并报告的，应承担《条例》第五十七条规定的法律责任。

（2）监理单位在监理巡视检查过程中，发现存在安全事故隐患的，应按照有关规定及时下达书面指令要求施工单位进行整改或停止施工。监理单位发现安全事故隐患没有及时下达书面指令要求施工单位进行整改或停止施工的，应承担《条例》第五十七条规定的法律责任。

（3）施工单位拒绝按照监理单位的要求进行整改或者停止施工的，监理单位应及时将情况向当地建设主管部门或工程项目的行业主管部门报告。监理单位没有及时报告，应承担《条例》第五十七条规定的法律责任。

（4）监理单位未依照法律、法规和工程建设强制性标准实施监理的，应当承担《条例》第五十七条规定的法律责任。

监理单位履行了上述规定的职责，施工单位未执行监理指令继续施工或发生安全事故的，应依法追究监理单位以外的其他相关单位和人员的法律责任。”

众所周知，我国的《建筑法》是1996年颁发的。《建筑法》中有关建设监理的规定集中在第四章，共6条（第三十条至第三十五条）13款。这13款计600余字中，只字未提及施工安全问题。2011年4月修改后的《建筑法》依然如此。就是说，建设监理对施工安全监管的责任出自《安全条例》。其具体责任由建设部的《意见》作了详细地说明。

2010年7月，中国建设监理协会理论研究委员会与江苏省建设监理协会联合召开了“建设监理对施工安全监管问题研讨会”。来自全国各个地区、各行各业的监理人士200余人济济一堂。大家畅谈了几年来，建设监理为工程施工安全生产实施监管的方法、经验，以及辛勤的贡献和成效。同时，普遍反映了存在的严重问题。尤其是对现行法规不科学、不合理的地方，以亲身经历的事实，进行了辨析，并提出来修改意见。大家认为，任何条例，只能是相关法的细化和诠释，不能超出法的适应范围，更不能违背法的基本原则。显然，现行一些法规有关建设监理承担施工安全责任的规定，不符合《建筑法》的基本精神。或者说，现行一些法规有关建设监理承担施工安全责任的规定，没有法理基础。现行一些法规还规定，对于施工单位拒不整改施工安全隐患的情况，工程监理单位应当及时向有关主管部门报告。这款规定不仅违背了《建筑法》的精神，而且违背了《合同法》的基本原则。建设监理单位接受项目法人的委托，它应对项目法人负责。在建设监理委托合同中，没有监理单位直接向有关主管部门报告任何事项的要约。再者，规定“及时报告”是一定性概念，考核时，难以准确掌握。此外，处理施工安全隐患，是施工单位具体的经营管理行为。即便是监理单位向主管部门报告了有关安全隐患的情况，有关主管部门也不宜直接管理施工单位的具体经营管理行为。行政管理只能是通过法规制度管理，对于企业的经营活动，只能通过法规政策予以引导或制约，而不能直接干涉。总之，现行一些法规对于建设监理承担施工安全责任的规定，有待进一步修订完善。

一些细化现行法规对于监理承担施工安全责任的办法初衷，是想防止对建设监理承担施工安全责任的扩大化（见有关领导于2005年6月在全国建设监理工作会议上的讲话）。但是，在其具体条文中，还要监理承担诸如对施工单位“办公、宿舍、食堂、道路等临时设施设置以及排水、防火措施”等方面的安全监管责任。实践也证明，这些细化办法的实施，不是防止建设监理承担施工安全责任的扩大化，恰恰相反，它进一步严重扩大了建设监理的施工安全责任。

如前所述，建设监理在工程施工阶段的安全责任，不是没有，不是要把好工程施工安全关，而是在于工程总体的安全——监管工程投资的安全性；监管工程建设质量的安全性；监管工程建设进度的安全性。对于工程施工的安全问题，可以作为建设监理的义务考虑。即建设监理应当充分发挥自己专业技术能力，帮助工程施工单位搞好安全生产。当然，搞好施工安全生产，对于工程建设项目的总体安全也是有益的。问题是，这不应是建设监理应当着力做好的事项，建设监理工作不能主次颠倒。实践证明，现在，迫于压力，工程建设项目总监的绝大部分精力用于工程施工安全监管。这样做，不符合建设监理委托合同的要约。同时，不利于工程建设水平的提高。

（四）建设监理的施工安全监管

尽管方方面面对现行法规、规章关于要监理承担工程施工安全责任，有原则性的不同意见。但是，它毕竟是现行法规、规章。作为监理企业，在组织行动上，不得不执行。几年来，广大监理工作者兢兢业业地按照这些法规、规章要求，进行监理。特别是自2006年之后，全国各地普遍推行监理对施工安全的监管。有一些地方相关部门，为了尽快降低工程施工安全事故，参照相关模式，制定了更为详细、严格的施工安全监理责任管理办法。从这些办法的条文看，监理对工程施工现场的监管非常全面、详尽，简直是无所不包。之所以如此，一方面，是因为工程施工安全事故接连不断，一些地区甚至十分严重。这种形势，给有关部门形成了巨大的压力。另一方面，制定这些办法的部门，“过于看重”建设监理的能力。或者说，在降低工程施工安全事故方面，对建设监理寄予过高的、不切实际的期望。从而，把建设监理推向了致力于施工安全管理的窄胡同。这些规章、办法规定施工安全生产中，监理责任的主要工作为以下3个方面。

1. 健全监理单位安全监理责任制。监理单位法定代表人应对本企业监理工程项目的安全监理全面负责。总监理工程师要对工程项目的安全监理负责，并根据工程项目特点，明确监理人员的安全监理职责。

2. 完善监理单位安全生产管理制度。在健全审查核验制度、检查验收制度和督促整改制度基础上，完善工地例会制度及资料归档制度。定期召开工地例会，针对薄弱环节，提出整改意见，并督促落实；指定专人负责监理内业资料的整理、分类及立卷归档。

3. 建立监理人员安全生产教育培训制度。监理单位的总监理工程师和安全监理人员需经安全生产教育培训后方可上岗，其教育培训情况记入个人继续教育档案。

监理单位对于这些制度性的规定，是难以逾越的。在这种形势下，建设监理不得不在编制工程施工监理规划时，大篇幅地制定施工安全监理预控内容。编写工程施工安全监理细则时，则更是面面俱到、连篇累牍地“丰富”措施。不仅如此，还要指定专职的“安全监理工程师”，就连工程项目总监，也不得不投放绝大部分精力于施工安全管理。

（五）建设监理的施工安全责任追究

《安全条例》第五十七条规定：“违反本条例的规定，工程监理单位有下列行为之一的，责令限期改正；逾期未改正的，责令停业整顿，并处10万元以上30万元以下的罚款；情节严重的，降低资质等级，直至吊销资质证书；造成重大安全事故，构成犯罪的，对直接责任人员，依照刑法有关规定追究刑事责任；造成损失的，依法承担赔偿责任：

（一）未对施工组织设计中的安全技术措施或者专项施工方案进行审查的；

（二）发现安全事故隐患未及时要求施工单位整改或者暂时停止施工的；

（三）施工单位拒不整改或者不停止施工，未及时向有关主管部门报告的；

（四）未依照法律、法规和工程建设强制性标准实施监理的。”

《意见》在《安全条例》的基础上，更详细地规定了监理的相关责任（如前所述）。

《安全条例》和《意见》实行几年来，监理单位，特别是工程建设项目总监兢兢业业、提心吊胆履行着相关规定。客观上，的确促进了工程施工单位的安全生产管理，取得了有目共睹的成效。但是，不能不看到，这些付出的代价，是多么的沉重。一是，监理工作重心的偏移——原本是“三控两管一协调”，现在不得不以工程施工安全监管为重心。从而，扭曲了建设监理事业的发展轨道。二是，据了解，自2005～2009年，短短的5年间，全国有百名总监因施工安全伤亡事故问题锒铛入狱。现阶段，注册监理工程师的数量，远远不能满足工程建设的需要，合格的总监人数，更是凤毛麟角。所以，一个监理单位，一旦有一名总监被追究刑事责任，很可能会导致整个监理单位的覆灭。三是，由于以上原因，严重挫伤了广大监理人员的士气和积极性。突出的表征是，报考监理工程师的人数不但没有逐步增加，反而急剧下降：从2005年的近10万人，骤减为2009年的不足5万人。有些地方的监理工程师，迫于不堪担负工程施工安全责任的压力，再加上经济收益等方面原因，离开了监理行业。仍然从事建设监理工作的监理工程师，即便有能力，宁愿当一名普通的监理工程师，也不愿意承担总监理工程师的重任。

第三节　设备器材质量的检测及监控

在工程建设中，影响工程质量的主要因素，是从事工程建设的人、工程建设所用的材料（包括构件和设备）、工程建设使用的器具机械、工程建设实施中运用的方法，以及工程建设的环境条件等五大方面，简称“人、机、料、法、环”。显然，工程建设所用的器材（包括材料、构件、设备等）质量，是影响工程质量的最基本的要素。对于建筑材料、工程设备器材和工艺的检验和检测，是建设监理具体的重要工作内容之一。

一、设备器材质量检测

强化对建筑材料、工程设备器材和工艺的检验和检测，是确保工程质量和施工安全的重要条件。应当重视建材市场问题，伪劣产品在市场的流通给工程质量及安全生产带来的隐患。据有关部门调查，自20世纪80年代开始，生产伪劣建筑钢材的企业，遍及21个省（自治区）。其中，生产的“地条钢”和用“地条钢”坯轧制螺纹钢，质量低劣，基本强度无保证。这些钢材用于建筑工程中，必将影响工程服务年限，甚至构成质量事故。又如，我国已是建筑用水泥生产大国，但不符合现代化要求的水泥厂，生产的水泥质量往往达不到标准，再加上水泥运输、保管等方面的问题，使混凝土（包括其制品）和砌筑砂浆质量受到严重影响。其他方面，包括水暖、电气、卫生陶瓷、工程涂料等伪劣产品也不少。这些建筑材料及配件，给我国正在施工和已建成交付使用的工程项目留下了严重的质量与安全隐患。

同时，现阶段，有些检测方法还停留现场观察状态，缺乏科学的检测手段。再加上，有些采购人员违法违纪，所提供的产品合格证书有“水分”。因此，建设单位（项目法人）及工程管理单位必须严格把住建筑材料、建筑构配件和设备的质量检验（测）关，防止不合格材料、构配件、设备用到工程项目建设上。

（一）设备器材质量检测试验依据

1. GB/T 19001—1994 标准有关规定

GB/T 19001—1994 标准中有明确规定。设备器材“供方应建立并保持进行检验和试验活动的形成文件的程序，以便验证产品是否满足规定要求。所要求的检验和试验及所建立的记录应在质量计划或形成文件的程序中详细规定”。其中包括：进货检验和试验、过程检验和试验、最终检验和试验，以及检测和试验记录四个方面。同时规定：

“（1）供方对其用以证实产品符合规定要求的检验、测量和试验设备（包括试验软件）应建立并保持控制、校准和维修的形成文件的程序。检验、测量和试验设备使用时，应确保其测量不确定度已知，并与要求的测量能力一致。

（2）如果试验软件或比较标准（如试验硬件）用作检验手段时，使用前，应加以校验，以证明其能用于验证生产、安装和服务过程中产品的可接收性，并按规定周期加以复检。供方应规定复检的内容和周期，并保存记录作为控制的证据。

（3）在检验、测量和试验设备的技术资料按要求可以提供的场合，当顾客或其代表要求时，供方应提供这些资料，以证实检验、测量和试验设备的功能是适宜的。”

2. ISO 9001—2000 对测量和监控的规定

ISO 9001—2000 对测量和监控明确地规定：“产品的测量和监控，应对产品的特性进行测量和监控，以验证产品要求得到满足，这种测量和监控应在产品实现过程的适当阶段予以实现。符合验收准则的证据应形成文件，记录应表明经授权负责产品放行的责任者。”对测量和监控装置的控制规定：“应识别需实施的测量以及为确保产品符合规定要求所必须的测量和监控装置。测量和监控装置的使用和监控应确保测量能力和测量要求相一致。”

3. 菲迪克条款相关规定

在国际咨询工程师联合会（FIDIC）编的《土木工程施工合同条件》的第三十六条，对材料、工程设备和工艺质量的检验和试验也作出规定：“一切材料、工程设备和工艺均应：（a）为合同中所规定的相应的品级，并符合工程师的指示要求；以及（b）随时按工程师可能提出的要求，在制造、装配或准备地点，或在现场，或在合同可能规定的其他地点或若干地点，或在上述所有地点或其中任何地点进行检验。承包商应为检查、测量和检验任何材料或工程设备提供通常需要的协助、劳务、电力、燃料、备用品、装置和仪器，并应在用于工程之前，按工程师的选择和要求，提交有关材料样品，以供检验。”本款规定了合同对材料、工程设备及工艺的总体要求。这些要求需要在有关合同文件中，尤其在质量文件和规范中，进一步详细说明。如果业主（建设单位）希望适当选用当地材料，应增加适当的条款，进行具体规定。

（二）设备器材质量检验与试验的基本规定

1. 设备器材质量检验的基本指导思想

质量检验工作的基本指导思想：作为企业（单位、项目）的质量体系的一个组成部分，要加强与其他有关部门的协同动作，坚持质量第一，严把质量关，及时反馈信息及质量发展趋势，为保证及改进产品（工程）质量服务。

（1）设备器材质量检验工作的组织落实是建立与健全质量检验机构。工程项目的质量检验工作能否做好，是决定于有没有一个健全的质量检验机构。所谓“健全”，一是机构设置合理：二是人员的素质达到要求；三是分工明确，职责清楚；四是质量检验工作有高水平的专业人员负责；五是按照规章制度，独立行使职权；六是严格执行国家技术标准和质量文件。

（2）质量检验机构在工作中必须能独立行使职权。在检测、作出判断、处理质量问题时，不受生产进度、成本等因素的约束，即使判为不合格会大大影响生产（工程）进度或延误交付竣工验收日期，增加工程成本带来重大的“经济损失”，也要坚持原则，对不合格的工程部位和安装设备还必须判为不合格，因为只有在确保项目建设质量的前提下才能真正地保住工程进度及得到真正的经济效益。

2. 设备器材质量检验与试验的作用

（1）质量检验与试验的依据可作为工程质量的验证与确认的依据。通过客观证据的提供和检查，来验明已符合合同规定技术标准的要求通常称之为“验证”。在产品开发和工程建设中，“验证”是指对某项活动结果的检查过程，以确定其对该项活动输入要求的符合性。在专门指定的使用场合，通过客观证据的提供和检查，来验证某项产品已符合特定要求称为“确定”。

（2）工程建设项目管理各方应对质量问题的预防及把关。严禁不合格的原材料、半成品及设备投入生产（施工）；尽早发现存在质量问题，避免质量不合格的工程项目发生；禁止质量不合格工程交工以防留下安全隐患。

（3）质量信息的反馈。通过检验或试（实）验，把产品（工程）存在的质量问题反馈给有关部门，找到出现质量问题的原因，在设计、工艺生产、工程管理等方面采取针对性的措施，改进产品（工程）质量。

3. 设备器材质量检验的类型

（1）按施工程序划分为三种检验：

①“进货检验”，即对外构件、外协件的检验，亦称为进厂检验。为了鉴定供货合同所确定的产品质量水平的门限值（转化为设计的最低可接收值），一是要对首批样品进行较严格的进厂检验，这即所谓“首检”。二是对于通过首检的外协件、外构件，在供货方有合格的质量体系保证产品生产的一致性、稳定性的条件下，以后提供的成批产品所进行的逐批（有时还可以跳批）检验，一般都是采取抽样检验。检验程序要求比首检要少一些，但是，若发现某些不确定因素时，或在特殊情况下，则使用全数检验。

②强化现场施工工程的“工序检验”，即在生产现场进行的对工序用半成品材的检验。

其目的在于防止不合格分项分部工程转入下一道工序；判断工序质量是否稳定，是否符合技术标准，是否满足工序规格的要求。

③“成品检验”，即对已完工的产品（工程）竣工前的质量检验。其目的在于防止不合格品的工程交付使用，危害用户利益及损坏企业信誉。竣工检验是产品（工程）质量的最后检验。因此，要按有关规定严格把关。按工程项目分类和质量控制方法进行检验。如表3-3所示。

工程项目分类及质量控制方法 表3-3

类别	项目类别划分标准	监督控制方法	备注
A	构筑物造价在60万元以上，24m大跨度及重荷载钢结构，工业建筑面积3000m² 以上，公用及民用建筑面积1000m² 以上的单位工程；地下支管网，重要和关键部位的机组，主要电气设备和关键控制系统	定时进行实测抽查（包括资料），建立监督记录和档案，工程竣工后进行质量等级核定	构筑物造价按有关专业标准执行
B	构筑物造价在10万~60万元，24m以下跨度及中荷载钢结构；工业建筑面积1000~3000m²，工业及民用建筑面积300~1000m²；地下支管网，非主要及非关键部位机组和电气设备	项目监督人员经常深入现场查看，掌握施工动态，建立质量动态记录，经常研究其中的问题，工程质量等级核定由分指挥部负责，报监督站备案。对有异议的单位工程，可由质检站进行复查核定	
C	B类以下的项目为C类监督项目，如车间的地下管网，小机组，小型基础等	深入现场时查看，掌握动态，不定期提出质量要求，竣工后的质量好坏由各分指挥部自评自核定	

（2）按检验对象的数量分：

①抽样检验。可以单独研究和分别观测的一个物体、一定量的材料（或一次服务）称为“个体”。一个问题中所涉及个体的全体称为“总体”。按一定条件汇集的一定数量的建筑材料、建筑构配件和设备称为“批”。由同一生产厂在认为相同条件下、一定时间内生产的一定量产品称为“生产批”。批中的单位产品的数量称为“批量”。按一定程序从总体中抽取的一组（一个或多个）个体称为“样本”，样本中所包含的个体的数量称为“样本量”。从总体中抽取样本称为“抽样”。利用所抽样本进行的检验称为“抽样检验”。把符合“批”定义的“批”产品看成一个“总体”。“总体”内的个体是在认为相同条件下、一定时间内生产的，它们的质量不可能绝对一致，但差异不致过大。因此，样本中的个体对总体来说有一定的代表性。根据所抽样本的个体质量，可对总体即批的产品质量作出一定可信度的评价。但正因为抽取的是样本，它毕竟不同于“总体”或“批”，评价的可信度有一定限度。因此，在施工组织设计中对质量检验或试验中应对抽样的检验作出具体规定。

②“全数检验”亦称为“百分之百检验”。即“抽样检验”不能满足要求，需对批量产品的每个产品、每个过程或每项服务都进行检验。它通常用于：检验是非破坏性的；单

个个体单项检验费用较少；检验的特性项目是产品质量的关键项目或重要结构部位；能用自动化方法检验的产品。

4. 质量检验的工作程序

（1）标准，明确对检验对象的质量标准要求。

（2）测试，用国家（或专业部门）规定的手段按规定方法测试产品（工序、工种）的质量特性值。

（3）比较，将测试得到的质量特性值与质量标准要求进行比较，确定是否符合质量标准要求。

（4）判断，根据比较结果，对产品质量的合格与否作出判断。

（5）处理，对合格品作出合格标记；对不合格品作出不合格标记，根据不合格品管理规定予以隔离。根据“抽样检验”或“全数检验”的规定对批量产品决定接受、拒收或其他处理方式。对产品质量检验的结果、信息及时上报和反馈给有关部门。

5. 质量检验单位（部门）的职能

（1）质量把关。确保不合格的建筑材料、构配件和设备不投入生产（工程）；不合格的分部分项不转入下一道工序，不合格的建设工程项目不办竣工验收和不交付使用。

（2）预防质量问题。通过质量检验获得的质量信息有助于提前发现产品（工程）的质量问题与安全隐患，以便及时采取措施，制止其不良后果的蔓延，防止安全事故再度发生。

（3）对质量保证的监督。工程承包单位质量检验部门按照质量法规及检验制度、文件的规定，不仅对直接产品（工程）进行检验，还要对保证工程质量的操作条件进行监督。

（4）施工单位不应被动地记录各项产品质量信息，还应主动地从质量信息分析质量问题、质量动态、质量趋势，反馈给有关部门，作为提高工程质量和安全管理的决策依据。

（5）充分发挥承包单位质量检验部门在保证产品（工程）质量上的作用。首先，要充分认识质量检验部门职能的重要性，对保证及提高产品（工程）质量的重要作用。一个有效运行的质量检验部门可以对工程项目建设过程的各个关键环节实施有效的质量监督，及时告警，防患未然。可以反馈产品质量信息，为建设单位（业主）及领导部门的决策提供依据。可以对质量问题进行预防及把关，防止工程使用不合格品，从而降低产品（工程）成本。

另外，专业机构（单位）负责组织、改进、研制、引进新的质量检验工具、仪表与设备。

6. 加强培训

有计划地组织质量检验人员的继续培训与教育，学习掌握先进的管理技术（如学习全面质量管理和 GB/T 19000—ISO 9000 系列标准）、质量检验技术、质量分析技术（如 C_p、C_{pk}，各种控制图、选控图）等，以提高检验人员的技术素质。对质量检验人员进行资格考核及定期复核，实行持证上岗制度。

（三）工程项目建设管理的质量检验

1. 工程项目操作的质量检验

保证工程质量符合经批准的工程设计、工艺文件以及合同所提出的要求，是组织工程项目建设质量管理的目标和依据。进行工程施工操作必须符合下列要求：

（1）工艺文件、作业指导书和质量保证文件符合工程设计和承包合同要求。设计和工艺文件、作业指导书和质量控制文件必须内容相符、完整清晰，并保证文本符合现行有效的国家标准。

（2）工程建设的试验设备和工艺装备经验定合格。现场使用的生产设备、试验设备、工艺装备和检测器具，必须按国家标准规定进行周期鉴定。鉴定合格的给予标识，才能用于工程建设的试验和检验。鉴定不合格的给予“禁用”标识，有禁用标识或已超过鉴定有效日期的试验设备、工艺装备和检测器具不得使用。

（3）建筑材料、构配件和设备必须经检验（包括按规定由监理人员进行抽样检验）合格，并给予检验证书或合格检验印章等标识，才可使用于工程。下道工序施工必须经上道工序检验（包括按规定由监理人员进行抽样检验）合格，才可进入下道工序。

（4）工程建设用的检验、试（实）验的作业环境应符合规定要求。

（5）工程检验的操作人员必须考核持证上岗。工程检验操作人员的技术水平必须满足工艺文件规定的要求。工程检验的操作人员必须先进行岗位专业技术知识及操作技能的培训，具有经考核合格的资格证书后才能上岗。在操作前，有责任掌握有关工艺技术文件，核查有关生产（施工）条件，确认符合要求后才能开始操作。

（6）现场的质量检验及工程监理人员对上述（1）~（5）条要求按照施工组织计划规定负有监督控制的责任和权限。

2. 外购器材和外协件的质量检验

外购器材和外协件，是指形成产品（工程）所直接使用的非承制单位自制的器材，包括外购的原材料、元器件、生产辅助材料、成品件、设备以及外单位协作制造的毛坯、零部（组）件等。

（1）外购器件和外协件必须符合技术文件的要求。对外购器件的质量检验的目的，是实际检查供货单位的产品质量是否符合技术文件的要求，防止不符合质量要求的器材（原材料、元器件、外购成品件）进入工程项目的生产过程以维护和确保工程质量和施工安全。

（2）根据责、权、利统一的原则，承制单位对最终产品质量负完全责任。由于选用、保管、加工不符合技术标准而造成器材的质量问题，进而导致的经济损失，应按订货合同的规定由承制单位负责。

（3）承制单位对器材供应单位应有质量保证的要求。根据外购器材质量特性的重要程度，承制单位对器材供应单位的产品质量保证要求，一般可分为三类，提供合格证明：

①提供具有合格的检验系统的证明；

②提供具有合格的质量体系的证明；

③承制单位有权对供应单位的质量体系，按 GB/T 19000—ISO 9000 系列标准的规定进行考查、监督。这种考查可以委托第三方进行。

3. 外购器材保管的质量检验

（1）工程承包单位应当制定外购器材保管制度，以满足器材的质量保证要求。经入厂检验合格的器材，按器材管理制度入库；未经入厂验收合格的器材或质量不合格的器材不得入库。器材存放的库房或场地的环境要求应合乎质量保证要求。对入库器材，应按质量保证要求进行定期检查及制定维护保养措施。有些器材有保管期（应有保管期标志）要求，这些器材入库时就必须登记：加以保管期标志，按规定期限从库房或场地剔出、隔离、报废，等候处理。器材的领料、发放要有完备的批准领发手续，领发的记录必须完整保存，以防万一发生混料、错料时，可以根据记录跟踪采取有效的补救措施。器材出库发放应有专职质量检查人员审核，并有合格标记或合格证件。

（2）器材入库的检验。器材入库的原则是：经验收合格的器材，按物资管理制度办理入库手续；未经质量验收和不合格的器材，不得入库。

4. 检验、检测和试验设备的控制

按照 GB/T 19001—1994 国际标准规定，进行检验、检测和试验设备控制。

供方责任有以下几个方面：

（1）确定测量任务及所要求的准确度。选择适用的具有所需准确度和精密度的检验、测量和试验设备。

（2）确认影响产品质量的所有检验、测量和试验设备。按规定的周期或使用前对照国际或国家承认的有关基准，有已知有效标准关系的鉴定合格的设备进行校准和调整。当不存在上述基准时，用于校准的依据应形成文件。

（3）规定校准检验、测量和试验设备的过程。其内容包括：设备型号、唯一性标识、地点、校验周期、校验方法、验收准则，以及发现问题时应采取的措施。

（4）检验、测量和试验设备应带有表明其校准状态的符合国家（专业）标准的标志或经批准的识别记录。

（5）保存检验、测量或试验设备的校准记录。

（6）发现检验、测量或试验设备偏离校准状态时，应从新评定已检验测量和试验结果的有效性，并形成文件。

（7）确保校准、检验、测量和试验有适宜的环境条件。

（8）确保检验、测量和试验设备在运输、搬运、防护和贮存期间，其准确度和适用性保持完好。

（9）防止检验、测量和试验设备（包括试验设备用硬件和软件），因调整和使用不当使其校准失效。

二、强化设备器材质量检验与评价

（一）要重视设备器材质量检验工作

建筑用设备器材的质量检验，是质量管理体系中的重要一环，是防患于未然的关键一步。何况，如前所述，现阶段，建筑用设备器材的质量良莠不齐，市场管理混乱；使用不合格的建材、设备事件屡有发生。这充分说明，建筑用设备器材的质量检验工作任务艰巨。建设领域的有关方面，都应予以高度重视。

国家《建筑法》第五十九条规定：“建筑施工企业必须按照工程设计要求、施工技术标准和合同的约定，对建筑材料、建筑构配件和设备进行检验，不合格的不得使用。”本条是对建设企业（工程承包单位）使用建筑材料、建筑构配件和设备必须进行检验（或实验）的规定。确认检验（或实验）合格后方能允许使用，其目的是要杜绝伪劣建筑材料、建筑构配件和设备用于工程项目建设，避免给工程质量留下隐患。

当然，工程建设项目法人、建设监理、建材或设备器材的供应单位等，都应重视建筑用设备器材的质量检验工作；都有责任为把好建筑用设备器材的质量检验关，作出应有的努力。

（二）设备器材质量检验法规制度

1. 贯彻落实《中华人民共和国产品质量法》（以下简称《质量法》）的规定

根据新修改的《质量法》第二条第三款规定："建设工程不适用本法规定，但是建筑材料、建筑构配件和设备，属于前款规定的范围，适用本规定。"因此，检测时应按技术标准规程办事，生产企业（单位）应对其生产的产品质量负责，产品质量应当符合下列要求：

（1）不生产危及人身安全、财产安全的不合格的产品。有保障人体健康、人身安全、财产安全的国家标准、行业标准的，应当符合该标准；

（2）产品应当具备国家标准规定的使用性能，但是，在产品说明书中对产品存在的使用性能的瑕疵作出说明的除外；

（3）符合在产品或其包装上注明采用的产品标准，符合以产品说明、实物样品等方式表明的质量状况。

（4）国家有关规定对于产品及其包装也提出了具体要求，同时还规定"生产者不得生产国家明令淘汰的产品。" "生产者不得伪造产地，不得伪造或者冒用他人的厂名厂址。""生产者不得伪造或冒用认证标志、名优标志等质量标志，""生产者生产产品，不得掺杂、掺假，不得以假充真，以次充好，不得以不合格产品冒充合格产品。"以上规定都适用于建筑材料、建筑构配件和设备的生产厂家。

2. 执行国家标准和有关部门的规定

（1）建筑材料、建筑构配件生产及设备供应单位对其生产或供应的产品质量符合相关国家（专业）标准负责。

（2）建筑材料、建筑构配件生产及设备的供需双方均应签订购销合同，并按合同规定的质量标准有关条款进行质量验收。

（3）建筑材料、建筑构配件生产及设备供应单位必须具备相应的生产条件、技术装备和质量保证，具备必要的检测人员和设备。购货单位要把好产品看样、订货、储存、运输和核验的质量关。

（4）建筑材料、建筑构配件及设备质量应当符合下列要求：一是符合国家或行业现行有关技术标准规定的合格标准和设计要求；二是符合在建筑材料、建筑构配件及设备在其包装上注明采用的标准，符合所供应的建筑材料、建筑构配件及设备说明，实物样品等方式表明的质量状况。

（5）建筑材料、建筑构配件及设备在其包装上的标识应当符合下列要求：一是有产品质量检验合格证明；二是有中文标明的产品名称、生产厂厂名和厂址；三是产品包装和商标样式符合国家有关规定和标准要求；四是设备应有产品详细的使用说明书，电气设备还应附有线路图；五是实施生产许可证或使用产品质量认证标志的产品，应有许可证或质量认证的编号、批准日期和有效期限。

3. 加强现场监管

对进入施工现场的建筑材料、建筑构配件和设备实行进场检验（或实验）制度，是保障建筑工程质量和设备安装质量的重要举措。因此，工程建设项目管理各方（建设单位、工程监理和施工企业）应对进场的建筑材料、建筑构配件和设备严格把好两道关。第一道关，谨慎地选择材料（设备，以下同）供应厂商，一般情况下，应建立合格材料供应商的档案，并从列入档案的供应商中采购材料，以防止不合格的材料流入施工现场。第二道关，是对于进场的材料应进行二次检验。在材料进场时，必须根据进料计划，送料凭证、质量保证或产品合格证，进行材料的数量和质量验收；验收工作按质量验收规范和计量检测规定进行；验收内容，包括品种、规格、型号、质量、数量、证件等；验收要作记录并办理验收手续；对不符合合同规定与计划要求或质量不合格的材料应拒绝验收。通过材料进场验收制度，可以杜绝假冒伪劣产品流入施工工地，防止工程建设现场使用的材料质量不符合要求，为保证和提高工程质量（建设工程项目服务年限）提供前提条件。

对于现场材料管理，还包括以下内容：材料计划管理、材料的储存与保管、材料领发、材料使用监督、材料回收、周转材料的现场管理等内容。要注意弄清建筑材料、建筑构配件和设备生产厂家的质量责任。

4. 加强相关市场管理

要认真贯彻执行建筑材料、建筑构配件及设备的质量管理。在现阶段，建设市场，特别是建材市场还很不规范的情况下，国家（地方）必须加强质量检验（测）机构、开发检验（测）技术，培养检验（测）人员。指定国家（地区）技术检验（测）中心，负责国家（或地区）所指定的，以及应检验（测）的工程建设项目使用的建筑材料、建筑构配件和设备的质量检验（测）任务。同时，要严肃建材市场准入制度。毫不留情地把劣质产品从市场中清除出去；责令劣质产品的生产企业或供应企业限期改正，直至吊销营业执照，追究其法律责任。

（三）工程质量检测技术亟待加强

1. 工程质量形势依然严峻

近几年来，各级工程建设管理部门和企业，认真贯彻“百年大计、质量第一”的方针，广泛推行全面质量管理，开展 GB/T 19000—ISO 9000 系列标准认证活动，建立和健全了工程承包企业内部质量监督机构，尤其是实行工程建设监理制，强化了技术立法和质量监管，工程质量有所提高，成绩显著。但是，现阶段，有些地区建设市场不规范，而且建材市场存在问题也不少，伪劣产品尚未消除，特别是建筑钢材、建筑水泥、建筑装饰（修）涂料、建筑卫生器材、水暖工程零配件以及不合格的电器材料等伪劣产品数量大、散布广。这些问题对工程质量、施工安全和建筑使用功能的影响更大。因此应该看到，重大工程质量和安全事故没有明显减少；质量“通病”未能消除；有些建筑物和构筑物的使用功能和环境功能还达不到技术标准；有些工程项目还存在着不同程度的重大质量隐患；倒塌事故还时有发生，其原因，就包括有建筑材料与构配件和施工设备的质量问题。因此，急需加强建设工程所用器材的质量检验（测）工作。

2. 新建工程功能需求

现代化国家基础设施与工矿企业建设，以及城市居民住宅小区建设等新建工程技术复杂、建筑面（体）积大、结构选材品种多、使用功能和环境功能及工程质量（服务年限）要求严格，必须测定建筑材料、构件、结构和设备的物理的、化学等方面的有关技术数据，及时发现质量缺陷，采取措施，保证建筑物及构筑物的结构安全和使用功能。

3. 科学检测评定质量的需求

开发检测技术，研制检测仪器，健全质量检测手段，用准确的科学数据，开展质量鉴定及评价，是消除质量评定中的水分，保证工程质量的重要条件。随着生产技术的发展，现代化基础设施等建设项目的共同特点：

一是，工程施工使用设施及建筑物规模日益扩大，大多向多层、高层建筑发展；结构受力复杂，要求安全度高；各类设备向大型化、联动化方向发展；产品质量要求越来越严，工艺流程与操作条件对建筑物及构筑物的使用功能提出了更严、更高的环境要求。

二是，工艺与设备更新周期越来越短，基础设施及工业建设项目必须适应今后日益频繁的技术改造要求，公共工程和民用建设的装饰（修）及内部设施的技术标准也在提高。因此，建设工程项目的设计与施工一定要认真执行国家（部）颁布的技术标准和操作规程，同时，要重视（生产）使用者对建筑的环境要求，包括厂房的通风、采光条件，以及防噪声、消烟、除尘、隔振、耐腐蚀（酸、碱）等操作工艺，提高各类机械设备、管道、线路安装（敷设）、建筑材料、建筑构配件及现场施工设备的质量和技术检验（测）与鉴定工作。

4. 加强竣工检测和后评价工作的需要

在工程设计和施工中要加强质量检测控制。竣工验收和投入使用后，依然应当进行相关质量检测和开展可靠性评价。在这方面，与国外相比，我国尚有较大差距。搞好各种技术测试工作（或实际测验），以积累必要的技术数据，及时修订有关操作规程，防止工程质量和安全事故的发生，力争避免工程隐患。

5. 技术更新改造的需要

社会生产高速发展，新技术、新工艺日新月异，必然导致技术更新、技术改造频频发生。进而，必然涉及对已有建筑物和构筑物的改造问题。如技术改造项目，经常遇到的一个课题，就是在已有车间内建造深基础。传统的基础施工方法，如沉井、沉箱、井点降水后开挖以及打桩等，不仅受到车间高度与场地面积的限制，而且难以保证原有厂房（包括构筑物）结构的安全与正常生产。要减少技术改造的工作量，更重要的是，为了提高技术改造的可行性，只有通过检测、评价原有工程结构的质量，正确掌握各工程结构部位使用性能和技术状态，解决协调新老建筑结构在强度、刚度和（质量）服务年限等方面的技术问题，并进行详细的经济对比后，才能确定合理的技术方案。

（四）开展可靠性评价

1. 可靠性评价工作任重道远

“可靠性”，是指工程建设项目在规定时间内和规定条件下，完成规定功能的能力。质量检测是进行可靠性评价的基础。新建设的各类基础设施以及工业、矿山等企业的建筑工程的主体结构质量状况，要适应以后技术改造要求，必须认真进行可靠性评价。厂房建筑工程质量检测项目，除某些结构异常破坏的原因要进行辅助性物理、化学试验外，一般的结构检测项目有数十种，量大面广。由于已有建筑的质量检测工作要在结构上进行，又不能因质量检测破坏结构本身。因此，发展半破损和非破损检测技术，特别是非破损检测技术，具有非常重要的实际价值和社会经济效益。目前，我国工程建设可靠性技术评价工作还很落后，亟待开发，应引起重视。

2. 开发质量检测技术是搞好可靠性评价的需求

现阶段，我国质量检测工作有两条战线。一是新建工程项目的质量检测控制；二要已有建筑的质量检测。特别是，以前建成投产的大型骨干企业和国家重要的基础设施工程建设项目的质量检测和可靠性评价，为基础设施以及企业的技术改造服务。工业、矿山企业和国家基础设施等工程建设项目的技术改造工程，厂房及构筑物（包括桥涵、堤坝、隧道、峒室）的补强、加固比新建工程施工难度要大，技术要求复杂，问题更多。要认清新旧建筑两方面的内在联系和相互依存的关系，必须用高新技术进行评价和鉴定，才能推进质量检测技术进步和仪器的研制，才能为国家高新科学技术在工程建设的应用与发展提供必要条件。

3. 努力推进可靠性评价工作

目前，我国工程建设项目的可靠性评价工作，尚处于零星的状态，远没有普遍开展。或者说，这是我国工程建设领域的薄弱环节。迫于形势的需要，我们只有从提高认识、培养人才、建章建制等方面多管齐下，努力推进工程可靠性评价工作，才能跟上快速发展的形势需要。

（五）强化地方质量监督、检测工作

如前所述，我国自20世纪80年代开始，实行经济体制改革以来，面对工程建设的蓬勃兴起，面对良莠不齐的工程质量局面，为了客观、权威性的评价工程质量、更为了促进工程质量的提高，1983年5月7日，城乡建设环境保护部会同国家标准局，联合印发了“关于试行《建筑工程质量监督条例》的通知”。该《通知》明确指出“建筑工程质量的优劣，直接关系着国家财产和人民生命安全，关系着四化建设，因此，一定要切实贯彻‘百年大计，质量第一’的方针，严格管理。要搞好工程质量，一方面要依靠勘察设计、施工、建材等企事业单位，积极推行全面质量管理，搞好质量控制；另一方面必须强化政府对建筑工程质量的监督工作。”并指出“实行政府对工程质量的监督是质量管理工作的一项重要改革”，要积极推进，不断改进。《条例》中还明确了加强质量检测工作。从此，开辟了我国工程建设质量监督工作的新局面。

1. 地方监督检查站（中心）的职责

各省、市、自治区城乡建设主管部门负责本地区所属系统的建筑工程质量监督管理工作，业务上受省、市、自治区标准部门指导。其主要任务是：

（1）贯彻上级有关建筑工程质量监督工作的方针、政策，制定本地区建筑工程质量监督条例的实施细则；

（2）审核所属地区工程质量监督站的资格；

（3）核验省级优质工程项目和国家重点工程项目的质量等级，参与组织重大工程质量事故的处理；

（4）规划和管理质量监督人员的培训和考核；

（5）统一规划和管理本地区建筑工程质量监督检验测试中心；

（6）掌握本地区工程质量及质量监督状况，及时提出有关改进质量监督工作，提高工程质量的措施和要求。

实际上，上述各项具体工作，行政主管部门一般都责成省（自治区、直辖市）质量监督站负责实施。

2. 地区（县、市）质量监督站的任务

（1）根据国家和部门（地区）颁发的有关法规、规定和技术标准对本地区的建设工程质量进行监督检验，坚持做到不合格的材料不准使用，不合格的产品不准出厂，不合格的工程不准交付使用；即保证实现“三不准”；

（2）监督检察工程承包单位评定的工程质量等级，检验与项目建设各有关的单位（企业）上报的工程项目质量评定报告；

（3）监督本地区勘察设计、施工单位及工程监理单位承建工程的资（质）格，凡不符规定资格的单位（包括勘察设计、建筑施工及工程监理）不准进入本地区建设市场；

（4）监督检查对工程质量国家技术标准的正确执行，参与重大质量安全事故的处理，负责质量争端的仲裁，并及时写入监督检查报告，送本地区建设主管部门；

（5）督促和帮助本地区建设项目管理相关各方建立健全工程质量检验制度。审定和考核建设企业（工程承包单位）质量检验测试人员的资格和按规定应配备的检测手段；

（6）抽验或查验本地区建设项目的器材供应出厂合格证明或化验（实验）单是否符合规定。化验（实验）单位的是否合格。任何建设项目的化验（实验）单，必须来自有化验（实验）资质的试验单位。工程监理单位抽检或复检的化（实）验单不允许来自施工单位的试（实）检验测室。也不能来自与施工单位提供化验单的同一个化验单位；

（7）参与本地区采用新结构、新技术、新材料、新工艺的试验与工程质量鉴定。根据鉴定结果是否在本地区采用需请示本地建设主管部门决定。

3. 地区监督检查站（中心）的权限

按有关部门相关规定，地区质量监督检查站的权限主要有：

对工程质量优良的单位，有权提请当地建设主管部门给予奖励；

对质量不合格的单位有权责令停止施工、给予警告或通报批评或责令限期整顿；

对限期整顿后质量仍无明显改进者，有权提请主管部门责令停产整顿，直至建议有关部门吊销其营业执照和设计证书；

对质量不合格工程，可通知贷款银行停止拨款；

对造成重大伤亡和经济损失的工程质量事故单位，可提请主管部门追究有关人员的经济和法律责任。

成立质检站以来，加大了政府对工程质量的监督管理，提高了工程质量等级评定的权威性，有力地促进了工程质量的提高。广大质量监督站人员，为我国的工程建设作出了突出的贡献。

4. 独立的工程检测力量逐渐增强

随着工程质量监督工作的深入发展，工程质量检测工作迅速提上了议事日程。开展工程质量监督之前，日常工程质量检测工作，大都由施工企业的内设机构负责。在市场经济体制下，施工企业的检测机构对工程质量的检测结论，就显失公允。因此，成立具有独立法人资格的工程检测机构应运而生。

为了加强对工程质量检测工作的指导，尤其是，为了明晰检测内容、规范检测行为、明确检测责任、促进提高检测水平，2005 年 9 月 28 日，建设部颁发了《建设工程质量检测管理办法》。该《办法》的实施，有力地促进了工程质量检测队伍的成长。具体表现在三个方面：一是检测人员不断增加；二是检测手段和设施不断改进；三是检测技能不断提高。从而，初步跟上了工程检测工作迅猛发展的需要。

附　　建设工程质量检测管理办法

中华人民共和国建设部令第141号

《建设工程质量检测管理办法》已于2005年8月23日经第71次常务会议讨论通过，现予发布，自2005年11月1日施行。

建设部部长　　汪光泰

二〇〇五年九月二十八日

建设工程质量检测管理办法

第一条　为了加强对建设工程质量检测的管理，根据《中华人民共和国建筑法》、《建设工程质量管理条例》，制定本办法。

第二条　申请从事对涉及建筑物、构筑物结构安全的试块、试件以及有关材料检测的工程质量检测机构资质，实施对建设工程质量检测活动的监督管理，应当遵守本办法。

本办法所称建设工程质量检测（以下简称质量检测），是指工程质量检测机构（以下简称检测机构）接受委托，依据国家有关法律、法规和工程建设强制性标准，对涉及结构安全项目的抽样检测和对进入施工现场的建筑材料、构配件的见证取样检测。

第三条　国务院建设主管部门负责对全国质量检测活动实施监督管理，并负责制定检测机构资质标准。

省、自治区、直辖市人民政府建设主管部门负责对本行政区域内的质量检测活动实施监督管理，并负责检测机构的资质审批。

市、县人民政府建设主管部门负责对本行政区域内的质量检测活动实施监督管理。

第四条　检测机构是具有独立法人资格的中介机构。检测机构从事本办法附件一规定的质量检测业务，应当依据本办法取得相应的资质证书。

检测机构资质按照其承担的检测业务内容分为专项检测机构资质和见证取样检测机构资质。检测机构资质标准由附件二规定。

检测机构未取得相应的资质证书，不得承担本办法规定的质量检测业务。

第五条　申请检测资质的机构应当向省、自治区、直辖市人民政府建设主管部门提交下列申请材料：

（一）《检测机构资质申请表》一式三份；

（二）工商营业执照原件及复印件；

（三）与所申请检测资质范围相对应的计量认证证书原件及复印件；

（四）主要检测仪器、设备清单；

（五）技术人员的职称证书、身份证和社会保险合同的原件及复印件；

（六）检测机构管理制度及质量控制措施。

《检测机构资质申请表》由国务院建设主管部门制定式样。

第六条　省、自治区、直辖市人民政府建设主管部门在收到申请人的申请材料后，应当即时作出是否受理的决定，并向申请人出具书面凭证；申请材料不齐全或者不符合法定形式的，应当在5日内一次性告知申请人需要补正的全部内容。逾期不告知的，自收到申请材料之日起即为受理。

省、自治区、直辖市建设主管部门受理资质申请后，应当对申报材料进行审查，自受理之日起20个工作日内审批完毕并作出书面决定。对符合资质标准的，自作出决定之日起10个工作日内颁发《检测机构资质证书》，并报国务院建设主管部门备案。

第七条　《检测机构资质证书》应当注明检测业务范围，分为正本和副本，由国务院建设主管部门制定式样，正、副本具有同等法律效力。

第八条　检测机构资质证书有效期为3年。资质证书有效期满需要延期的，检测机构应当在资质证书有效期满30个工作日前申请办理延期手续。

检测机构在资质证书有效期内没有下列行为的，资质证书有效期届满时，经原审批机关同意，不再审查，资质证书有效期延期3年，由原审批机关在其资质证书副本上加盖延期专用章；检测机构在资质证书有效期内有下列行为之一的，原审批机关不予延期：

（一）超出资质范围从事检测活动的；

（二）转包检测业务的；

（三）涂改、倒卖、出租、出借或者以其他形式非法转让资质证书的；

（四）未按照国家有关工程建设强制性标准进行检测，造成质量安全事故或致使事故损失扩大的；

（五）伪造检测数据，出具虚假检测报告或者鉴定结论的。

第九条　检测机构取得检测机构资质后，不再符合相应资质标准的，省、自治区、直辖市人民政府建设主管部门根据利害关系人的请求或者依据职权，可以责令其限期改正；逾期不改的，可以撤回相应的资质证书。

第十条　任何单位和个人不得涂改、倒卖、出租、出借或者以其他形式非法转让资质证书。

第十一条　检测机构变更名称、地址、法定代表人、技术负责人，应当在3个月内到原审批机关办理变更手续。

第十二条　本办法规定的质量检测业务，由工程项目建设单位委托具有相应资质的检测机构进行检测。委托方与被委托方应当签订书面合同。

检测结果利害关系人对检测结果发生争议的，由双方共同认可的检测机构复检，复检结果由提出复检方报当地建设主管部门备案。

第十三条　质量检测试样的取样应当严格执行有关工程建设标准和国家有关规定，在建设单位或者工程监理单位监督下现场取样。提供质量检测试样的单位和个人，应当对试样的真实性负责。

第十四条　检测机构完成检测业务后，应当及时出具检测报告。检测报告经检测人员签字、检测机构法定代表人或者其授权的签字人签署，并加盖检测机构公章或者检测专用章后方可生效。检测报告经建设单位或者工程监理单位确认后，由施工单位归档。

见证取样检测的检测报告中应当注明见证人单位及姓名。

第十五条　任何单位和个人不得明示或者暗示检测机构出具虚假检测报告，不得篡改或者伪造检测报告。

第十六条　检测人员不得同时受聘于两个或者两个以上的检测机构。

检测机构和检测人员不得推荐或者监制建筑材料、构配件和设备。

检测机构不得与行政机关，法律、法规授权的具有管理公共事务职能的组织以及所检测工程项目相关的设计单位、施工单位、监理单位有隶属关系或者其他利害关系。

第十七条　检测机构不得转包检测业务。

检测机构跨省、自治区、直辖市承担检测业务的，应当向工程所在地的省、自治区、直辖市人民政府建设主管部门备案。

第十八条　检测机构应当对其检测数据和检测报告的真实性和准确性负责。

检测机构违反法律、法规和工程建设强制性标准，给他人造成损失的，应当依法承担相应的赔偿责任。

第十九条　检测机构应当将检测过程中发现的建设单位、监理单位、施工单位违反有关法律、法规和工程建设强制性标准的情况，以及涉及结构安全检测结果的不合格情况，及时报告工程所在地建设主管部门。

第二十条　检测机构应当建立档案管理制度。检测合同、委托单、原始记录、检测报告应当按年度统一编号，编号应当连续，不得随意抽撤、涂改。

检测机构应当单独建立检测结果不合格项目台账。

第二十一条　县级以上地方人民政府建设主管部门应当加强对检测机构的监督检查，主要检查下列内容：

（一）是否符合本办法规定的资质标准；

（二）是否超出资质范围从事质量检测活动；

（三）是否有涂改、倒卖、出租、出借或者以其他形式非法转让资质证书的行为；

（四）是否按规定在检测报告上签字盖章，检测报告是否真实；

（五）检测机构是否按有关技术标准和规定进行检测；

（六）仪器设备及环境条件是否符合计量认证要求；

（七）法律、法规规定的其他事项。

第二十二条　建设主管部门实施监督检查时，有权采取下列措施：

（一）要求检测机构或者委托方提供相关的文件和资料；

（二）进入检测机构的工作场地（包括施工现场）进行抽查；

（三）组织进行比对试验以验证检测机构的检测能力；

（四）发现有不符合国家有关法律、法规和工程建设标准要求的检测行为时，责令改正。

第二十三条　建设主管部门在监督检查中为收集证据的需要，可以对有关试样和检测资料采取抽样取证的方法；在证据可能灭失或者以后难以取得的情况下，经部门负责人批准，可以先行登记保存有关试样和检测资料，并应当在7日内及时作出处理决定，在此期间，当事人或者有关人员不得销毁或者转移有关试样和检测资料。

第二十四条　县级以上地方人民政府建设主管部门，对监督检查中发现的问题应当按规定权限进行处理，并及时报告资质审批机关。

第二十五条　建设主管部门应当建立投诉受理和处理制度，公开投诉电话号码、通讯地址和电子邮件信箱。

检测机构违反国家有关法律、法规和工程建设标准规定进行检测的，任何单位和个人都有权向建设主管部门投诉。建设主管部门收到投诉后，应当及时核实并依据本办法对检测机构作出相应的处理决定，于30日内将处理意见答复投诉人。

第二十六条　违反本办法规定，未取得相应的资质，擅自承担本办法规定的检测业务的，其检测报告无效，由县级以上地方人民政府建设主管部门责令改正，并处1万元以上3万元以下的罚款。

第二十七条　检测机构隐瞒有关情况或者提供虚假材料申请资质的，省、自治区、直辖市人民政府建设主管部门不予受理或者不予行政许可，并给予警告，1年之内不得再次申请资质。

第二十八条　以欺骗、贿赂等不正当手段取得资质证书的，由省、自治区、直辖市人民政府建设主管部门撤销其资质证书，3年内不得再次申请资质证书；并由县级以上地方人民政府建设主管部门处以1万元以上3万元以下的罚款；构成犯罪的，依法追究刑事责任。

第二十九条　检测机构违反本办法规定，有下列行为之一的，由县级以上地方人民政府建设主管部门责令改正，可并处1万元以上3万元以下的罚款；构成犯罪的，依法追究刑事责任：

（一）超出资质范围从事检测活动的；

（二）涂改、倒卖、出租、出借、转让资质证书的；

（三）使用不符合条件的检测人员的；

（四）未按规定上报发现的违法违规行为和检测不合格事项的；

（五）未按规定在检测报告上签字盖章的；

（六）未按照国家有关工程建设强制性标准进行检测的；

（七）档案资料管理混乱，造成检测数据无法追溯的；

（八）转包检测业务的。

第三十条　检测机构伪造检测数据，出具虚假检测报告或者鉴定结论的，县级以上地方人民政府建设主管部门给予警告，并处3万元罚款；给他人造成损失的，依法承担赔偿责任；构成犯罪的，依法追究其刑事责任。

第三十一条　违反本办法规定，委托方有下列行为之一的，由县级以上地方人民政府建设主管部门责令改正，处1万元以上3万元以下的罚款：

（一）委托未取得相应资质的检测机构进行检测的；

（二）明示或暗示检测机构出具虚假检测报告，篡改或伪造检测报告的；

（三）弄虚作假送检试样的。

第三十二条　依照本办法规定，给予检测机构罚款处罚的，对检测机构的法定代表人和其他直接责任人员处罚款数额5%以上10%以下的罚款。

第三十三条　县级以上人民政府建设主管部门工作人员在质量检测管理工作中，有下列情形之一的，依法给予行政处分；构成犯罪的，依法追究刑事责任：

（一）对不符合法定条件的申请人颁发资质证书的；

（二）对符合法定条件的申请人不予颁发资质证书的；

（三）对符合法定条件的申请人未在法定期限内颁发资质证书的；

（四）利用职务上的便利，收受他人财物或者其他好处的；

（五）不依法履行监督管理职责，或者发现违法行为不予查处的。

第三十四条　检测机构和委托方应当按照有关规定收取、支付检测费用。没有收费标准的项目由双方协商收取费用。

第三十五条　水利工程、铁道工程、公路工程等工程中涉及结构安全的试块、试件及有关材料的检测按照有关规定，可以参照本办法执行。节能检测按照国家有关规定执行。

第三十六条　本规定自2005年11月1日起施行。

附件一　质量检测的业务内容

一、专项检测

（一）地基基础工程检测

1. 地基及复合地基承载力静载检测；
2. 桩的承载力检测；
3. 桩身完整性检测；
4. 锚杆锁定力检测。

（二）主体结构工程现场检测

1. 混凝土、砂浆、砌体强度现场检测；
2. 钢筋保护层厚度检测；
3. 混凝土预制构件结构性能检测；
4. 后置埋件的力学性能检测。

（三）建筑幕墙工程检测

1. 建筑幕墙的气密性、水密性、风压变形性能、层间变位性能检测；
2. 硅酮结构胶相容性检测。

（四）钢结构工程检测

1. 钢结构焊接质量无损检测；
2. 钢结构防腐及防火涂装检测；
3. 钢结构节点、机械连接用紧固标准件及高强度螺栓力学性能检测；
4. 钢网架结构的变形检测。

二、见证取样检测

1. 水泥物理力学性能检验；
2. 钢筋（含焊接与机械连接）力学性能检验；
3. 砂、石常规检验；
4. 混凝土、砂浆强度检验；
5. 简易土工试验；
6. 混凝土掺加剂检验；
7. 预应力钢绞线、锚夹具检验；
8. 沥青、沥青混合料检验。

附件二　检测机构资质标准

一、专项检测机构和见证取样检测机构应满足下列基本条件：

（一）专项检测机构的注册资本不少于100万元人民币，见证取样检测机构不少于80万元人民币；

（二）所申请检测资质对应的项目应通过计量认证；

（三）有质量检测、施工、监理或设计经历，并接受了相关检测技术培训的专业技术人员不少于10人；边远的县（区）的专业技术人员可不少于6人；

（四）有符合开展检测工作所需的仪器、设备和工作场所；其中，使用属于强制检定的计量器具，要经过计量检定合格后，方可使用；

（五）有健全的技术管理和质量保证体系。

二、专项检测机构除应满足基本条件外，还需满足下列条件：

（一）地基基础工程检测类

专业技术人员中从事工程桩检测工作3年以上并具有高级或者中级职称的不得少于4名，其中1人应当具备注册岩土工程师资格。

（二）主体结构工程检测类

专业技术人员中从事结构工程检测工作3年以上并具有高级或者中级职称的不得少于4名，其中1人应当具备二级注册结构工程师资格。

（三）建筑幕墙工程检测类

专业技术人员中从事建筑幕墙检测工作3年以上并具有高级或者中级职称的不得少于4名。

（四）钢结构工程检测类

专业技术人员中从事钢结构机械连接检测、钢网架结构变形检测工作3年以上并具有高级或者中级职称的不得少于4名，其中1人应当具备二级注册结构工程师资格。

三、见证取样检测机构除应满足基本条件外，专业技术人员中从事检测工作3年以上并具有高级或者中级职称的不得少于3名；边远的县（区）可不少于2人。

说明：其他专业质量检测，可参考以上有关内容，制定本专业的相关规定。

第四章　工程质量安全监管与项目管理

工程建设项目管理，是一个内涵广泛的笼统概念。项目法人对工程项目的管理是项目管理；承建商对承接工程项目的管理也叫项目管理；建设监理对受托的工程项目管理同样叫项目管理。对一工程项目全过程的管理是项目管理；对其中某一阶段的管理也叫项目管理。监理业务中有项目管理，咨询业务中也有项目管理。无论勘查、设计、施工、监理、咨询等，就承接业务的范围而言，都有各自的总包、分包的项目管理。一般情况下，工程项目管理，特指承建商，尤其是施工承建商对工程建设施工的管理。因为，工程项目管理，一词早已被施工占用，几乎成为施工行业的专有词汇。本文所说的工程项目管理，是以第三者的眼光，陈述如何搞好工程项目建设管理。

为实现“业主—监理—承建商”管理体系的运行机能，工程项目承包单位（企业）必须是智力与技术型企业，是工程设计与工程施工联合体（或一体化联营体）或专业化企业（集团），其专业技术人员和管理人员能充分发挥职能作用。承包企业的经营管理核心是在实现安全施工的前提下确保工程质量和使用功能、实现企业利润和合同价格，以及工程建设总进度（工期）三大管理机能。建设项目的运行机能如图 4-1 所示。

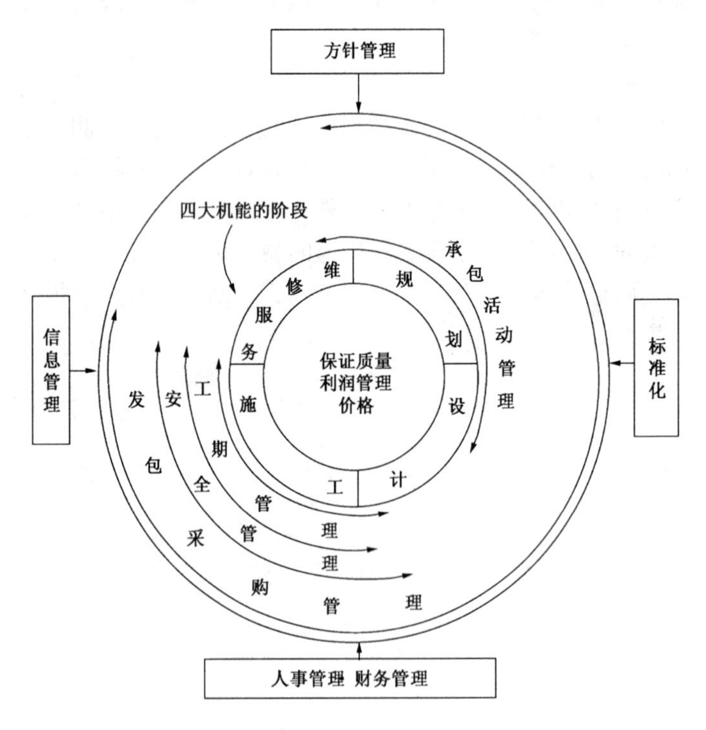

图 4-1　项目建设运行机能图

第一节　工程建设项目质量管理

工程建设项目管理必须把工程质量管理放在首位，建立和健全以项目建设为中心的工程质量管理体系。

工程项目建设的高质量取决于两个基本因素：一是科学技术水平，二是企业文化和管理水平。科学技术是质量的基础，管理是质量的特征。要加快经济发展，产品（工程）质量是关键，不从质量上提高，就没有真正的、实在的效益。为提高企业产品（工程）质量，增强企业国际竞争力，在不断促进科学发展、提高科技水平的基础上，努力提高管理水平和企业文化。现阶段，特别要抓好管理工作。提高质量管理水平，要在以下五方面下工夫。一是要在提高认识的基础上健全工程质量管理体系；二是要学习运用科学的质量管理标准；三是要突出抓好承建商的质量管理；四是要抓好建设物资的质量管理；五是要加强建设市场的监管力度。

一、工程建设项目质量管理体系

工程建设项目管理（包括规划设计、建筑安装、试运验收、交付使用）与工业生产行业管理相比，有很大的差别。建设项目的多变性、工程勘察的复杂性、规划设计的预设性、建筑材料与设备的多样性、工程施工的流动性、科学技术的发展性、组织项目建设内外协作关系的多元性，以及智力指挥与手工操作的交叉性，都增加了项目建设统一制定工程质量与安全管理体系以及保证措施的难度。其中，任何一个环节、任何一个单位的管理体系都无法保证项目建设全过程的操作质量和交付使用后的总体（使用）功能。因此，每个建设项目都应当把项目建设前期工作、施工准备工作、工程施工及竣工验收以及投入生产使用的整个周期视为一个整体，把所有参加建设的单位组织起来，统一协调、分工合作。只有这样，才可能确保项目建设整体质量和使用功能。

根据工程项目建设程序，一般划分为规划、勘察、设计和施工等四个阶段。这四个阶段的质量要求各有侧重，质量管理的形式也各不相同。四个主要阶段的质量保证措施（质量管理体系）可参考图4-2所示。

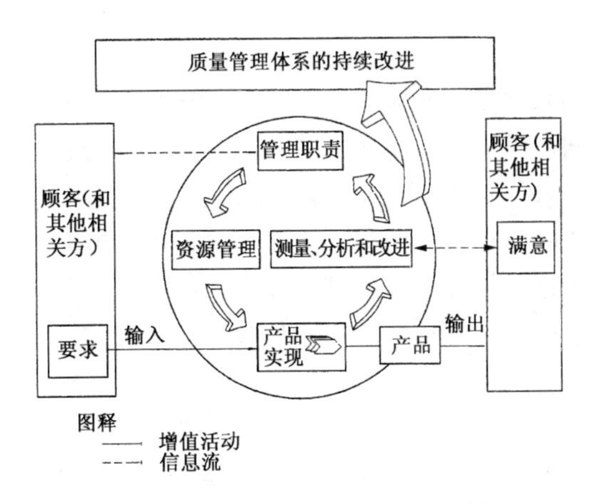

图4-2　以过程为基础的质量管理体系模式

工程建设项目质量管理的终极目标是，达到最大限度地发挥投资效益，并取得使用功能齐全、耐久的目的。这是一项范围广泛、时间长久、因素多变的系统工程。因此，ISO 9001—2000 质量管理体系要求质量目标“最高管理者应确保在组织内各相关职能和层次上建立质量目标。质量目标应可测量，并与包含有持续改进承诺的质量方针相一致。质量目标应包括满足产品要求所需的内容。”

（一）工程建设项目质量管理体系的基本要求

1. 质量管理网络化

建设项目质量管理体系，亦可称作工程质量管理网络。它是以保证建设项目的质量为目标，运用系统工程学原理的方法，设置统一协调的组织机构。把建设项目各环节的质量管理职能，按照科学的原则严密地组织起来，形成一个有明确任务、职责、权限、相互协调合作，相互促进与监督的工程质量管理有机整体。从而，使工程建设项目质量与安全管理工作科学化、制度化、系统化和经常化。

2. “契约型商品”质量管理的突出性

参与工程建设的各单位建立质量保证是“契约型商品”所必须。它可以使企业和业主（工程承发包双方）建立起相互信任关系，使投标企业获得信誉，提高中标机会。因此，参与工程建设的各企业都应为一个建设项目建立质量管理体系，才能保证建设项目按期建成投产，才能保证项目建设达到预期质量目标，建成后发挥设计使用功能和服务年限，提高建设项目的经济（社会）效益。

3. 项目质量体系的统一性

建设项目质量体系的建立是比较复杂的，因为每个独立的规划、设计、施工、器材供应等单位均无法保证建设项目的全部使用功能和内在质量。因此，在一个建设项目从规划、设计、施工到竣工生产（使用、营运）的周期中，必须将参加建设过程所有单位（或企业）都组织起来，统一协调、分工合作，以工程招标承包合同为基础，全面合作，形成整个项目质量保证系统才行。从整体看，每个建设项目的质量保证大致可划分为：规划阶段、设计阶段、施工阶段及使用过程质量保证。不论是哪个单位、哪个阶段，都要在确定（中标）参与项目建设后围绕一个建设项目共同建立质量体系才行。但是每个建设项目都有不同的质量要求和特定的使用功能，因此增加了制定建设项目质量体系的难度与深度。

4. 项目质量体系的过程性

建设项目质量体系的基本要求与工厂化产品要求不同。工厂化产品质量要求，是从产品特性中引出的。对不同产品来说，各种质量要求也不完全相同。而质量体系是从产品形成过程中引出来的相关要求。对工厂化生产或标准化的工程质量体系的基本要求是有共性的。因此 GB/T 19000—ISO 9000 系列标准中的质量体系标准是统一的。所以，也能应用于工程建设。但是，如何达到质量体系要求，对不同工程建设项目并不完全一个样。因此，每个建设项目的质量体系应在招标文件中体现各自的特点。在招标承包合同中，明确各单位的质量职责。

当前，这些管理体制的法律、法规还在完善过程中，全国的建设市场发育还不完全成熟。这种现状对建立从事工程建设的企业内的质量体系还有深层的影响。因此，要建立建设项目的质量管理体系需要结合工程项目的基本特点逐项进行，才能保证项目建设过程和竣工后的工程质量。

（二）项目质量文件制定方法

建设项目质量文件，主要包括：质量手册、质量体系程序文件、作业程序、有关表格和报告等。质量手册是质量文件中最高层级的文件，也是整个质量体系纲领性文件。它反映了质量体系的总貌，是质量方针、质量目标，以及ISO 9000相关标准的体现，其内容覆盖了有关的质量保证模式标准的要求。质量体系程序文件，与质量方针相一致，是质量手册的支持性文件，也是质量体系所要求的质量活动的途径和方法。质量程序性文件具有可操作性和可检查性。其内容包括活动的目的和范围，以及做什么、谁来做、何时何地做、如何做、如何控制和评价等。其他质量文件，则是最基础性的文件、最具体的质量活动记录。

三个层级质量文件的编制，往往是按由高而低的次序进行。

1. 质量手册的编制

建设项目招标承包合同签订后，将各承包企业的投标质量承诺与质量保证进行全面整理和汇总。根据建设项目的一般要求和特殊要求，分别提出各工序的质量目标，由各承包单位讨论并补充，修订各自的质量保证文件，并经协商，得到招标方的认可。具体编写方法和要求，可参考ISO 1003“质量手册编写指南”。编写质量手册应体现：质量管理有目标、工作程序可监控、具体活动有记录、绩效检查重评定。质量手册的编制应由单位主要负责人组织进行。

2. 质量体系文件的编写

根据建设项目所选择的质量保证模式的内容及各承包单位的分工现状研究确定，由单位职能部门起草，报单位主要负责人组织审批。

编写时应注意以下两点：

（1）建设程序目录不要求各个程序与保证模式各要素名称一一对应，只要求各程序内容覆盖了该模式的所有内容。

（2）一些工程项目的建设程序目录可供参考，程序名称如下：管理控制、质量策划控制、合同评审控制、文件和资料控制、分承包方控制、采购控制、质量记录及可追溯性控制、工程设计质量检验（会审制度）、不合格设计和不合格施工控制、检测设备和程序控制、纠正和预防措施及统计技术应用等。

3. 作业指导书的编制

作业指导书是手册或程序的支持性文件或称三级文件，内容可以是程序中某个质量活动的技术或管理性规程、操作细则、制度等。主要内容包括有：

（1）建设项目质量计划编制指南；

（2）受控文件标志方法；

（3）受控文件使用者须知；

（4）工程总承包与各分包工程单位的项目管理和工程技术负责人的岗位责任制规定；

（5）企业管理的某些实施细则；

（6）现行《强制性标准》和有效的标准、规范目录；

（7）现行各类建筑法规汇编；

（8）建设项目承包合同规定的各有关方工作人员守则；

（9）其他方面的要求等。

根据建设项目的实际需要，编制作业指导书。其内容和要求视具体情况而定，没有统一规定。工程承包单位现有规章制度中符合质量保证模式要求，且行之有效的，可以作为建设项目作业指导书的相关内容使用。但需要听取工程监理人员意见，加以整理，纳入相应的文件条款内，并加以说明。

（三）编制项目质量文件

1. 建立建设项目质量体系的程序

对于这项工作，在国家标准里还没有具体规定。但是，根据开展全面质量管理好的单位的经验，其质量体系的模式，可划分为两个阶段：一是质量体系总体设计阶段；二是质量体系实施运行阶段。共20个程序。

第一阶段（质量体系总体设计），可分为质量体系结构设计与质量体系文件编制两个步骤，共15个程序。

第一步骤，质量体系结构设计（包括下列11个程序）：

（1）领导策划与决策，统一思想认识；

（2）建立工作班子，组织落实；

（3）制定工作计划，组织工作人员培训；

（4）制定质量方针，确定质量目标；

（5）调查质量现状，找出质量薄弱环节；

（6）聘请工程咨询专家，帮助提出问题和制定措施；

（7）对照GB/T 19000—ISO 9000系列标准和有关工程项目建设审批文件，进行对比、分析、研究；

（8）确定质量体系要素和对质量起作用的因素；

（9）确定各级负责人的质量职务和相应的权限；

（10）确定质量体系结构选择与平衡调整；

（11）确定并进行资源配套与平衡调整；

第二步骤，质量体系文件编制（包括下列4个程序）：

（12）编制质量手册（必要时编制质量保证手册）；

（13）编制程序文件，并及时进行讨论、优化和完善；

（14）编制质量计划，并及时进行讨论、优化和完善；

（15）编制质量记录表格式，并及时进行讨论、优化和完善；

第二阶段是质量体系实施运行阶段，共5个程序：

（16）进行质量体系实施的全面教育与交底培训；

（17）统一指挥和组织协调；

（18）建立质量信息反馈系统，掌握质量体系运行状况；

（19）组织质量体系的审核和评审；

（20）全面进行调研，不断地进行改进和完善提高。

2. 质量体系编写准备工作

编写人员应对有关质量管理的规章制度怎样才能符合本建设项目的质量标准要求进行周密的思考。为此，要收集、研究各有关承包单位的管理制度文件，对有效的管理办法、制度和有关规定，要按国家技术标准要求吸纳到有关程序或作业指导书中去。文件编写过程中提出的难点或问题，应通过讨论予以确定。文件之间的“接口”问题，也用同样方式解决。

3. 程序和质量保证手册的编写顺序

（1）根据经验，采用先编写各程序文件，大致成熟后，再编写手册的方式比较适用。按照程序初稿经过修订、初审后，把它浓缩写入手册也比较简便。此外，采用这种方式时，手册与程序的接口不容易出现不衔接的现象。

质量手册中的质量方针、质量目标可以早期制定，为编写手册做好准备。

（2）先编写手册，后编写程序是可行的顺序。由于手册的内容包含了建设项目各有关单位的全部质量体系要素，因此，手册编写后，可对程序的编写起到指导作用。采用这种顺序的前提条件是：手册编写人员能熟练掌握质量标准要求；又全面熟悉本建设项目各种技术条件和操作规程；遇有改进有关标准或制度的问题时，有能力予以解决才能写出有指导作用的手册，否则反而会延误时间。

（3）文件质量的控制。质量体系文件应对质量标准要求严格控制，为此，应掌握5个要领：

一是，必须准确理解各承包单位提交的质量保证模式要素怎样转化为建设项目的质量管理；

二是，所建立的质量体系应与本建设项目的管理现状有效地结合，同时是一个符合实际、统一的质量标准管理体系，不允许产生与建设项目各承包单位的管理制度有“两张皮”的现象；

三是，手册与程序之间、各程序之间、各程序与有关支持性文件之间的接口处不得出现制度上、职责分工上的不协调规定；

四是，程序文件必须结合建设项目的实际，要有可操作性；

五是，作为支持性文件，作业指导书应包括有关标准规定的全部内容。

（4）严格文件编制程序。为符合要求，应切实有效地做好各种会商、审核、修订、会签、批准的工作程序。为此，必须做到：

一是，每个程序应由各相关部门会签确认；

二是，质量保证手册应由各方成员组成的领导小组审核批准；

三是，质量体系文件统一由各方代表控制其质量，编写过程中应由各方成员组成的领导小组协调处理出现的问题，把好质量关。

（5）为了保证建设项目质量文件的整体质量，可请有关专业单位对文件质量进行审核。尤其是，要审核是否覆盖建设项目的各项要求、各层次及工序之间是否已经衔接等。但是，所建立的质量体系能否与各承包企业的管理实际紧密结合，仍须各有关单位通过反复讨论，经过试运行，在实践中不断修正，不断完善。

4. 编制质量体系文件的具体事项

（1）质量体系文件由建设项目有关的各方代表组织编写。

（2）各承包单位根据建设项目招标承包合同的具体要求，再修订本单位相关的质量方针和质量目标。

（3）应选派掌握建设项目质量保证模式要求，又熟悉质量管理程序的技术人员编写质量手册。

（4）程序编写由各程序的负责人主管，并由工程承包单位指派本部门专业技术骨干人员具体编写。

编写程序文件最好在专业人员集中、时间集中的条件下进行，以便于集中讨论处理编写中出现的问题。例如有关单位的原有管理制度如何规范化、如何更新以满足承包工程项目的要求；各程序之间的接口处理；编写经验的交流等。人员和时间集中可以收到事半功倍的效果，分散编写的效率在工程建设任务紧张的条件下无法得到保证。

（5）程序初稿完成后，应由承包单位的负责人及与本建设项目质量体系编制的相关负责人进行认真讨论，切实处理好接口问题，成稿后予以会签。

（6）作业指导书、程序中的记录表格由相关程序的编写部门负责拟订。

（7）建设项目质量体系编制领导小组及时有效地解决文件编制中出现的问题，这是编制质量和效率得到保证的首要条件。例如，出现相关承包单位之间职责需要有所调整时，必须由建设项目质量体系编制领导小组提出方案。

（四）健全工程质量管理体系

如前所述，我国历来都很重视工程质量工作，尤其重视群体性的质量管理活动。随着工程建设形势的变化，这种群体性的质量管理活动，日益扩大，并备受关注。1978 年，举行了第一个全国“质量月”活动，并于 1979 年 8 月成立了中国质量管理协会，推行全面质量管理（TQM）教育和在重点企业有计划的评选优质产品（工程）以及开展质量管理小组活动。与全国工交企业一样，在原国家建委领导下，全国工程建设施工企业有计划地开展了全面质量管理教育和质量管理小组活动。同时，对规划设计的总体要求也很明确，凡工业性项目建设必须经过一年以上运行证明能达到使用功能，凡城市基础设施项目建设必须符合地区总体规划。质量问题可以说是年年讲、月月讲。随着全民族质量意识的不断提高，1993 年，我国首次通过并颁布了《中华人民共和国产品质量法》（以下简称《质量法》），2000 年又对这一法律进行了补充和修订。这对推动我国工业产品质量方面起到积极作用，对工程建设所需的材料、设备质量起到保证作用。这里需强调的是，国家为确保工程建设质量，国务院颁发的《建设工程质量管理条例》和《建设工程勘察设计管理条例》进一步明确建设工程项目管理各方的工程质量责任。1996 年 12 月，国务院颁布了《质量振兴纲要》指出质量问题是经济发展中的一个战略问题，质量水平的高低是一个国家经济、科技、教育和管理水平的综合反映，已成为影响国民经济发展的重要因素之一。质量振兴的主要目标是：经过 5 ~ 15 年的努力，从根本上提高我国主要产业的整体素质和企业的质量管理水平，使我国的产品质量、工程质量和服务质量跃上一个新台阶。

所谓质量管理，一般是指在质量方面指挥和控制组织的管理，包括制定质量方针、目标以及质量策划、质量控制、质量保证和质量改进等。为实现质量管理的方针目标，有效地开展各项质量管理活动，而建立相应的管理体系，就叫质量管理体系。

对于工程建设而言，质量管理体系，因责任主体的不同、工程项目建设阶段的不同，以及工程建设项目的不同等，工程质量管理体系也随着变化。但是，质量管理体系的基本原则，大体是一致的。国际标准化组织在 ISO 9001—2000 中指出：建立质量管理体系应遵循八项原则。即以公众关注为焦点、领导作用、全员参与、过程方法、管理的系统方法、持续改进、基于事实的决策方法、与各方互利的关系。

现阶段，我国建设领域工程建设质量管理体系的总体建设情况，一是有很大进步，二是还有很大差距。很大进步主要是指工程建设施工企业的质量管理体系已普遍建立，且不断完善。尤其是二级及其以上资质的施工企业，通过企业质量认证活动，都形成了一套比较系统的质量管理体系，而且不断地完善、丰富、改进。2008 年 3 月，原建设部制定颁发了《工程建设施工企业质量管理规范》（GB/T 50430—2007）。进一步强调并明确了工程施工企业质量管理体系的策划、建立、实施和改进等一系列要求。为促进、完善施工企业质量管理体系的建立和实施，起到了很好的制约作用。原先的工程设计单位，随着进入工程承包行业步伐的加快，也迅速地建立并完善着工程质量管理体系。监理企业更是快马加鞭，以自己特有的优势，迅速地形成了监理的工程质量管理体系。所谓差距很大，主要是指业主方，在质量管理方面，非但还没有形成体系，而且，由于种种因素的冲击，在客观上，没能把住工程质量关，甚至干扰着施工企业、监理企业工程质量管理体系的运行。住房和城乡建设部领导曾多次指出：建设单位的问题，突出表现为有的不履行法定建设程序、肢解发包工程和指定分包单位、任意压缩工期和压低造价、拖欠工程款。有的建设单位不遵守立项、土地、规划等建设程序，规避建设主管部门的监管；有的建设单位肢解发包工程、指定分包单位，违规插手工程建设过程，甚至借口“献礼工程”，迫使企业不按科学工期和程序、违反强制性标准设计或施工，留下质量安全隐患，甚至造成质量安全事故。因此，要努力抓好业主方的质量管理工作，达到像施工企业一样，形成健全的工程质量管理体系。特别是，从业主领导到具体工作人员，都要确立质量第一的观念。要建立必要的质量管理组织，和完善的质量管理制度。

当然，鉴于我国当前的状况，工程建设项目的“业主”有三类。一种是真正意义上的业主，如民营企业和外商投资建设项目的业主。第二种是政府或联合国有企业共同投资建设的项目，工程建设过程中的建设单位，不是实际意义上的业主，只是代真正业主的管理。第三种业主是开发商，他也不是真正意义上的业主，而且，真正的业主不参与工程项目建设的管理。因此，在我国，有关法规把直接参与工程建设项目管理的机构，定义为“项目法人”（过去叫做“建设单位”）。一般情况下，笼统地叫做“业主”。

不同的业主，出于经济利益的要求，对于工程质量关注的程度，差别很大。特别是开发商，由于追求最大经济效益的驱使，往往把工程质量的关注置于经济利益之后，远没有实施质量第一的方针。因此，很有必要敦促业主建立并实施质量管理体系。

业主方的工程质量管理体系，内容如下：

领导决策、建立机构、制定计划、制定质量方针和目标、现状调查——查找薄弱环节、与标准对比分析、确定对策并组织实施（包括与有关各方的沟通）；检查总结、制定改进措施。

其中，因工程建设阶段的不同，而须另行制定工程质量管理体系的子系统。诸如工程规划阶段，其质量目标是提高工程规划水平，负责工程规划的合同责任单位是规划设计企业；工程设计阶段，其质量目标是提高工程设计水平，力求得到先进、科学、实用、节省的工程设计等。

在组织实施活动中，还要根据出现的新情况，如工程地质的新情况、设备供货的变化、施工招标的变化，或者自然灾害的影响等，及时地调整工程质量管理因应对策。或者，实施中发现原有的质量管理措施有不周全的地方，或者实施过程中出现了质量问题，必须修正原有的办法。总之，工程质量管理是动态的、变化的，应当随机处理。

业主工程质量管理体系业务的要求，应当组建相当规模的工程质量管理队伍。实际上，在市场经济体制下，是不现实的。只有委托专业化的机构——监理单位，才可能担负起如此繁重的、旷日持久的工程质量管理业务。

二、在工程质量管理中应用ISO 9000—2000

我国质量管理与国际质量管理接轨重大举措，是在1994年国家决定全面采用国际标准（ISO）。由我国（有关部门）正式采用GB/T 19000—ISO 9000《质量管理和质量保证标准》并组织企业（单位）认证。进入21世纪，在经济全球化的条件下，质量管理有了新的内容。当前社会发展对质量管理的要求已经不仅仅局限于生产制造业的制造产品质量，而且也明确提出了工程项目建设的工程质量，是把质量标准要求渗透到社会经济活动的各个方面。产品（工程）质量管理也已经不再局限于对某个生产环节的管理，而是从开始生产的环节到售后服务环节的全过程管理。因此，必须依据国际通行惯例来提高产品（工程）质量，积极吸收和借鉴质量管理水平较高国家的先进经验和全面应用国际通用的技术标准。

明确全面质量管理与（ISO）国际标准的相互依存关系。有些组织（企业、单位）对全面质量管理理念和方法缺乏深入细致的研究。没有按照“零缺陷”要求加强过程控制。“零缺陷”管理是企业在质量管理方面最有效的方法之一。“零缺陷”不同于其他管理手段，它是以全面质量管理理论为指导，它更注重营造预防质量问题产生的环境，实施的关键在于先进、稳固的流程和指挥质量。有些建设企业（工程承包单位）的领导者对全面质量管理在工程建设的系统管理与单位的质量保证（管理）体系关系区别不清，因此在GB/T 19000—ISO 9000系列标准的应用中，忽视了全面质量管理的深入再教育。

正确认识GB/T 19000—ISO 9000系列标准与开展全面质量管理一样重要，它关系到企业的工作质量和企业的市场竞争力，应充分认识到全面质量管理的理论是在不断发展的（PDCA循环）。在工程建设领域的特点：一是坚持以项目管理为核心强调工程承包各方职责明确，用工作质量保工程质量。二是坚持树立“为客户服务”的观点，“为客户服务”是广泛的，例如“上道工序为下道工序服务，下道工序就是用户的观点”。三是以“预防为主”进行质量控制的观念，强调设计与施工决策的质量。四是强调“三全管理”即对项目建设进行“全过程系统管理”、“全项目所涉及的事项统一规划管理”以及“参与项目建设全体员工的共同责任管理”。五是坚持项目建设“全寿命”周期的管理。ISO 9000—2000对质量的定义：“产品体系或过程的一组内在特性满足顾客和其他受益者要求的能力”。质量的概念不是一成不变的，它随着生产力的发展和科技进步而不断变化和提高。

（一）国际标准ISO 9000标准的深化

1. 国际标准化组织颁发新标准

国际标准化组织（ISO）已发行ISO 9000标准2000年版（本文下称“2000版”）取代实施了6年的1994年版（本文下称“1994版”），“2000版”是继承“1994版”的基础发展起来的。既重点部分保留了“1994版”的精华，又增加了许多当前质量管理需要解决的问题，特别是考虑了所有利益相关各方的需要。如何协调好顾客、企业管理者、职工、分供方、协作方等各方的利益和需求，“2000 版”较好地解决了这方面的问题。

2. ISO 9000 族标准构成的变化

（1）标准的数量减少。1994 版共有 27 个标准，27 个标准的分布情况是：一是 QM 指南 4 个标准；二是 QA 要求 7 个标准，包括三个模式标准；三是质量技术指南 15 个标准；四是术语标准 1 个。“2000 版”标准目前只有 4 个主标准：即 ISO 9000—2000、ISO 9001—2000、ISO 9004—2000、ISO 19011—2001，还有一个专业标准：ISO 10012—2001，使标准的数量大大减少。ISO 9000 族标准构成如表 4-1 所示。

ISO 9000 族标准的构成 **表 4-1**

顺序	标准名称	主要内容	适用范围
1	ISO 9000:2000《质量管理体系——基本原理和术语》	（1）术语：10 类 87 个。（2）质量管理体系的基本原理	（1）通过 QMS 寻求优势的组织。（2）寻求信任的组织。（3）达成共识的人们。（4）评价 QMS 的机构
2	ISO 9001:2000《质量管理体系——要求》	规定了质量管理体系要求	（1）证实有能力稳定地提供满足顾客和适用法规要求的产品。（2）达到顾客满意适用于所有组织、产品
3	ISO 9004:2000《质量管理体系——业绩改进指南》	提供业绩改进指南，有助于组织改进 QMS	质量管理体系指南适用所有组织
4	ISO 19011:2001《质量和环境审核指南》	（1）与审核有关的定义。（2）为质量和环境审核提供指南。（3）审核员的素质、教育水平、工作经历、审核经历、审核能力	适用于（1）所有运行质量和环境管理体系的组织。（2）对质量和环境审核员的资格要求
5	ISO 10012:2001《测量控制系统》	测量体系、测量控制	适用于计量确认、测量设备的控制

（2）许多标准内容合并。一是三个模式标准合为 1 个 ISO 9001—2000；二是 ISO 9001—2000 与 ISO 9004—2000 成为一对标准，主要章节对应，1 个用作最低要求，1 个用作改进指南——质量管理体系的更高要求；三是 ISO 19011—2001 从质量和环境管理指南合并成 ISO 10011—1、ISO 10011—2、ISO 10011—3、ISO 14010、ISO 14011、ISO 14012，使环境管理体系的审核，与质量管理体系的审核可整合为一次审核，ISO 9000 族标准变化如表 4-2 所示。

（3）质量技术指南标准，大部分转化为学术报告形式，1994 年 ISO 9000 族的其他标准变化如表 4-3 所示。

3. “2000 版”增加了质量管理的八项原则

（1）以顾客为中心。组织（指公司、企业等）依存于顾客，因此组织应理解顾客当前与未来的需求，满足顾客当前与未来的要求并争取超越顾客期望。

（2）领导作用。领导者将本组织的宗旨、方向和内部环境统一起来，并创造使员工能够充分参与实现组织目标的环境。

ISO 9000 族的变化 表 4-2

顺序	标准名称	主要内容	适用范围
1	ISO 9000:2000《质量管理体系——基本原理和术语》	合并 ISO 8402:1994 ISO 9000—1:1994 4、5 部分内容	增加：质量管理原则（8 项），术语变为 10 个部分 87 条，原内容全部改写
2	ISO 9001:2000《质量管理体系——要求》	合并 ISO 9001/2/3:1994	全部内容改写为 8 章
3	ISO 9004:2000《质量管理体系——业绩改进指南》	合并 ISO 9004—1/—2/—3/—4:1994	全部改写，与 ISO 9001:2000 协调成对，结构一致，增加自我评价附录；改进的过程方法附录
4	ISO 19011:2001《质量和环境审核指南》	合并 ISO 10011—1/—2/—3 和 ISO 14010/14011/14012	全部改写分为 7 章
5	ISO 10012:2001《测量控制系统》	合并 ISO 10012—1/—2	全部改写

1994 版 ISO 9000 族的其他标准的变化 表 4-3

序号	1994 版 ISO 9000 族标准号	动　向	2000 版 ISO 9000 族标准号及名称
1	ISO 10006	转向技术报告发布	ISO/IEC 10006 项目管理指南
2	ISO 10007		ISO/TR 10007 技术状态管理指南
3	ISO 10013		ISO/TR 10013 质量管理体系文件指南
4	ISO 10014		ISO/TR 10014 质量经济性管理指南
5	ISO 10015		ISO/TR 10015 教育和培训指南
6	ISO 10017		ISO/TR 10017 统计技术指南

（3）全员参与。各级人员是组织之本，只有员工全体的充分参与，才能使员工的才干为组织带来最大的收益。

（4）过程方法。将有关的资源和活动作为过程进行管理，可以更高效地得到期望的结果。

（5）管理的系统方法。针对设定的目标，识别、理解并管理一个由相互关联的过程所组成的体系，有助于提高组织的有效性和效率。

（6）持续改进。持续改进是组织的一个永恒目标。

（7）基于事实的决策方法。对数据和信息的逻辑分析或直觉判断是有效决策的基础。决策必须实事求是，从客观实际出发。

（8）合同双方互利的供求关系。通过互利增强合同双方相互之间创造价值的能力。

4. 质量管理八项原则的意义

（1）提出设计 ISO 9000 族标准的理论依据；

（2）使质量管理体系有效实施并保持改进业绩；

（3）成功地领导和运作一个组织，使其获得成功；

（4）为组织带来直接利益，而且为成本和风险的管理作出贡献。

（二）应用 ISO 9000—2000 标准

任何标准都是为了适应科学、技术、社会、经济与建设等客观因素发展变化的需要而产生的。我国工程建设领域掌握与应用 ISO 9000 标准，就是工程建设发展应运而生的产物。

我国改革开放以来，国内市场和国际贸易迅速发展。但是，由于我国没有建立符合国际惯例的认证制度，我们的产品监督形式得不到国际上的承认，在国际贸易中，遭受了经济上蒙受损失，和技术壁垒的限制。所以，建立我国的认证制度，开展产品质量认证和体系认证工作，是消除他国家对我国实施技术壁垒的根本途径，是我国产品进入国际市场的通行证。

1993 年 1 月 1 日，我国等同采用 GB/T 1900—2000 标准。该“标准”所提供的质量管理体系只是描述它应包括哪些要素，而不是描述某一具体组织如何实施这一要素。“一个组织的管理体系受组织目标、产品和具体实践条件的影响。因而，各组织的质量体系是不同的”。GB/T 1900—2000 标准区别了质量管理体系要求和产品要求。质量管理体系要求在 ISO 9001—2000 中作出了规定：“质量管理体系要求是通用的，适用于提交任何类别产品的所有行业或经济部门。ISO 9001 本身不制定产品要求”。“产品要求可由顾客规定，也可由组织根据预期的顾客要求规定或由法规规定。产品要求及（某些情况下）关联的过程要求可包括在诸如技术规范、产品标准、过程标准、合同协议及法规要求中”。工程建设质量管理的核心是建立文件化的质量管理体系。一个以建设项目为核心的有效运行的文件化质量管理体系，是确保工程建设质量安全管理所必须。

全面质量管理理论的发展与 ISO 9000 标准，共同构成了现代质量管理科学的主要内容。建设企业只有树立全面质量管理观念，按照 ISO 9000 标准，建立企业内部质量管理体系，在投标时提出质量保证，并得到业主（或第三方）的认可，就有可能在建设市场竞争中占有优势。但是，建设产品的建造过程是一项系统工程，它与工厂化生产不同，仅有承建单位内部的纵向指挥系统，没有参加建设工程管理各方的协调运作，要全面实现建设产品的总目标，特别是工程质量和使用功能与环境功能目标是不可能的。因此，需要项目法人从建设市场运行特性开始，研究项目建设实施的组织结构特征进行系统工程管理。

1. ISO 9000—2000 标准的作用

（1）设计一种简化的标准结构，使标准具有广泛的通用性，能够更灵活地适用于各种规模和类型的企业（工程承包单位）而不再需要针对不同的行业制定专门的指南性标准。

（2）促使企业采用“过程方法”，使组织按照标准要求建立的质量管理体系能够对自身的日常业务活动切实起到管理和控制作用。以过程为基础的质量管理模式如前述图 4-1 所示。

（3）体现以顾客为关注焦点的思想，强调对质量体系有效性的客观评价，并通过持续改进来满足顾客和其他相关方不断变化的需求，增强顾客和其他相关方的满意度。

（4）对企业质量管理体系文件化程度的要求应与企业的过程与活动相适宜，使文件切实能够为过程带来增值。

（5）标准内容通俗易懂，易于翻译，尽量用非技术语言来说明专业技术概念，避免过多地采用专业术语，使标准能适用于不同文化和语言的环境，易于理解和实施。

（6）标准的数量少而精，以利于推广使用，提高标准的使用价值和实际应用效果。

2. ISO 9000 族新标准的主要特点

从“2000 版”ISO 9000 族标准的结构和内容来看，有以下 12 项基本内容和特点：

（1）标准的结构与内容更好地适用于所有产品（工程）类别不同生产规模和各种类型的组织（企业，以下同）。

（2）强调质量管理体系的有效性与效率，引导组织关注顾客和其他相关方、产品（工程项目，以下同）与过程，而不仅是程序文件与记录。

（3）对标准要求的适用性进行了更加科学与明确的规定，在满足标准要求的途径与方法方面，提供组织在确保有效性的前提下，可以根据自身经营管理的特点作出不同的选择，给予组织（单位、企业）更多的灵活度。

（4）质量管理各项原则在标准中得到充分的体现，便于组织从理念和思路上全面理解标准的要求。

（5）采用“过程方法”的结构，同时体现了组织管理的一般原理，有助于组织结合自身的生产建设和经营活动采用标准来建立质量管理体系，并重视有效性的改进与效率的提高。

（6）更加强调管理者的作用，包括对建立和持续改进质量管理体系的承诺，确保顾客的需求和期望得到满足，制定质量方针和质量目标并确保得到落实，确保所需的资源，指定管理者代表和主持管理评审等。

（7）将顾客（业主）和其他相关方满意或不满意信息的监视作为评价质量管理体系业绩的一种重要手段。

（8）突出了“持续改进”是提高质量管理体系有效性和效率的重要手段。

（9）概念明确，语言通俗，易于理解、翻译和使用，术语用概念图形式表达术语间的逻辑关系。

（10）对文件化的要求更加灵活和具体，强调文件应能够为过程带来增值，记录只是证据的一种形式。

（11）强调了 ISO 9001 作为要求性的标准和 ISO 9004 作为指南性的标准协调一致性，有利于组织业绩的持续改进。

（12）提高了与环境管理体系标准、职业健康安全管理体系标准等其他管理体系标准的相容性。

3. ISO 9000 新标准的应用

（1）“2000 版”GB/T 19000 和 ISO 9000 标准是在“1994 版”的基础上作了调整和发展，特别是管理思想上，遵循了多年来国际质量管理总结出的质量管理原则，使“2000 版”标准对体系的要求能与管理的客观规律结合得更好。同时，弱化了一些强制性的要求，提高了标准的广泛适用性和灵活性，从而更加便于组织（企业，以下同）结合自己的特点去策划、实施和管理自己的质量管理体系。体现了标准是适用于各种类型、不同规模和提供不同产品（工程项目）的组织。因此，在实施中要充分注意到“2000 版”标准的特点，在理解原理和标准意图，了解标准的每项要求的目的以后，再着手策划本组织的质量管理体系。使组织通过提供满足顾客和适用的法律法规要求的产品（工程项目）而增强顾客满意。简述组织在建立、实施和保持质量管理体系时如何理解及应用这些原则和要求。

（2）全员参与。员工是组织的根本，产品（工程项目）是员工劳动的结果，质量管理体系需要全体员工充分参与。首先要使员工了解他们在组织中的作用及他们工作的重要性，明白为了实现目标自己要做些什么，然后给予机会提高他们的知识、能力和经验，使他们对组织的成功负有使命感，渴望参与持续改进并努力作出贡献。员工需要知道组织的质量方针和质量目标，但并不要求一字不差地背诵质量方针和所有的质量目标，而是要员工知道组织的宗旨和方向，知道为完成项目建设工程质量方针自己需要做些什么，知道本职工作的目标，也知道应该如何去完成，使其能全身心地投入。因此，企业（组织）应建立与健全全面质量保证体系。全员质量保证体系模式可参考图4-3所示。

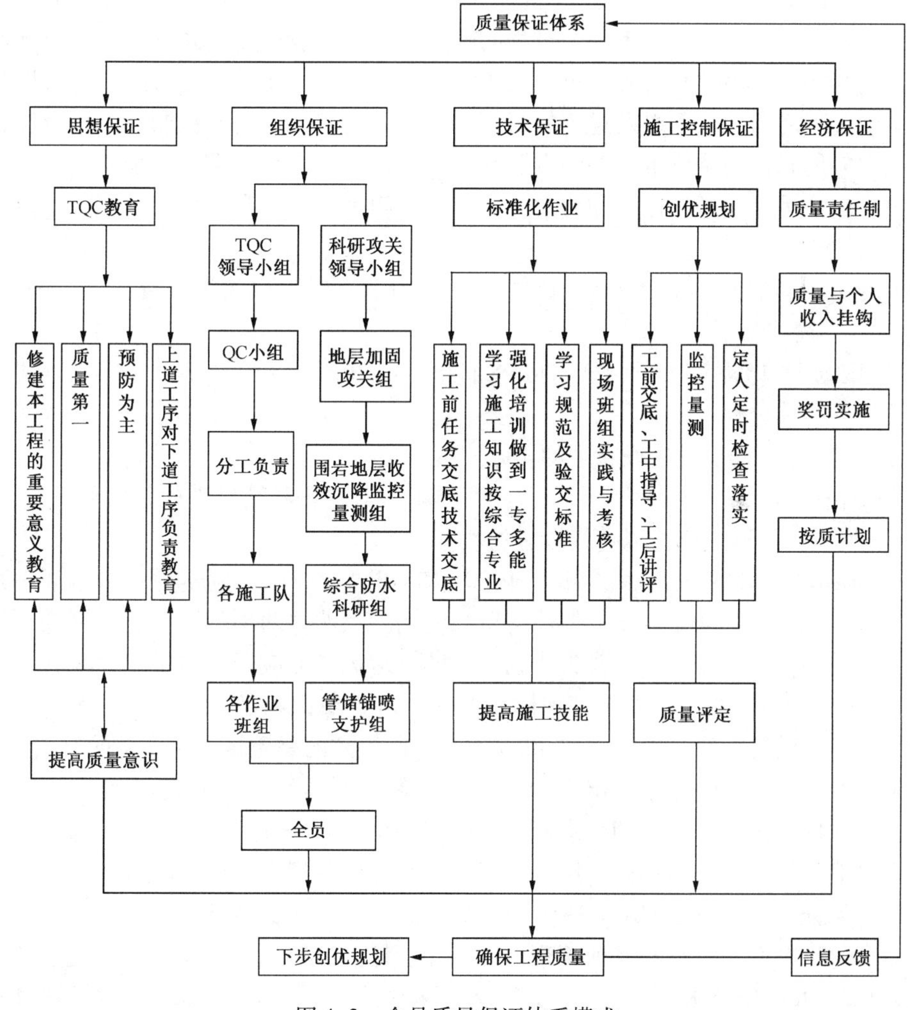

图4-3　全员质量保证体系模式

4. ISO 9001—2000《质量管理体系要求》

（1）总则。GB/T 19001—2000标准等同采用ISO 9001—2000《质量管理体系要求》

（以下简称：本标准）GB/T 19001—2000 标准是对 GB/T 19001—1994、GB/T 19002—1994 和 GB/T 19003—1994 作的技术性修订。故本标准发布时，代替 GB/T 19001—1994、GB/T 19002—1994、GB/T 19003—1994。

（2）采用质量管理体系应当是组织（工程项目管理各方，以下同）的一项战略性决策。一个组织质量管理体系的设计和实施受各种需求、具体目标、所提供的产品（工程项目）、所采用的过程以及该组织的规模和结构的影响。统一质量管理体系的结构或文件不是本标准的目的。本标准所规定的质量管理体系要求是对产品要求的补充。本标准能用于内部和外部评定组织满足顾客、法律法规和组织自身要求的能力。本标准的制定已经考虑了 GB/T 19000 和 GB/T 19004 中所阐明的质量管理体系的原则。

（3）过程方法。本标准鼓励在建立、实施质量管理体系以及改进其有效性时采用过程方法，通过满足顾客（业主）要求，增强顾客满意。为使组织有效运作，必须识别和管理众多相互关联的活动。通过使用资源和管理，将输入转化为输出的活动可视为过程。通常，一个过程的输出直接形成下一个过程的输入。组织内诸过程的系统的应用，连同这些过程的识别和相互作用及其管理，可称之为“过程方法”。过程方法的优点是对诸过程的系统中单个过程之间的联系以及过程的组合和相互作用进行连续的控制。过程方法在质量管理体系中应用时，强调以下方法的重要性：一是理解并满足要求；二是需要从增值的角度考虑过程；三是获得过程业绩和有效性的结果；四是基于客观的检验和测量，持续改进过程。

（4）全面质量管理的“PDCA”的方法可适用于所有工程建设项目管理过程。“PDCA”模式内容简述如下：

P——策划：根据顾客（业主）的要求和组织的方针，为提供结果建立工程建设项目管理必要的目标和过程；

D——实施：工程项目建设管理的实施过程：

C——检查：根据方针、目标和工程项目要求，对过程和结果进行监视和测量，结果；

A——处置：采取措施，以持续改进过程业绩。

（5）与 GB/T 19004 的关系。GB/T 19001 和 GB/T 19004 已制定为一对协调一致的质量管理体系标准，他们互相补充，但也可单独使用。虽然这两项标准具有不同的范围，但确有相似的结构，以有助于他们作为协调一致的一对标准的应用。但应注意两点：

一是 GB/T 19001 规定了质量管理体系要求，可供组织内部使用，也可用于质量认证或合同目的。在满足顾客要求方面，GB/T 19001 所关注的是质量管理体系的有效性；

二是与 GB/T 19001 相比，GB/T 19004 的质量管理体系在更宽范围的目标提供了指南。除了有效性，该标准还特别注意持续改进组织的总体业绩与效率。对于企业（单位）管理者希望追求持续改进而超越 GB/T 19001 要求的那些组织，GB/T 19004 推荐了指南。然而，用于认证或合同不是 GB/T 19004 的目的。

（6）GB/T 9000—2000 与其他管理体系的相容性。为使用者（采用方）的利益，本标准与 GB/T 24001—1996 相互趋近，以增强两类标准的相容性。本标准不包括针对其他管理体系的要求，如环境管理、职业健康与安全管理、财务管理或风险管理的特定要求。本标准使组织能够将自身的质量管理体系与相关的管理体系要求结合和整合。组织为了建立符合本标准要求的质量管理体系，可能会改变现行的一些其他方面的管理体系。

5. 新标准应用范围

GB/T 9000—2000 标准为有下列需求的组织规定了质量管理体系要求：

（1）需要证实其有能力稳定地提供满足顾客（业主）和适用的法律法规要求的产品（工程建设项目）。

（2）通过质量管理体系的有效应用，包括质量管理体系持续改进的过程以及保证符合顾客与适用的法律法规要求，旨在增强顾客满意。本标准规定的要求是通用的，旨在适用于各种类型、不同规模和提供不同产品（工程建设项目）的组织。本标准的任何要求因组织及其产品的特点而不适用时，可以考虑对其进行删减。但应注意删减仅限于本标准有关章节规定的那些不影响组织提供满足顾客（业主）和适用法律法规要求的产品（工程建设项目）的能力或责任的要求，否则不能声称符合本标准。

6. 应用 GB/T 9000—2000 标准注意事项

（1）总的要求。应按本标准的要求建立质量管理体系，形成文件，加以实施和保持，并持续改进其有效性。

（2）应注意下列五项：一是识别质量管理体系所需的过程及其在组织中的应用；二是确定这些过程的顺序和相互作用；三是确定为确保这些过程的有效运行和控制所需的准则和方法；四是确保可以获得必要的资源和信息，以支持这些过程的运行和对这些过程的监视；五是实施必要的措施，以实现对这些过程策划的结果和对这些过程的持续改进。

（3）应按本标准的要求管理这些过程。针对组织所选择的任何影响产品符合要求的外包过程，组织应确保对其实施控制。对此类外包过程的控制应在质量管理体系中加以识别。质量管理体系所需的过程应当包括与管理活动、资源提供、产品（工程建设项目）实现和测量有关的过程。

（4）文件要求。质量管理体系文件应包括：一是形成文件的质量方针和质量目标；二是质量手册；三是本标准所要求的形成文件的程序；四是为确保其过程的有效策划、运行和控制所需的文件；五是本标准所要求的记录。

（5）质量手册。应编制和保持质量手册，质量手册包括：一是质量管理体系的范围，包括任何删减的细节与合理性；二是为质量管理体系编制的形成文件的程序或对其引用；三是质量管理体系过程之间的相互作用的表述，是质量手册的应用方法。

（6）文件控制。质量管理体系所要求的文件应予以控制。记录是一种特殊类型的文件，应依据本标准的有关要求进行控制。应编制形成文件的程序，规定以下七个方面所需的控制：一是文件发布前得到批准，以确保文件是充分与适宜的；二是必要时对文件进行评审与更新，并再次批准；三是确保文件的更改和现行修订状态得到识别；四是确保在使用时可获得适用文件的有关版本；五是确保文件保持清晰、易于识别；六是确保外来文件得到识别，并控制其分发；七是防止作废文件的非预期使用，若因任何原因而保留作为文件时，对这些文件应进行适当的标识。

（7）记录控制。应建立并保持记录，以提供符合要求和质量管理体系有效运行的证据。记录应保持清晰、易于识别和检索。应编制形成文件的程序，并规定记录的标识、贮存、保护、检索、保存期限和处置所需的控制。

7. 质量方针

企业（单位）管理者应确保质量方针达到以下五项要求：一是与组织的宗旨相适应；

二是包括对满足要求和持续改进质量管理体系有效性的承诺；三是提供制定和评审质量目标的框架；四是组织内得到沟通和理解；五是在持续适宜性方面得到评审。

8. 质量目标

企业（单位）管理者应确保在组织的相关职能各层次上建立质量目标，质量目标必须包括满足产品（工程）要求所需的内容。质量目标应是可测量的，并与质量方针保持一致。

9. 质量管理体系策划

企业（单位）管理者应确保：一是对质量管理体系进行策划，以满足目标以及有关规定的要求，二是在对质量管理体系的变更进行策划和实施时，应保持质量管理体系的完整性。

10. 建立质量管理体系需考虑的事项

（1）企业（单位）管理者若能成功地运用各管理原则将使相关方获益，如：保证安全的前提下实现工程质量和法定工期与提高投资回报、创造价值和增加市场竞争力的稳定性等。

（2）在建立、实施和管理组织的质量管理体系时，管理者应当考虑本标准有关条款所概述的质量管理原则。基于这些原则，管理者应当证实其在以下活动中的作用和对这些活动的承诺：一是按合同要求了解顾客的要求，二是宣传方针和目标，以提高组织内人员的意识、能动性并鼓励参与；三是将持续改进作为组织的过程的目标；四是策划组织的未来并管理文件的变更；五是确定承包合同相关方满意的框架并予以沟通。

（3）除了渐进的或持续改进之外，管理者还应当考虑将过程的突破性更改作为组织业绩改进的一种手段。在更改期间，管理者应当采取措施确保提供为保持质量管理体系的功能所需的资源和沟通。

（4）管理者应当识别组织的产品（建设工程项目，以下同）实现过程，这些过程与组织的成功直接相关。管理者还应当识别影响产品实现过程的有效性和效率或影响承包合同相关方需求和期望的支持过程。

11. 工程承包企业管理者的责任

工程承包企业管理者（以下简称管理者）应当确保过程都以有效和高效的网络方式运作。管理者还应当分析和优化过程（包括工程项目建设实现过程和支持过程）的相互作用。管理者应当考虑以下八项：一是确保对过程的顺序和相互作用进行设计，从而有效和高效地达到预期结果；二是确保对过程输入、活动和输出作出明确规定并予以控制；三是对输入和输出进行监视，以便验证各过程是相互联系的，并有效和高效地运行；四是对风险进行识别和管理，并把握业绩改进的机会；五是对数据进行分析，以促进过程的优化和持续改进；六是确定过程的负责人并赋予他们充分的职责和权限；七是对每个过程进行管理，以实现过程目标；八是相关方的需求和期望。

（三）做好三项标准的结合

1. 正确认识“三大标准”内在的一致性

我国工程建设中，贯彻较早的是《质量管理体系标准》（GB/T 19000—2000）。近十几年，随着社会的进步，在工程建设中，国家把贯彻《环境管理体系标准》（GB/T 24000—1996）、《职业健康安全管理体系标准》（GB/T 28000—2001）也提到了议事日程，并着力推进实施。要求把“三大标准”（质量管理体系标准、环境管理体系标准和职业健康安全管理体系标准）列入工程项目咨询评估的重要内容。尽管三大标准的内容各有不同的表述，甚至执行标准的主体、对象不同，但是，三者都是与工程建设有着密切关系的标准。一方面，这是贯彻科学发展观，实施可持续发展战略的必然。另一方面，也是贯彻以人为本精神的体现。从战略角度看，没有职业健康安全，就难以保证工程质量管理体系的顺利实施；难以保证环境管理的实施。同样，没有良好的环境，也难以贯彻质量管理体系，更必然影响职业健康安全。所以可以说，“三大标准”是工程建设不同方面的内在要求。或者说，“三大标准”是内在联系紧密、有着共同目标的不同规范。

2. 全面贯彻“三大标准”

过去，由于种种原因，没有能正确认识“三大标准”，更没有同时贯彻实施“三大标准”。现在，则到了急起直追，实施“三大标准”的时候了。

首先，要开展群众性的全面学习“三大标准”的热潮。特别是，各级领导要带头学习好“三大标准”。通过学习，明了“三大标准”的内容；掌握“三大标准”的精神实质，并学会贯彻实施“三大标准”。同时，要明确在“三大标准”中，业主、“工程师”、承包商各方的职责。在贯彻实施时，应当注意“三大标准”之间的相结合，特别是环境管理体系和职业健康安全管理体系内容上二者的结合，避免出现矛盾和职责不清的现象。项目管理是横向协调不同于企业内的纵向指挥。而每个项目建设又有不同的技术特点和操作方法。因此，在招标文件和签订合同时，应根据项目特点，按立项咨询评估时提出贯彻“三大标准”的内容和措施，在合同文本中对各方职责所需费用作出规定，确保项目建设规定的质量、安全、成本、进度计划落实，实现合理利用资源、节约能源，保证广大操作者的职业健康，以确保工程建设应尽到的“社会责任”。

认真执行国家劳动法律、法规，坚持建设企业员工持证上岗制度，确保建筑工人的培训和待遇。“不因善小而不为，不因恶小而为之。”因此，应全面整顿和制订劳务承包企业的资质，经培训考核合格，给“农民工”以建筑安装工人称号。

（1）《施工合同条件》（新红皮书）第 6.2 款（工资标准和劳动条件）规定：“承包商所付工资标准及遵守的劳动条件，应不低于从事工作的地区工商行业现行的标准和条件。如果没有现成的标准和条件可以引用，承包商所付的工资标准及遵守的劳动条件不低于当地承包商类似的工商行业业主所付的一般工资标准和遵守的劳动条件。”对工程建设来讲，就是认真执行国家（或地区）的工时定额和工资标准，强化职业培训，杜绝“普工干技工工作，技工拿普工工资”。在工程建设中，承包商自己首先严格贯彻执行“三大标准”。凡是不符合条件的，不允许实施；不符合条件的，不允许上岗操作，并认真落实“班组自检、互检、交接检”的“三检制”，严格按工序验收。建设监理人员也要严格按照职责要求和工作规程，把好关。

（2）落实第 6.6 款（为员工提供设施）的规定：“承包商不应允许承包商人员中的任何人，在构筑永久工程一部分的构筑物内，保留任何临时或永久的居住场所。”

（3）落实第 6.7 款（健康与安全）规定：“承包商应始终采取合理的预防措施，维护承包商人员的健康和安全。承包商应与当地卫生部门合作，始终确保在现场，以及承包人员和业主人员的任何住地、配备医务人员、急救措施、病房及救护车服务，并应对所有必要的福利和卫生要求，以及预防传染病做出安排。”“承包商应指派一名事故预防员，负责现场的人身安全和安全事故预防工作，该人员应能胜任此项工作，并有权发布指示，及时采取防止事故的保护措施。在工程实施过程中，承包商应提供该人员履行其职责和权力所需的任何事项。”“任何事故发生后，承包商应立即将事故详细情况通报‘工程师’。承包商应按‘工程师’可能提出的合理要求，保持纪录，并写出有关人员健康、安全和福利以及财产损害情况的报告。”

三、强化承建商的质量管理

（一）工程承包企业质量管理原则

质量管理原则的应用不仅可为组织带来直接社会经济效益，而且也能对安全操作与成本和工程进度的管理起重要作用。考虑工程进度与成本的管理对组织（业主）和其他相关方都很重要，关于组织整体业绩的这些考虑可影响以下十项：一是对业主的忠诚；二是业务的保持和扩展；三是提高经营结果，如收入和市场份额；四是对市场机会的灵活与快速反应；五是成本和周转期（通过有效和高效地利用资金），六是对最好地达到预期结果的过程的事例；七是通过提高组织能力获得的竞争优势；八是使员工了解并推动实现组织的目标和参与持续改进；九是相关方对组织有效性和效率的信心，这可由该组织的业绩、产品（工程项目）寿命周期以及信誉所产生的经济和社会效益来证实；十是通过优化成本和资源以及灵活快速地共同适应市场的变化，为组织及其业主创造优质工程和价值的能力。

（二）提高质量管理的有效性

经营管理要以质量观念为基准。从 1992 年我国建立了国家质量管理体系统一制度，有力地促进了我国企业质量管理工作的发展。近二十年来，我国企业的质量管理有效性提高了，特别是建筑业企业目前面临一个如何提高质量管理有效性的问题。建设工程（总）承包企业，应充分认识到进入 21 世纪，质量观也由“质量即是符合标准”向“质量是让用户满意”转变。企业经营战略和质量标准与市场需求相适应，企业的经营要以用户（业主）为中心，质量高低的标准是用户满意与否，是经营管理思想的一个变革。企业质量保证体系的形式如图 4-4 所示。质量保证体系目标的分解如图 4-5 所示。

在工程承包企业里设置专职检验员和质量部门，应该说是质量管理工作的进步，有助于提高质量控制的效率，加强质量管理工作。但由此也产生了一些误解，认为质量好坏关键在于检查人员和质量部门。坚持以质量为中心的经营管理，即质量经营，把为用户提供满意的产品（工程）和服务作为企业的理念和责任，贯穿于企业经营的全过程，最大限度地满足业主（使用）的需求。这样才能确保工程承包合同的实现。

企业管理是一个复杂的系统工程。只有把经营管理的要求规范化，把操作程序标准化，把管理载体格式化，才能把纷繁复杂的管理要求变成全体员工很容易做到的事情，并能长期坚持下去，不变形，不走样。这就需要先进的管理理念和管理方法。

（三）重在基础工作建设

工程（总）承包企业质量管理大量的工作是每个岗位上的执行与操作的人、每天都在做的日常工作——调查、分析好每一个数据；在设计图纸中不出差错；维护保养好每一台施工设备；严格执行国家和专业标准；建造中不出现质量不合格品；准确检查每一个尺寸；设备安装不发生错、漏装；保持环境清洁整齐；为业主提供服务。这些工作看起来很简单，但每一个人工作岗位如果都能坚持做好这些工作，将为企业质量与安全管理打下坚实的基础。由此可见对员工的操作技术与职业健康和道德培训是基层管理工作的重要任务。这也是我国工程承包企业对广大劳动者的培训工作中应当重视和解决的。

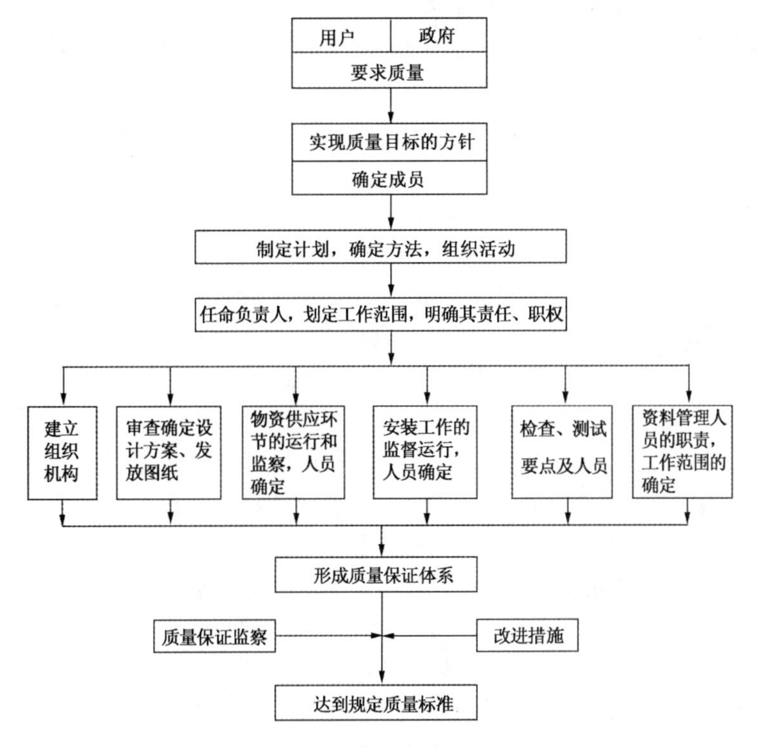

图 4-4　企业质量保证体系的形式

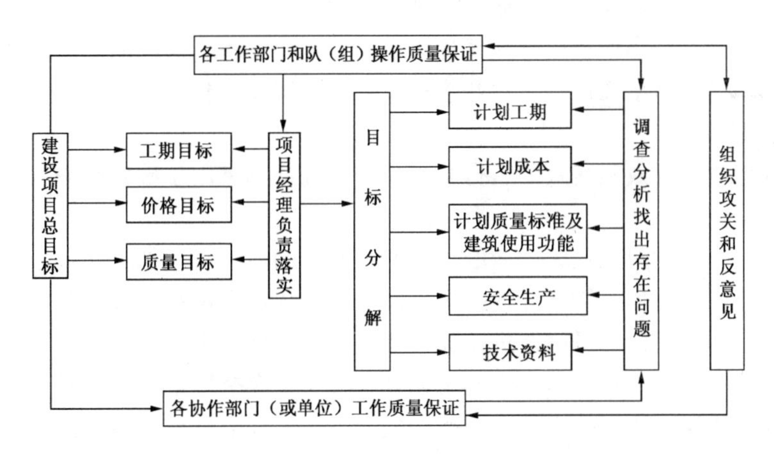

图 4-5　建设工程项目质量保证体系目标分解示意图

企业为了适应业主需求必须在工程质量和各项管理等基础工作上开展持续和有组织的改进活动。质量管理的改进与固有技术的改进（采用新设备、新材料、新工艺等）相比，涉及的人很多，影响因素面广，难度较大；而且短期内效果不是那么明显，往往不易引起人们的重视。但只要持续地进行改进，特别是对企业的规章制度、岗位培训等基础工作的改进，对保证建设工程质量和竞争能力的增强会产生很大的作用。

（四）建立并完善质量管理体系

建立与健全工程建设项目质量（服务年限）全面管理体系，用工作质量保工程质量。健全的全面质量管理体系项目，主要有以下 7 项：

1. 责任领导体系：由工程项目承包单位（企业）各级行政主要领导和技术总负责人构成，承担安全生产和工程质量责任。

2. 专业管理责任体系：由各级专业质量与安全生产管理部门构成，承担本专业范围内的安全生产和质量责任。

3. 项目建设团队（项目部）全员责任网络体系：由全体建设职工组成，承担本工作（操作者）岗位的质量责任。

4. 质量目标体系：由工程项目承包企业领导承租合同规定的国家技术标准总目标、项目经理承担整体质量管理目标，和相关人员承担各分项目标构成，形成质量目标网络。

5. 监督组织体系：由具有质量监理性质的质量监督站、各级质量管理部门和全体质检人员构成，是质量监督上的执法者。

6. 工程质量和安全管理检查制度体系：由个人和班组的质量自检和互检、工程队自检、工程公司专检、“工程师”复检、主管部门定期抽检、隐蔽工程全检，以及每季一次全面检查等制度构成。同时，重视质量信息工作，加强质量趋势预测，增强质量预控。

7. 质量标准体系：凡是工程项目建设的各工种工序有质量要求的，均有明确的国家（专业）质量标准，标准覆盖面要达 100%，作为质量控制和安全管理制的准绳。

此外，企业决策者在工程质量管理体系工作中，还要注意以下几点：

一是管理体系和过程的管理。成功地领导和运作一个组织需要以系统和透明的方式对其进行管理。实施并保持一个通过考虑相关方的需求，从而持续改进组织业绩有效性和效率的管理体系可使组织获得成功。质量管理是组织各项管理的重要内容之一。

二是企业管理者应当通过以下途径建立一个以承包工程为导向的组织（项目经理部）：

首先是确定管理体系和过程，这些管理体系和过程能得到全体员工准确的理解以及有效和高效的管理和改进；

其次是确保过程有效和高效的运行并受控，并确保具有用于确定组织良好业绩的测量方法和数据。

三是建立一个以承包工程为导向的组织所需开展的活动可包括：①确定并推动那些能导致组织业绩改进的过程；②连续地收集并使用过程数据和信息；③引导组织进行持续改进；④使用适宜的方法评价过程改进，如自我评定和管理评审。

四是建立相关文件。管理者应当规定建立、实施并保持质量安全管理体系以及支持组织过程有效和高效运行所需的文件，包括相关记录。文件的性质和范围应当满足合同、法律、法规要求以及业主（用户）和其他相关方的需求和期望，并要与承包工程项目质量与安全管理相适应。

（五）学习 TQM 及“零缺陷”管理

认真学习全面质量管理（TQM），打造持久发展力。全面质量管理理论和 ISO 9000 系列标准最初主要是针对制造业如何更好地控制产品质量而采取的一种质量管理方式和标准。经过几十年的发展演变，全面质量管理的内涵已经进一步扩展和深化，远远超出了一般意义上的质量管理的领域，不再是仅仅局限于制造业，而逐步发展成为建设工程项目承包企业的全面的经营管理方式和理念。进行全面质量管理的意义和具体步骤：

通过开展全面质量管理，有效地将企业的各项业务运作按照统一的要求纳入规范化的轨道。工程建设项目处置方案各有不同，导致实际上只能把保证项目建设实施的每个方案质量最优化的希望寄托在具体项目操作人员的思想素质和业务水平上。如果能把不同工程建设项目的质量与安全管理处置过程规范化、标准化，使工作过程始终处于一种受控状态，就能减少人为操作的不确定性。目前，质量检查（或工程监理）某种程度上控制的是“结果”。只有把“过程”严格控制住了，“结果”才更有保证。

通过开展全面质量管理，全员参与，可以建立起以过程为中心，规范科学的质量管理体系，使得岗位分工明确，职责清晰规范，文件格式标准，信息传递准确，工作责任到人，建立起经营管理水平持续改进的机制，从而实现工作效率和管理水平的综合提高。全面质量管理的一个重要特点是强调文件管理，致力于通过一系列严密的文件，使各个业务环节的作业内容和工作职责标准化、程序化，使各个业务环节决策人员、管理人员和操作人员的责任明确化，以保证整个业务流程的可纠错性和可追溯性。通过开展全面质量管理，提高质量与安全管理为主体的内控水平，有利于提升企业的信誉和树立企业的形象。通过开展全面质量管理，实施 ISO 9000 质量管理体系，进一步建立起一套规范化、标准化、格式化的操作规程及工程项目建设管理机制，不仅可以为企业长远发展提供一个有国际水准的管理平台，也有利于工程承包在内外交往中赢得更为广泛的信任和更多的合作机会。

认真学习“零缺陷”管理模式提高建设工程项目管理水平。所谓“零缺陷”管理模式，核心观点有以下五项：

第一，质量要符合业主（建设单位）在合同内的规定与市场的客观要求，一旦答应就必须兑现，所以质量的真谛是诚信，而不仅仅是“好”；

第二，对质量问题要预防，而不是检验和事后把关，必须由工程承包企业领导对企业的经营管理全系统进行持续的关注和衡量；

第三，工作标准是“零缺陷”即一次把事情作对，而不是差不多；

第四，质量的衡量标准是如果不符合要求的将要付出的代价，而不是指数。

第五，有些企业错误认为只要引进先进的思想和管理方法就能一往无前。而实践告诉人们，任何先进管理办法要发挥效用，都需要有一种发自内心的“质量文化”和“组织（企业）文化”做支撑，否则就会流于形式。所以强调教育与主张依赖管理工具和技巧，是因为质量的改进是一个过程，只有通过员工思想的转变，形成以预防为主而非事后把关的“质量文化”，才能从根本上消除产品（工程）质量不合要求的现象。

四、加强物资管理和综合性质量管理

由于建筑产品体形庞大和生产体系的综合性、生产周期长、消耗的人力物力财力多、一次投资数量大等特性，加强物资管理和综合性质量管理，显得尤为重要。根据以往的经验，尤其要抓好以下两方面工作。

（一）抓好现场物资管理

按照物资在建筑安装生产中的不同作用，分为主要材料、周转材料和生产工具。主要建筑材料一般占建筑产品价值的60%～70%。所以，搞好物资管理，对于保证工程质量和施工安全有重要作用。在物资管理上应重点做好四项工作：

一是按照生产计划分期分批组织质量合格物资进场，加强生产准备储备的管理，把准备储备压缩到最低限度。

二是对进场的物资按现场平面布置合理摆放，保证符合使用顺序，尽量一次就位，减少二次搬运。

三是加强物资的验收，保证物资的完整和器材的产品质量。

四是按物资消耗定额，组织物资合理使用，建立以定额用料为基础的成本核算体系。

（二）进行综合性的物资质量管理

由于建筑产品是运用大量建筑材料、构配件和设备加工组合装配而成的不可分割的综合体，决定建筑产品的工程项目建设的施工管理体系必须具备综合的生产技术能力。建筑生产技术管理主要体现在四个方面：

一是建筑安装不应是单纯从事建筑安装过程施工活动的经济组织。一体化经营的建筑安装企业，是从工程设计、构配件生产到建筑安装施工的一种综合性工程承包企业。

二是就建筑安装企业内部的生产过程看，既需要运用现代科学技术，又不易完全摆脱手工操作和传统的生产技艺。这就使在一项工程建设施工过程中，往往同时存在机械化、半机械化、手工操作等多层次的技术结构，以及专业为主、一专多能的工种技术要求。

三是在工程建设行业和企业内部，施工单位与勘察设计单位，总承包和分包，土建专业与其他专业，都有密切的协作关系，需要在同一个工程项目建设中的统一管理。

四是建筑安装企业几乎与国民经济所有物质资料生产部门都有广泛的联系。正确处理外部的协作关系，才能与技术密集型的企业（集团）和专业化工程承包公司，共同参与建设市场竞争，以提高项目建设实施水平。同时，也须依靠高智力的工程监理/咨询单位为其承包工程项目进行全过程服务。

五、加强建设市场监管力度

（一）认真落实国家有关规定

国家有关部门领导对建设项目工程质量提出要求。“明确方向，坚定信心，以扎实的工作推动我国建设工程质量水平再上新台阶，”为我国工程项目建设事业再谱新的篇章。为此，要求工程质量和安全监管工作必须常抓不懈，不断提高。

我国工程质量和安全监管工作走过临危受命、艰苦创业、完善提高和不断开拓前进的光辉历程，监管制度从无到有，监管队伍从小到大，监管能力从弱到强，工程质量和安全监管工作在深化改革中逐步完善，在加快发展中不断加强。逐步走上了一条科学化、规范化发展的道路，成为我国工程建设管理的重要组成部分和政府管理工作不可短缺的有效手段。实践证明，政府对工程质量和安全生产实施监管工作，为确保工程建设质量和效益、遏制重大工程质量和安全事故、保障我国国民经济的持续健康快速发展发挥了重要作用，取得了显著成绩。同时，各地在工程质量和安全生产监管工作实践中创造了不少好的做法，积累了许多宝贵经验。

当前，我国正处在全面建设小康社会的关键时期，面对各种新情况、新问题，工程质量和安全生产监管工作面临着严峻的形势和挑战。保证工程项目建设工程质量特别是住房建筑工程质量直接关系民生既是人民群众的呼声，又是党中央、国务院的要求。确保工程质量，不仅是建设问题、经济问题，更是贯彻落实党中央、国务院要求，坚持以人为本、执政为民的重要体现，是实现保增长、调结构、惠民生目标的重要保证。确保我国工程项目建设的全面协调可持续发展，消除建筑工程安全隐患，确保工程质量达到服务年限再上一个新台阶。

要继续坚持工程项目建设“百年大计、质量第一”的方针。全面贯彻落实科学发展观，以转变政府职能为前提，以落实建设工程项目管理各方责任为重点，以创新工程项目建设质量管理机制为保障，认真抓好工程质量管理的保障体系建设、体制机制建设、人才队伍建设和质量责任制建设，努力开创科学高效、保障有力的工程质量管理工作新局面。

一要进一步加强质量体系建设，落实工程质量管理基础。要进一步完善法律法规体系、质量保证体系、人才技术保障体系和质量诚信评价体系。

二要进一步健全质量责任追究制度，强化工程质量责任意识。要落实工程项目建设各方主体的质量责任，强化工程质量的监管责任，强化工程质量终身责任制，研究落实行政问责制。

三要进一步加强监管队伍建设，提高工程质量监管能力和水平。切实做好工程质量监督经费保障工作，严格工程质量监督机构和人员的考核与工程质量监管人员的教育培训。

四要进一步创新监管方式方法，提高监督管理效能。要全面推行质量巡查机制，继续推进分类监管和差别化监管，建立市场与现场联动的监管机制，利用信息化手段实行科学监管，探索实施工程质量保险制度。

五要进一步突出监管工作重点，促进工程质量稳步提升。要加大对住宅工程质量安全标准特别是保障性住房工程建设标准、质量标准监管力度，认真开展工程建设领域突出问题专项治理工作，强化对重点工程和薄弱环节的监管。

六要进一步加大监督执法力度，规范工程建设各方主体质量行为。要进一步规范监督检查工作，监督检查要认真仔细，监督检查要严格执法。

（二）突出工程质量管理重点

1. 要狠抓施工企业的责任落实

国内部分地区建筑工程质量事故多发，固然与我国的工业化发展阶段、有些地区政府部门监管的有效性、劳动者技能素质等因素有关，一些建筑工程承包企业主管领导的问题也是重要原因。问题包括两方面，一是对质量管理是否真正重视，是否将其作为建筑工程的核心目标之一；二是对质量工作是否认真负责，是否严格落实国家法律法规和工程建设强制性标准作为工作的基本要求。前者是基础，后者是关键。需要每一个建筑工程主体责任人增强责任心和事业心，从细微处做起，认真做好本职工作。解决好后者，对于确保工程质量具有直接的和现实的意义。

2. 要齐抓共管各负其责

我国具有工程建设项目管理和施工技术的实践，加之现代建筑技术的迅猛发展和建筑机械设备的更新换代，我国建筑设计和施工技术已经成熟。应该说，建筑业已是一个风险可控的行业。通过实践证明安全有效的国家相关部门（地区）技术标准，为建筑工程各方主体的质量安全行为提供了良好的指导和规范。仅以建筑施工方面的安全标准为例，目前我国正式颁布行业标准 12 部涵盖了脚手架、高空作业、临时用电、起重机械、环境卫生等主要方面，另外还有大量的地方标准和企业标准。所以，只要工程建设项目管理各方主体坚持“认真”二字严格落实国家法规和技术标准，保质保量地完成每一个环节，每一个步骤的任务，就能有效确保建筑工程质量与安全生产。真正做到“认真”二字并非易事。细数工程质量安全事故，产生的直接原因无非是施工组织不科学，工程设计施工单位对国家强制性标准和安全生产规程没有严格执行。本来是有章可循，照章办事就可避免事故发生，但在某一环节掉以轻心，就酿成惨剧。“千里之堤，溃于蚁穴。”这方面的教训很多。

3. 重点解决的问题

一是建设单位严格履行基本建设程序，择优选择勘察、设计、施工、监理单位，按规定拨付质量安全费用，提供全面可靠的基础资料，保证合理工期。二是设计单位认真按国际标准规定的使用功能设计，按规定注明涉及施工安全的重点部位和环节，提出有价值的预防事故的建议；三是施工单位根据工程项目具体情况，认真编制施工组织设计和工程重点部位（包括危险性较大工程）专项施工方案。严格按照工程设计图纸和技术标准施工，切实对工人进行质量安全教育。四是监理单位要严格审查施工组织设计中的质量安全技术措施是否符合工程建设强制性标准，发现事故隐患及时要求施工单位整改或停止施工，加强对危险性较大工程施工的巡查监（督）理。五是施工人员，严格按照强制性标准和操作规程作业，正确使用安全防护用具和机械设备，拒绝违章指挥和强令冒险作业。六是工程项目建设各方都要认真履行职责、团结协作、相互促进，努力保证工程建设项目质量。

4. 严肃奖惩

对工程质量和安全管理的相关要求并不是什么高难度动作，都是法律法规和标准规范最基本或者说最低的要求，建筑活动各方（业主—工程师—承包商）完全可以很好地达到。那为什么是另外一种结果？症结就在于缺乏认真精神，或是因为不重视质量安全管理造成，或是因为盲目自信，因为利益驱动的不想认真。对于不愿认真的，要解决好态度问题，促使其真正认识到质量安全的极端重要性，对于不认真的，要用重大事故案例警示，促使其时刻紧绷质量安全管理的弦，时刻警钟长鸣，对于不会认真的，要切实强化准入请出管理，在其掌握必要的质量安全操作技能之前，不允许其从事建筑施工领域相关岗位，对于不愿认真的，要大幅提高违法规成本，让其付出更大的代价。

（三）强化质量安全事故“一票否决制”

住房和城乡建设部就加强建筑市场资质资格动态监管、完善工程建设企业和人员准入清出制度下发指导意见，要求强化质量安全事故“一票否决制”，加大对资质资格申报弄虚作假查处力度，加强建筑市场动态监管；加快建立完善基础数据库，加强建筑市场诚信体系建设，切实解决建筑市场存在的突出问题。

指导意见指出：进入21世纪以来，我国建筑市场开放程度不断提高。推动了建筑业持续发展，工程项目建设成就，为促进国民经济发展发挥了重要作用，但当前建筑市场，仍存在一些不容忽视的问题，必须下大力气认真解决。

指导意见要求，强化质量安全事故“一票否决制”。各级住房城乡建设主管部门应当依据《建设工程质量管理条例》、《建设工程安全生产管理条例》等国家有关法规规定和各项技术标准，将工程质量安全管理作为建筑市场资质资格动态监管的重要内容，认真落实质量安全事故“一票否决制”，根据事故调查报告或批复，应当降低或吊销有关责任企业和注册人员资质资格的，原发证机关应当在做出行政处罚决定后7个工作日内，将其证书注销，并向社会公布。对工程质量和安全事故负有责任但未给予降低或吊销资质处罚的建筑业（包括工程设计和施工）企业，一年内不得申请资质升级、增项。

加大对资质资格申报弄虚作假查处力度。住房和城乡建设部将制定《建设工程企业资质弄虚作假处理办法》，明确资质核查及处理的主体、程序、具体措施以及责任追究等制度。各资质审查部门应实行申报企业注册人员，工程业绩等公示制度。经核查确实存在弄虚作假行为的，对其申请事项不给予行政许可，在一年内不受理其资质升级和增项申请，在住房城乡建设主管部门网站和各级有形建筑市予以通报，并记入企业和个人信用档案，对于存在伪造印章等严重违法行为的，移交公安或司法部门处理。

（四）完善建设市场监管措施

1. 加强建设市场动态监管

在核查建筑业企业时，要对注册在该企业的人员一并进行核查。省级住房城乡建设主管部门每年动态核查的比例应不低于在本地区注册企业总数的5%。对经核查认定已不符合相应资质标准的企业，应当撤回其资质，对存在违法违规行为的注册人员，应当给予相应的行政处罚。省级住房城乡建设主管部门应当对在本地区从事经营活动的企业和注册人员招标投标，合同订立及履约，质量安全管理，劳务管理等市场行为实施动态监管。建立和完善动态监管制度，加大对依法诚信经营企业和注册人员的表彰宣传力度，可采取在有关管理事项中给予绿色通道服务等措施，发挥动态监管的激励作用。对问题比较突出的企业和注册人员，可以采用预警提示或约谈等措施，督促其限期改正，逾期不改的，要按规定采取进一步措施予以处理。

2. 实施异地备案管理制度

省级住房城乡建设主管部门应当规范和完善外省市工程建设企业和注册人员进入本地区的告知性备案管理制度。不得擅自设立审批性备案和借用备案等名义违法、违规收取费用，不得强行要求企业和注册人员注册所在地省级住房城乡建行政主管部门或其上级集团公司出具证明其资质、资格、诚信行为合同履约、质量安全管理等情况的支件。

3. 加快建立完善基础数据库

加快建立和完善建设工程承包企业、注册人员、工程项目建设管理和质量安全事故基础数据库。最大程度利用各地现有信息化建设成果，健全数据采集、报送、发布制度，统一数据标准，实现注册人员；企业工程项目建设中发生的事故数据库之间的动态关联，实行住房和城乡建设部数据库与省级住房城乡建设主管部门数据库数据信息的同步共享。要为监管机构对建设工程承包企业、注册人员市场准入和清出提供全面、准确、动态的基础数据，为政府有关部门制定政策提供科学、客观的依据，为社会公众提供真实，便捷的信息查询服务。住房和城乡建设部负责定统一的建设工程企业数据标准，2011年6月前，实现全国建设工程企业数据库与注册人员数据库的互联互通，实现企业中的注册人员是否能够满足企业资质条件的查询。

4. 加强建筑市场诚信体系建设

各级住房城乡建设主管部门应当按照规定做好建设工程（承包）企业和注册人员诚信信息的采集、发布和报送工作。住房和城乡建设部将定期统计、公布各地报送情况，对存在不按期报送、瞒报等问题的地区通报批评。省级住房城乡建设主管部门应当建立和完善本地区建筑市场诚信行为公示制度，对发生较大及以上工程质量和安全事故、拖欠劳务费或农民工工资、以讨要工资为名扰乱正常生产生活秩序、转包工程违法分包工程等违法违规行为的企业和注册人员要及时向社会有关方公布，工程建设项目管理各方主体重视诚信记录，选择守法诚信的合作者，同时加强与有关部门的信息互通，加大对违法失信企业和注册人员的信用惩戒。住房和城乡建设部出台工程建设领域不良信息分级发布标准，建立部、省两级分级发布的信息平台，以加大对建筑业企业资质资格申报弄虚作假查处力度。

第二节　强化工程建设项目安全监管

工程建设项目的安全管理问题，贯穿于工程项目建设的全过程。如前所述，工程项目建设的各个阶段均有不同的安全管理工作。但是，综合来看，剔除投资选项可能产生彻底毁灭性的安全问题之外，在后续的可行性研究阶段、工程勘察阶段中，亦有可能产生颠覆性的安全问题。甚至在工程设计阶段，也有可能产生致命性的安全问题。当然，在工程施工阶段，也会出现严重的安全问题。不过，总结历史经验，工程项目建设的安全问题，随着工程建设的进展，工程安全问题的危害程度在渐次降低。所以，强化工程建设的安全生产管理，应当侧重于工程项目建设的“上游”阶段。现阶段，我国工程建设项目“上游”的安全管理尚处于体制创新时期。诸如实施建设监理制、实行工程咨询等。其制度、技术层面的问题，有待于逐步探讨。现仅就强化工程施工阶段的安全管理，进行研究。

工程项目建设施工阶段的安全问题，包括工程进度安全、工程投入安全、工程质量安全、职业健康安全、环境安全和工程施工安全 6 个方面。关于强化工程质量安全管理问题，上一节已经阐述。本节就现阶段比较突出的施工人身安全、职业健康安全方面的强化管理问题，作一具体阐述。

一、强化工程建设施工安全生产管理

（一）明晰施工安全管理重点

根据现阶段我国工程建设施工的特点（规模大、工期紧、资金到位不足、机械化程度不高）和导致工程施工安全事故的原因（责任不到位、技术素质低、安全意识淡薄），以下各方面应当列为施工安全管理工作的重点。

1. 深入落实企业主体责任

《建筑法》和《安全条例》都明文强调施工企业是工程建设施工现场生产安全的责任主体。《建筑法》第四十五条规定“施工现场安全由建筑施工企业负责;”《安全条例》第二十一条规定“施工单位主要负责人依法对本单位的安全生产工作全面负责。”对自己的主动行为安全负责，这是亘古以来，国内国外一贯遵循的基本准则。工程项目建设施工生产的安全工作，自然应当由施工企业及其主要负责人负责。但是，现阶段，这种思想、这种观念，时有波动。最为典型的论调，就是时下广为流行的口头禅：工程建设的五大主体（即业主、勘察、设计、施工、监理），都要对施工安全负责。当然，一旦发生施工安全事故，与工程建设项目有关的各方，都应当认真检查自己的工作有无失误，应当承担什么责任，或者应当汲取什么教训。但是，绝不能因此而都称之为安全生产责任主体。众所周知，世间万物在每个时空内，只有一对主要矛盾。这一对主要矛盾又只有一个主要矛盾方面。也就是说，任何事物的内在成因，都是由一个为主导的。只有抓住了这个主要方面，问题才能迎刃而解。否则的话，眉毛胡子一把抓，往往难以奏效，顶多是事倍功半。所

以，要想搞好工程施工安全生产，必须牢牢确立施工企业是安全生产第一责任人的观念，充分调动、发挥、鼓励和鞭策施工企业搞好安全生产管理的积极性。

2. 推进施工安全生产长效机制建设

推进安全生产长效机制建设是住房和城乡建设部提出的加强安全生产管理重点工作之一。施工安全生产长效机制建设是基础性工作，也是长期性工作。其要点，主要包括：完善施工安全生产法律法规和标准规范；开展以严格执行法律法规、标准规范为重要内容的安全生产宣传教育活动；稳定安全监管队伍并进一步加强队伍建设，切实提高监管人员业务素质和依法监管水平；保障并增加安全生产投入；启动并推进安全生产应急预案建设工作。

为此，住房和城乡建设部将制定《建筑施工企业主要负责人、项目负责人和专职安全生产管理人员安全生产考核管理规定》以及《建筑施工企业安全生产管理规范》等标准规范。在全行业开展以严格执行法律法规、标准规范为重要内容的安全生产宣传教育活动，促进全社会重视、关注建筑安全生产。加强对企业“三类人员”和建筑施工特种作业人员的安全生产培训和考核，促使其熟练掌握关键岗位的安全技能。督促建筑施工企业加强对农民工的安全培训教育，切实提高他们的安全生产意识和技能。加强建筑安全监管机构和队伍建设，切实提高监管人员业务素质和依法监管水平。加大建筑安全生产费用的保障力度，增加安全生产投入，加强安全生产科技研究，充分运用高科技信息化手段，提高企业的安全生产能力和政府安全监管效能，全面提升建筑安全生产管理水平。

3. 加强安全生产标准化建设

在我国，建筑业与煤炭、矿山都是安全事故频发的高危行业。据了解，2010 年，煤矿事故起数和死亡人数分别为 1403 起、死亡 2433 人，同比减少 213 起、198 人。矿山行业事故起数和死亡人数分别为 1010 起、1275 人，同比减少 220 起、265 人。建筑施工事故起数和死亡人数分别为 2199 起，死亡 2775 人，同比减少 131 起、死亡增加 15 人（其中，房屋建筑和市政工程施工事故起数和死亡人数分别为 627 起、772 人）。在高危行业开展安全生产标准化企业创建活动，推动岗位达标、专业达标和企业达标，规范企业安全生产管理，是提高安全生产水平，防止发生事故的有效举措。所以，要加快行业安全标准的编制修订工作，尽快形成比较健全的安全生产标准规范体系。把不符合标准规范的生产工艺流程、设施设备以及企业行为、人的行为等，作为隐患排查治理的重要内容；把是否严格执行安全生产标准规范，纳入安全监管监察内容；把安全生产规范化建设与安全评价、行政许可、安全生产风险抵押以及安全生产责任保险等结合起来，引导促进企业安全管理规范化，安全行为标准化，防范发生安全事故。

4. 落实安全生产教育

从 20 世纪 90 年代开始，我国的建筑业普遍实行管理层与劳务层分离。原有的劳务层人员逐渐减少。大量涌入建筑劳务行列的是农村的剩余劳力。这些人基本上都没有经过建筑培训教育，其操作技能和安全意识极为低下。虽然在施工实践中不断得到锻炼和提高，但是，毕竟不系统、不到位，提高缓慢。再加上没有建制、工作单位不固定、没有完善的技能考核措施等，造成全国 3000 多万的建设大军的总体素质总在低水平线上徘徊。这也是造成施工安全形势依然严峻的重要原因之一。因此，《建筑法》第四十六条规定“建筑施工企业应当建立健全劳动安全生产教育培训制度，加强对职工安全生产的教育培训；未经安全生产教育培训的人员，不得上岗作业。”

但问题是，落实培训制度步履维艰。一是开展培训，势必增加企业成本；二是组织培训往往影响施工进度；三是农民工参加培训，降低了收入；四是这些培训，一般都是“扫盲”性的，深度有限，更不系统；五是这些培训没有级别制度，形不成激励机制等。所以，落实培训教育工作，任重而道远，十分艰巨。如何落实好培训教育工作，有待于深入探讨。作者根据了解的情况，以为除了要求施工企业开展培训教育以外，应当要求地方政府开展义务培训教育。同时，划分技能等级，实行递进制。用人单位确认复核等级后，实行等级工资制。如此，调动地方政府、施工企业、劳务工人等各方面的积极性，尤其是激发受教育的劳务工人参加培训学习的主动性，多管齐下，方可能把培训教育，这项最基本、最广泛、最直接影响施工安全生产的长效机制落到实处，发挥作用。

5. 强化安全生产科技进步

科技是第一生产力，在安全生产方面更是如此。把安全生产状况的持续稳定好转建立在依靠科技进步的可靠基础上，既是我国《“十一五”安全生产科技发展规划》执行成果的经验，更是《“十二五”安全生产科技发展规划》的精髓。列入规划的60项重点科研攻关、100项先进适用技术推广、8项安全生产技术示范工程、6类安全生产科技支撑平台，都将逐步推进。同时，加大先进适用技术的推广使用力度；淘汰危及安全生产的落后技术、工艺和装备。

住房和城乡建设部《“十二五”建筑业发展规划》中也明确要求，要加快技术进步和创新。对于施工安全生产来说，诸如减少现场作业、减少手工作业、改进模板支护等施工工艺；改进脚手架的材质和搭设方法；提高防止高空坠落的能力等均有待于科技进步给予支撑。

（二）健全施工安全管理体系

所谓施工安全管理体系，简而言之，就是保障施工企业在生产经营过程中的安全管理程序。一般包括组织体系、规章制度、运行程序和具体操作方法等多方面内容。而且，随着时间的推移、环境的变化、企业的不同，不断更新。体系从管理理念、管理内容、管理方法等方面规范安全生产管理，提高管理软实力。在确立“管生产必须管安全”原则的前提下，解决安全生产“管什么、怎么管，做什么、谁来做、怎么做”的问题，它从管理理念、内容和方法上确保安全生产的可控性。

安全生产管理体系包括四个层面的子系统：

一级子系统：管理的理念、方针、政策、目标、承诺等；

二级子系统：各方面的规章制度，如安全责任制度，安全奖惩制度，培训教育制度等；

三级子系统：主要是安全作业的规范与指导、要求等；

四级子系统文件：主要是在安全活动中现场操作用的各种表单、记录文件等。

从形式上看，各个施工企业都有自己的安全管理体系，甚至还比较科学。但是分析发生施工安全事故，又发现其安全生产管理体系往往都不健全，有漏洞，更没有认真落实。

北京市总结以往的施工安全事故教训，在健全落实施工安全生产管理体系方面有一些新的举措。具体是：

1. 建立安全论证专家库。针对危险性较大的四个类别的工程，建立起四个类别建筑安全管理工作的专家库。规范了危险性较大分部分项工程的专家论证行为和论证程序。

2. 建立起重机械的备案管理系统。有效杜绝了假冒起重机械入场、假冒安装企业和假冒安装人员进行设备安装的现象，保障了起重机械的安全。

3. 建立远程监控系统。在建地铁工程全部安装了远程监控系统，加强对工程项目建设、风险的预控，提高工程施工安全管理技术水平。充分利用和完善网格化管理模式，落实属地监管责任，确保每个网格都有一个监督组负责监管，每个工程项目建设都有一个监督员负责监督。据了解，北京市朝阳区已在全区范围内的在施工地安装了监控系统，有效地加强了施工安全监管。

4. 建立了重点安全检查制。组织开展了起重机械、深基坑支护、模板支架和大型脚手架工程的专项监督与检查、施工现场消防专项检查等。

（三）认真执行安全生产制度

安全生产制度是安全生产宝贵经验的总结，更是以往安全事故血的教训的结晶。落实国家安全生产方针，就要靠全面认真执行安全生产制度。

国家一直重视安全工作。2010 年 7 月 23 日，国务院《关于进一步加强企业安全生产工作的通知》（以下简称通知）正式公布。这是继 2004 年《关于进一步加强安全生产工作的决定》之后，国务院关于加强安全生产工作的又一个重要文件。这份《通知》从企业安全管理、技术保障、监督管理、应急救援、行业安全准入、政策引导经济发展方式转变、考核和责任追究等方面，对安全生产工作提出了新的更高要求。

《通知》在很多方面都有针对性地提出了新对策、新举措。例如对隐患治理和事故查处实行挂牌督办；落实企业安全生产主体责任；强化安监部门综合监管职责、相关部门监督管理职责；高危行业企业准入安全标准前置；扶持发展安全产品装备产业；建立国家矿山应急救援基地和队伍；提高事故死亡赔偿标准等方面，都有了新的规定。

《通知》不仅为做好新形势下安全生产工作指明了方向和重点，而且，在推动科学发展、加快经济发展方式转变等方面，也作出了一些新规定。为加强我国安全生产工作提供了难得的历史机遇。如第 26 条，明确强调要“强制淘汰落后技术产品。不符合有关安全标准、安全性能低下、职业危害严重、危及安全生产的落后技术、工艺和装备要列入国家产业结构调整指导目录，予以强制性淘汰。各省级人民政府也要制订本地区相应的目录和措施，支持有效消除重大安全隐患的技术改造和搬迁项目，遏制安全水平低、保障能力差的项目建设和延续。对存在落后技术装备、构成重大安全隐患的企业，要予以公布，责令限期整改，逾期未整改的依法予以关闭。”第 27 条要求“加快产业重组步伐。要充分发挥产业政策导向和市场机制的作用，加大对相关高危行业企业重组力度，进一步整合或淘汰浪费资源、安全保障低的落后产能，提高安全基础保障能力。”

强制淘汰落后技术产品，整合或淘汰浪费资源、安全保障低的落后产能，加快转变经济发展方式，将增加服务业、高新技术产业、现代农业等在国民经济构成中的比重。国民经济构成比例的改变，就意味着从业人员岗位的调整。减少高危从业岗位，势必从根本上降低了发生安全事故的比率。另外，提高煤炭等高危行业集约化、机械化生产水平，并使能源资源消耗增加过快的势头得到遏制，从而使安全生产的内在条件和外部环境得到根本改善。

现阶段，我国的安全生产制度，主要有以下 10 类：

1. 重大隐患治理和重大事故查处督办制度

对重大安全隐患治理实行逐级挂牌督办、公告制度，国家相关部门和地方政府同时加强督促检查；对事故查处实行层层挂牌督办，重大事故查处由国务院安委会挂牌督办。

2. 领导干部轮流现场带班制度

要求工程承包企业负责人和领导班子成员轮流现场带班，其中煤矿和非煤矿山要有矿领导带班并与工人同时下井、升井、对发生安全事故时而没有主管领导干部现场带班的，要严肃处理。

3. 先进适用的安全管理技术装备强制推行制度

对安全生产起至重要支撑和促进作用的安全生产技术装备，规定推广应用到位的时限要求，其中煤矿“六大系统”要在3年之内完成。逾期未安装的，要依法暂扣安全生产许可证和生产许可证。

4. 安全生产费用长期投入制度

规定企业在制定财务预算中必须确定必要的安全生产投入，落实地方和企业对国家投入的配套资金，研究提高高危安全生产费用提取下限标准并适当扩大范围，加强道路交通事故社会求助基金制度建设，积极稳妥推行安全生产责任保险制度等。

5. 企业安全生产信用挂钩联动制度

规定要将安全生产标准化分级评价结果，作为信用评级的重要考核依据；对发生重特大事故或一年内发生2次以上较大安全事故的，一年内严格限制新增项目核准、用地审批、证券融资等，并作为银行贷款的重要参考依据。

6. 应急救援基地建设制度

规定先期建设7个国家矿山救援队配备性能先进、机动性强的装备和设备；明确进一步推进6个行业领域的国家救援基地和队伍建设。

7. 现场紧急撤人避险制度

赋予企业生产现场带班人员、班组长和调度人员在遇到险情第一时间下达停产撤人命令的直接决策权和指挥权。

8. 高危企业安全生产标准核准制度

规定加快制定修订各行业的生产、安全技术和高危行业从业人员资格标准；要把符合安全生产标准要求作为高危行业企业准入的前置条件，严把安全准入关。

9. 工伤事故死亡职工一次性赔偿制度

规定提高赔偿标准，对因生产（施工）安全事故造成的职工死亡，其一次工亡补助标准调整为按全国上一年度城镇居民人均可支配收入的20倍计算。

10. 企业负责人职业资格否决制

对重大、特别重大安全事故负有主要责任的企业，其主要负责人，终身不得再担任本行业企业的矿长（厂长、经理）。

认真贯彻执行这些制度，既能提高安全生产水平，减少安全事故，又能促进生产的发展。全国上下，企业内外都应当高度重视，全力以赴推进实施。

(四) 界定责任，严肃惩处

1. 界定责任

明确界定安全生产责任,既是合理分工的要求,也是促进增强责任心的要求,同时,还是恰当处理安全事故的依据。无数事实证明,界定安全生产责任是非常必要的,也是切实可行的。北京市住房和城乡建设委员会与北京市安全生产监督管理局联合下发了《北京市建设工程生产安全事故责任认定若干规定》文件。针对安全生产事故处理时,建设单位与工程总承包单位,总承包单位与分包单位等的安全责任难以界定的问题,文件详细明确了建设单位、工程总包单位、分包单位、监理单位、起重机械租赁单位等参加建设工程项目管理单位的安全事故责任。特别是,明确了建设单位的安全生产责任,使事故处理时,针对性更强。例如,文件明确规定:没有领取施工许可证擅自施工的,建设单位违章指挥而导致的生产安全事故,由建设单位负主要责任。工程项目总承包单位或专业分包单位将工程分包给不具备相应资质,或无安全生产许可证的施工单位;违法分包或转包工程的,总承包单位或分包单位负主要责任。租赁起重机械时,未与租赁单位签订安全生产管理协议,强令机械设备操作人员违章作业;使用没有资质的单位进行起重设备安装和拆卸;使用没有特种作业操作证人员上岗操作等而发生的生产安全事故,由承租方负主要责任。由于明确了安全事故的责任界定,减少了安全事故处理时的争议,提高了事故处理的效率,规范了安全事故处理工作,更重要的是促进了有关方面的安全认识,强化了施工安全生产管理。

2. 加大强化对事故责任单位的处罚力度

国务院《通知》第30条规定,“对于发生重大、特别重大生产安全责任事故或一年内发生2次以上较大生产安全责任事故并负主要责任的企业,以及存在重大隐患整改不力的企业,加大对事故企业的处罚力度。”“由省级及以上安全监管监察部门会同有关行业主管部门向社会公告,并向投资、国土资源、建设、银行、证券等主管部门通报,一年内严格限制新增的项目核准、用地审批、证券融资等,并作为银行贷款等的重要参考依据。”

之所以强化对事故责任单位的处理,目的就是要严厉遏制重生产轻安全、安全管理薄弱、主体责任不落实等违法违规行为。从而尽快落实好“以人为本”理念,促进社会和谐发展。

各地政府根据《通知》精神和要求,制定了更为详细具体的惩处办法。如限期整改、停业整顿、甚至吊销营业执照等惩罚。

据统计,2001~2009年,北京市住房和城乡建设委员会共计暂扣97家工程施工企业的安全生产许可证,停止137家企业建设工程承包。同时,还加大对施工现场的监督执法力度。2008~2009年,共对145018个(次)施工工地进行了监督检查,共发现安全隐患244099条,限期整改11368起,停工整改3043起。由于严格坚持安全生产事故的同步处罚制度,加大处罚力度,生产安全事故和死亡人数逐年下降。

3. 加大对责任人处罚力度

《安全条例》第二十一条规定“施工单位主要负责人依法对本单位的安全生产工作全面负责”。依据界定的责任,一旦发生安全事故,必然要惩处事故单位的负责人。现阶段,为了鞭策相关责任到位,尽快遏制安全事故频发的势头,加大对事故企业负责人的责任追究力度,势在必行。所以,国务院《通知》第29条规定,要“加大对事故企业负责人的责任追究力度”。“企业发生重大生产安全责任事故,追究事故企业主要负责人责任;触犯法律的,依法追究事故企业主要负责人或企业实际控制人的法律责任。发生特别重大事故,除追究企业主要负责人和实际控制人责任外,还要追究上级企业主要负责人的责任;触犯法律的,依法追究企业主要负责人、企业实际控制人和上级企业负责人的法律责任。对重大、特别重大生产安全责任事故负有主要责任的企业,其主要负责人终身不得担任本行业企业的矿长(厂长、经理)。对非法违法生产造成人员伤亡的,以及瞒报事故、事故后逃逸等情节特别恶劣的,要依法从重处罚。"

几年来，工程建设领域认真贯彻《通知》规定，严肃处理了一批发生事故企业的负责人，给建设领域敲响了警钟。如：

（1）2007 年 8 月，湖南省凤凰县堤溪沱江大桥"8. 13"特别重大坍塌事故，对事故责任人员的处理：由司法机关处理 24 人；给予相应党纪、政纪处分 33 人。

（2）2008 年 11 月，杭州市地铁事故。公安、检察机关依法对涉嫌犯罪的 10 名事故责任人立案侦查，所有案件已侦查终结，进入审查起诉阶段。

经浙江省政府研究并报监察部、国家安全监管总局、国务院国资委同意，杭州市监察局已对事故发生负有责任的 5 名人员给予政纪处分。按干部管理权限，由国务院国资委责成中国中铁股份有限公司对事故发生负有责任的 6 名人员，分别给予行政警告、行政记过、行政记大过、行政撤职等处分。

（3）2010 年 3 月，发生的王家岭矿难事故，对 97 名事故责任人作出严肃处理，其中，分别给予 84 名责任人党纪政纪处分，13 名责任人移送司法机关依法追究刑事责任。

以上这些惩处，既彰显了法律的严肃性，又表明党和国家对于安全生产工作的高度重视，体现了以人为本社会价值观的强化和深入。

（五）用心管理施工安全

1. 树立"以人为本"的思想观念

工程建设项目管理中出现安全事故，往往是工程承包（企业）单位在安全管理的某一个环节、某一个工序、某一个岗位上存在事故隐患。因此，在安全管理中，各级管理部门和各单位（企业）要树立"安全第一"、"以人为本"的思想观念。用"四心"抓好建设工程安全管理。

（1）抓安全要精心。安全工作不精心，事故总会出现。要以保障人的安全为宗旨，在此基础上，做好安全管理工作。要牢固树立"安全第一"的理念，在任何时候，任何情况下都不能动摇这个理念。要牢固树立"责任重于泰山"的理念，认真建立安全制度。

（2）抓安全要细心。安全管理是实打实、硬碰硬的工作，容不得半点虚假，来不得丝毫马虎。安全工作重在预防，其中制度预防、措施预防固然重要，但首先是要做好思想预防，把各种工作预案都准备好。特别是对工程结构等关键环节和部位，还要多想想最能解决安全问题的办法。

（3）抓安全要有恒心。安全管理是一项长期性、艰巨性的工作。平时多一次检查、多一句要求、多一份辛苦，就会减少安全事故发生的概率。所以，抓安全工作，必须要有恒心。从一点一滴做起，各项管理人员要真正把安全工作抓好抓实，时刻绷紧安全生产这根弦。跳出"出了问题抓一阵，没有问题松一阵"的错误想法，要"持之以恒"。

（4）抓安全要狠心。安全工作无小事，对安全工作必须严一点，安全事故处理要严，"三违"整治要严，日常管理也要严。没有这种严劲、狠劲就做不好安全管理工作。

2. 认真执行国家安全生产法规

党和政府高度重视安全生产工作。特别是 2010 年《国务院关于进一步加强企业安全生产工作的通知》的颁布，充分体现了以人为本的时代内涵，体现了党和政府对安全生产这一基本人权和人的生命的尊重。在实际工作中，一些工程承包企业，特别是工程项目经理面对繁重的生产任务，为了赶工期、拼时间、要效益，结果导致隐患不察，操作失控。安全事故就难免发生。这样不仅自己没保护好，也会使他人受到伤害。因此，建设项目工程承包企业应该从以下四个方面着手，认真提高职工的安全自我保护意识：

（1）要提高职工的安全意识。真正从思想上认识工程建设安全工作的重要性。安全生产关系到自己和他人的生命安全，关系到企业和国家的利益。如果自己认识不清、自我防范和保护能力差，极有可能导致安全事故的发生。

（2）要组织职工学好、用好安全规程。安全规程是几十年来安全生产经验与教训的总结，凝结着许多人的智慧。只有严格执行国家标准，按标准化作业，才能不盲目蛮干、误操作，事故就可以不发生。

（3）要用典型的事故案例教育警示职工，加强安全生产规程的宣传教育，增强职工自我保护意识的有效方法。每年企业要定期对职工，特别是新上岗人员进行安全教育。多用实例证明不重视安全生产和违章作业的严重后果。教育广大施工员工，提高其安全意识和自觉做到自我保护和安全生产的知识技能。

（4）奖惩分明,重奖重罚。对安全生产先进集体和个人给予物质和精神奖励。对于违规操作人员从严处理。从而,提高职工自觉加强自我保护意识,调动起安全生产的积极性。

二、强化职业健康安全管理

（一）职业健康安全管理体系

1. 职业健康安全管理的重要性

如何有效地预防、减少、减轻职业疾病和预防安全事故是企业建立职业健康安全管理体系（OHSMS）的基础。职业健康安全管理体系是20世纪80年代后期兴起的现代职业健康安全生产管理方法，其核心要求企业采用现代化的统一标准管理模式，使包括安全生产建设在内的所有生产经营活动科学、规范和有效，建立健全安全生产的自我约束机制，从而预防安全事故发生和控制职业疾病的危害。这与我国“安全第一，预防为主”的工作方针是一致的。国际标准采用统一要求，被称为继ISO 9000（质量管理体系）和ISO 14000（环境管理体系）之后，企业进入建设工程市场的第三张“通行证”。现在，职业健康安全管理体系已经实实在在摆在所有建设工程承包企业面前。

2. 职业健康与安全管理问题突出

现代社会是一个精神文明和物质文明的社会，尤其迈入21世纪，一方面随着生产建设的发展，由于市场竞争专注于发展生产有些企业，忽视了劳动者的劳动条件和作业环境状况的改善，由此而造成了不文明生产建设的现象；另一方面由于许多新技术、新材料、新能源的广泛应用，工程建设过程中随之又产生和发现了许多前所未有的新的职业健康与安全管理问题。

3. 职业健康管理是工程安全的重要内容

建立职业健康与安全管理体系是确保工程建设项目安全生产和防止职业疾病的行之有效的解决办法。

（1）职业健康安全管理问题，一方面是由于企业工程建设技术条件落后而造成的，另一方面是由于管理不善而造成的。对于前者，可以通过技术手段解决安全事故和劳动疾病问题；对于后者，只能通过严格执法和加强管理予以解决。绝大多数职业疾病和安全事故原本是可以通过实行合理有效的管理而得以避免的只有加强职业健康安全管理，辅之以科学技术手段，才能最大限度地减少安全事故和劳动者职业疾病的发生。

（2）加强职业健康安全管理，现代安全管理科学理论认为，一起人身伤亡事故的发生是由于管理或操作人的不安全行为（或人的失误）和物（器材设备，以下同）的不安全状态所造成。控制人的不安全行为，需要通过教育培训等来提高人的安全意识和能力；物的不安全状态需要采纳实用安全技术规范来保证使用器材质量改善，但是对于复杂的工程建设行业来说，而直接影响安全技术系统的可靠性和人的可靠性的组织管理因素，已成为工程建设系统是否发生安全事故的最深层原因。为此，系统化管理被提到了日程。系统化的职业健康安全管理是从工程项目建设整体出发，把安全管理放在事故预防的整体效应上，采用全面质量管理理论，实行全员、全过程、全方位的职业健康安全管理，使组织（企业）达到最佳职业健康安全生产状态，以预防安全事故和职业疾病。

（3）职业健康安全管理体系体现了现代安全管理科学理论中系统安全思想。它通过系统化预防管理机制，彻底消除了各种安全事故，严格控制各种职业健康安全风险，以最大限度地减少工程建设安全事故，职业健康安全管理体系是解决职业健康安全问题最有效的办法，即采用国家或国际（ISO）标准（和法规）规范职业健康安全管理体系，以达到强化职业健康安全管理活动的目的。职业健康安全管理标准体系总体结构如图 4-6 所示。

（4）工程承包企业（单位）建立和保持符合 GB/T 28001（职业健康安全）所有要求的职业健康安全管理体系，将有助于满足职业健康安全法规的要求。但是，建立什么样的职业健康安全管理体系才能满足组织的需要，这取决于工程项目的规模和性质，不能完全照搬，只能依照工程项目的具体情况，有针对性把影响本工程项目的问题摸清，才能实现职业健康安全管理的各项要求。职业健康安全管理体系的模式如图 4-7 所示。

4. 职业健康是工程建设的重要课题

职业健康工程建设不仅要为“健康生态建筑”提供建筑工程产品，而且要在广大建设者中提倡人与人的和谐。工程建设在确保安全施工中如何贯彻“职业健康”消除职业疾病灾害，给予职工（操作者）符合国家规定生活待遇与工作条件，已是我国工程建设领域一些承包企业需要解决的重大问题。给“民工”必要的培训和工作条件建立与健全工程承包企业的职业健康安全管理体系，是当前建设工程项目管理中需要解决的问题。

（二）建立职业健康安全管理体系

1. 制定职业健康安全管理方针的目的

（1）确定工程项目建设各方职业健康安全管理在合同中确定的总方向和总原则；

（2）确定需要有关职业健康安全的职责和业绩目标；

（3）表明实行良好的职业健康安全管理的承诺。

2. 确立职业健康安全方针

职业健康安全方针在职业健康安全管理体系中处于重要的指导地位，是实施和改进其职业健康安全管理体系的推动力。为确保职业健康安全方针的权威性，职业健康安全方针必须由项目建设管理各方领导者制定并正式批准发布。职业健康安全方针是工程项目建设管理总体方针的一个组成部分。组织制定职业健康安全方针时，需结合考虑其整个业务方针和其他管理制度（如：质量管理、工期和财务管理）的方针，并使它们保持协调一致。

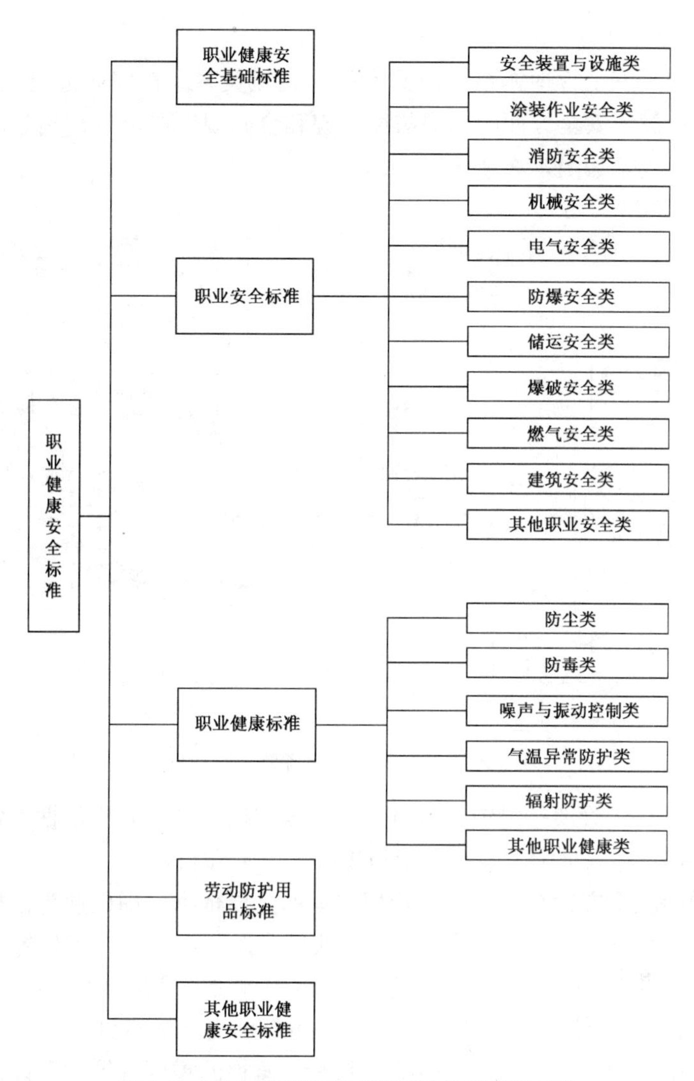

图 4-6　职业健康安全管理标准体系总体结构

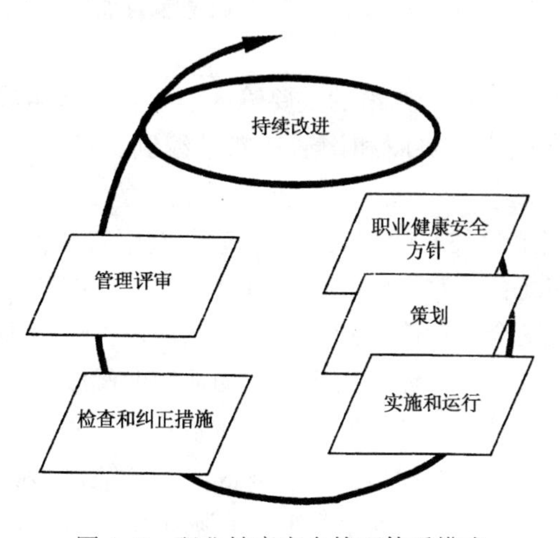

图 4-7　职业健康安全管理体系模式

3. 职业健康安全要素

明确与职业健康安全管理体系其他要素间的相互关系。在职业健康安全管理方针中，必须包含遵守职业健康安全方面的国家法律法规和合同规定要求的承诺。职业健康安全管理体系各要素间的联系如图4-8所示。

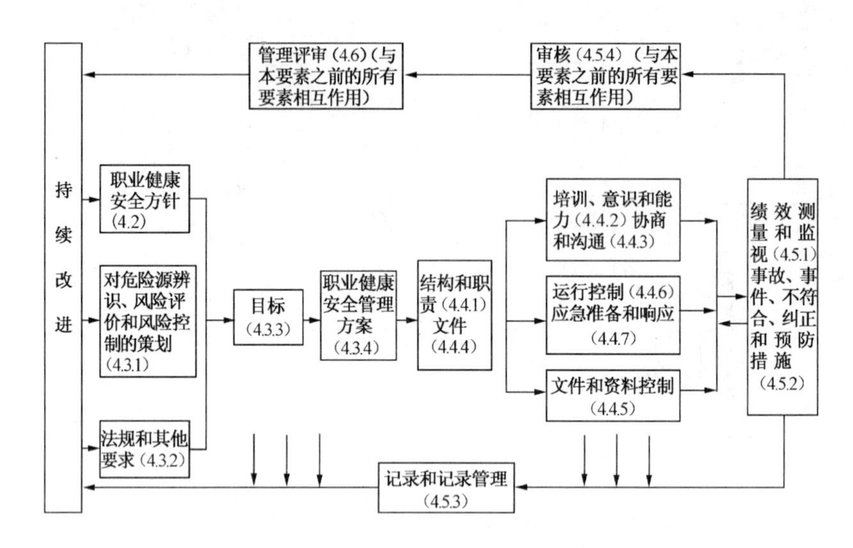

图4-8 职业健康安全管理体系各要素间的联系示意图

（1）职业健康安全管理是组织开展审核的重要依据，即以此为依据确定的职业健康安全管理体系是否有效地满足国家标准和承包工程的方针和目标。

（2）职业健康安全方针是组织开展管理评审的重要依据，即以此为依据评价企业的职业健康安全管理体系是否继续保持适宜于工程项目建设管理的方针和目标，又是组织企业（单位）开展管理评审的重要内容，即在管理评审中评价企业职业健康安全方针是否继续合适，如果不合适，则应提出修改职业健康安全方针和目标的意见。

（3）职业健康安全方针是组织开展绩效测量和监视的重要依据，即以此为依据确定企业（单位）的职业健康安全方针和目标，在职业健康安全管理体系实施和运行过程中是否正在得到实现。

（4）职业健康安全方针是以下要素的重要输入信息：一是明确目标；职业健康与安全管理方案；培训、意识和能力；协商和沟通；二是编制文件；运行控制；绩效测量和监视；审核；管理评审。

（5）为使职业健康安全管理方针有效，应将职业健康安全管理方针形成文件。由于有企业员工的参与、支持和配合，对于建立和保持良好的职业健康安全管理体系来说至关重要。因此，应将职业健康安全方针传达到全体员工，使员工认识到：一是组织的职业健康安全管理直接影响到员工自身工作环境的优劣，加强职业健康安全管理是为了保护员工的自身利益；二是员工本身就是职业健康安全管理体系的一个非常重要的相关方，他既影响到组织的职业健康安全绩效，又受到组织的职业健康安全绩效影响；三是员工必须全面理解各自的职责并有相应的能力执行所要求任务，否则将无法对职业健康安全管理作出有效的贡献。

（6）随着工程建设项目管理业务、外部环境形势和国家法律、法规的不断发展变化，以及社会发展对职业健康安全绩效的期望值的不断增加，企业需定期评审职业健康安全方针和管理体系，根据需要进行修改或补充，使其保持持续适宜性和有效性。

4. 职业健康安全方针的策划。如图4-9所示

职业健康安全体系（以下称：体系）的策划，包括学习培训、制定计划、初始评审（现状调查）和体系设计四项主要工作。

一是学习与培训。由专家或工程咨询单位对用人单位的管理层和骨干成员以及职工进行有关标准培训。

二是制定计划。建立OHSMS计划表，计划表批准后，就可制定每项具体工作的分计划。

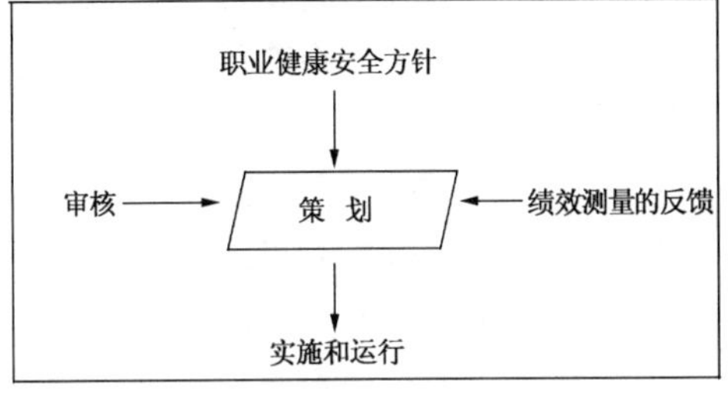

图4-9　职业健康安全方针的策划图

三是初始评审（现状调查）。主要包括：现状调查；对调查结果进行分析，确认存在的问题并对照强制性标准规定找差距；职业安全健康管理现状调查与评估结果将作为职业安全健康管理体系设计的基础。

四是体系设计。主要包括四个环节：第一是确定职业安全健康方针；第二是职能分析和确定机构；第三是职能人员职责分配；第四是确定体系文件层次结构。

体系的内部审核与管理评审。内部审核一般对体系的全部要素进行全面审核，通常要在一年内把所有的要素全部审核一遍。管理评审是在体系审核的基础上进行的，但并不是每次体系内部审核后都要进行管理评审，而是视客观需要，决定对体系的全部或部分要素进行核查。管理评审通过年度计划安排，每年至少进行一次。管理评审一般由建设（工程承包）企业总经理主持，各部门负责人和有关专业人员参加。

5. 建立职业健康安全管理体系应注意的问题

建立职业健康安全管理体系，应注意认真执行我国有关职业健康安全管理方面的法规。我国职业健康安全法规体系包括宪法、刑法、劳动法、矿山和交通等专业安全法、环境保护法、卫生防疫法、企业法、标准化法，以及有关条例、规定、规章等。地方政府也有相应的法规规章等。这些规定等共同构成职业健康安全管理体系。

作为企业，在制定企业职业健康安全体系时，一定要遵循国家和地方政府的相关法律规章的规定，同时，还需着重注意以下几个问题。

（1）建立职业健康安全体系应结合组织现有的管理基础。按GB/T 28001建立的管理体系，它不能完全脱离组织的原有管理基础，而是在GB/T 28001的框架内，充分结合原有各项管理基础和制度，进而形成一个综合结构化的企业全面管理体系。组织实施职业健康安全管理，改善组织的职业健康安全行为，达到持续改进目的的一种新的运行机制。

（2）职业健康安全管理体系是一个动态发展、不断改进和不断完善的过程。体系的运行，是依据GB/T 28001中各要素所规定的职业健康安全方针、策划、实施和运行、检查和纠正措施及管理评审等环节实施，并随着科学技术的进步，法律，法规的完善，客观情况的变化以及职工对职业健康安全管理意识的提高，自身会不断地改进、补充和完善并呈螺旋式上升。每经过一个循环过程，就需要制定新的职业健康安全目标和新的实施方案，

调整相关要素的功能，使原有的各项管理体系不断完善，达到一个新的运行状态。

（3）职业健康安全与质量、环境等其他管理体系的结合。按照 GB/T 19001 建立了质量管理体系，按照 GB/T 24001 建立了环境管理体系。职业健康安全与质量、环境管理体系均遵循着共同的系统化管理原则。特别是 GB/T 28001 与 GB/T 24001 具有相同的运行结构模式。所以，已建立质量和环境管理体系的组织，在建立职业健康安全管理体系时，可以借鉴建立质量和环境管理体系的思路。要注意三个体系内容的相互结合，不要出现矛盾和职责不清的现象。现在有的工程（总）承包企业已将三个体系融合到一起，搞“三大管理”体系一体化，使三个体系紧密地结合在一起。

（4）职业健康安全管理体系应紧密结合企业的实际。每个企业的职业健康安全管理体系结构的建立和运行所需投入的资源，都会因企业的规模、性质等条件不同而有较大的差异。组织要根据标准所提供的结构框架，结合自身的特点来建立和运行职业健康安全管理体系。尤其对于中小型企业，建立职业健康安全管理体系时一定要结合企业的具体情况来实施标准的要求，做到切实可行。即使规模、性质相类似的企业，在建立职业健康安全管理体系时，也要依据自身的特点和需要，建立起有针对性的、切实可行的管理体系。

6. 要坚持不懈贯彻职业健康安全标准

建立职业安全健康管理体系，企业要投入一定的人力、物力、财力。这样，会不会加重企业的负担。贯标后，能不能增强企业竞争力。许多企业的实践给出了正面的回答。例如，某公司在 2000 年正式通过了职业健康安全管理体系认证验收审核，成为建筑行业首家取得质量、环保、职业健康安全“三贯标”的单位。公司总经理的回答“我们经过测算，贯标后三年公司的年均总成本，比前三年的成本还略有下降”。他进一步解释：“从行业性质来看，环保和职业健康安全成本不是因为贯标发生的。以前不规范，尤其在操作上是无序的，环境和职业危害随时可能发生。因工伤事故和职业疾病所造成的经济损失，和因此产生的负面影响，造成的特殊成本是不可估计的”。在该公司某综合楼工地，人们见到的是一个工作界面干净整洁、还有道路绿化的大型建设施工工地。施工现场是建筑工程承包企业的窗口，施工现场的面貌是企业综合素质的反映。在当前建设市场竞争愈烈的形势下，建立职业健康安全管理体系标准与实行质量管理标准和环境管理标准一样，将对施工企业提高管理素质发挥积极作用。高水平的现场职业健康危险防范与安全管理，无疑增强了企业的竞争能力。现在在工程招标中，已经有业主（建设单位）要求在项目管理中聘用的企业是“三贯标”。看来，能够取得工程承包，建设企业采用的“三贯标”效果起到作用。

建筑企业“三贯标”的收益，还在于全体员工素质的提高和承包工程的增加。一方面体现在员工对职业健康与安全意识的提高，通过各种专业的系统安全培训和教育，达到预防事故的目的。另一方面体现在由被动管理变主动管理，职业健康安全管理体系将职业健康安全与质量、环境等企业的管理融为一体，运用市场机制，将职业危害与安全管理单纯依靠强制性管理的政府行为，变为企业自愿参与的市场行为。这种自发的职业健康安全管理有利于促进企业防治职业危害与安全管理水平的提高。

“勿以善小而不为，勿以恶小而为之”。这两句古代先哲留下的箴言可谓家喻户晓，但是，能够切实按照这两句话做事，并不容易。在社会主义市场经济的现代社会，“勿以恶小而为之”，已不仅仅局限于个人的自律，而应该成为每一个人特别是工程承包者对社会的责任。在建设工程项目管理中“职业健康与安全”应是每个管理者的责任，尤其是负有职工权益的领导者更是责无旁贷。由于一些无施工资质、无固定施工队伍，通过一些不正当手段和途径组织的劳务分包，不仅给工程质量带来重大隐患，而且给广大操作者的职业健康与安全带来巨大问题。重大安全事故的预防在国务院颁布《条例》后，施工安全已引起重视。但易于造成职业疾病的一些作业环境，如施工中的粉尘、噪声超标、在毒物（如沥青铺设）和不合格装饰材料（甲醛超标）等，却认为是“恶小而为之”。结果，给广大操作者和使用人员的健康带来危害。因此，施工总承包单位、专业承包单位均应把对广大操作者，特别是劳务分包人员的职业健康，给予足够重视，列入工程管理的工作计划，而“勿以善小而不为”。

（三）GB/T 28001 标准的实施

1. GB /T 28001 标准体系的运行

职业健康安全体系建立后，应如何实施体系的运行，主要有两点：

（1）全面教育、培训。全面的教育、培训是体系开始运行的第一步。体系的运行，需要组织（企业）全体人员的积极参与，组织各个岗位的人员只有理解了系统职业健康安全管理的重要性及个人在其中的作用，才能主动、有效地参与其管理活动。从体系开始运行的角度，需要对组织的全体员工进行如下几方面的教育、培训：一是体系的基本知识，包括标准知识及达到标准要求的重要性等；二是组织的体系文件内容，包括职业健康安全方针的理解，手册、程序文件结构及要求；三是组织各部门、各岗位人员明确在体系中的职责和权限。

（2）严格执行程序文件规定。体系是一个系统、结构化的管理体系，它所包含的项目建设各项工作活动都是程序化，体系的运行离不开程序文件的指导。组织的职业健康安全管理程序文件及其相关的三级文件，在组织内部都是具有法定效应的，必须严格执行，只有这样才能使体系正确运行，才能达到国家标准的要求。

2. 职业健康安全管理体系的保持

GB/T 28001 标准要求工程项目建设管理各方不但要建立体系，而且要予以保证贯彻执行和体现持续改进的核心思想。各有关方均应严格监视（监理）体系的运行情况。为保持体系正确、有效地运行，必须严格监察（理）体系的运行情况，避免出现与 GB/T 28001 等相关标准不符合的现象。体系运行情况的监察（理）要全面、细致，涉及管理活动、施工操作、工艺运行及相关制度等方面。

3. 职业健康安全管理的完善

要认识持续改进是实施职业健康安全管理的“核心”。各项管理体系的运行是一个不断发展、不断改进、不断完善的过程，是一个长期和持续的过程。为此，一些实施较好的企业（单位）提出了“三个坚持，三个到位，三个延伸”为总体要求，不断推动组织和各项工作的深入。

（1）“三个坚持”即坚持实施标准工作的长期性、严肃性、有效性。

（2）“三个到位”即：一是思想到位，端正思想，强化意识，把标准化管理工作变为日常工作。二是工作到位，以质量、环境及职业健康安全管理三个体系为总体，把目标、方案实施管理工作规范化，程序化，确保受控状态。三是责任到位，工程承包企业总经理为第一责任人，管理者代表为第二责任人，各级管理者和安全员及全体员工按职责所规定的职责权限，开展工作，各负其责。

（3）“三个延伸”即：一是贯标范围的延伸，在承包企业范围内对影响较大的子公司也要求贯标认证。二是管理内容的延伸，向国内先进的技术看齐，不断提高档次把企业各项管理工作全部纳入统一的管理体系中。三是要系统优化整个工程承包企业的各项管理工作，提高企业全员整体技术操作素质。

（四）确立安全生产责任

2003年11月，国务院颁发的《建设工程安全生产管理条例》（本文简称《条例》），是工程总承包企业、专业承包企业和劳务分包单位应当遵循的重要法规。用《条例》指导工程项目施工生产全过程。学习贯彻《条例》，遵循《条例》的要求，建立安全生产责任制，以确保安全生产。

1.《条例》细化了安全管理法律责任

（1）法律责任，是指法律关系的主体由于其行为违法，按照法律、法规规定必须承担的法律规定后果。对于《条例》而言，这一概念主要有以下几层含义：第一，承担违反《条例》法律责任的主体，既包括建设、勘察、设计、施工、工程咨询与监理等单位法人，也包括对工程建设安全生产实施管理的政府有关部门；第二，法律责任以实施违反《条例》的行为为前提，且法律责任只能对违反《条例》的主体适用；第三，法律责任以法律制裁为必然结果，违反《条例》的主体必须受到法律惩罚；第四，法律责任只能由国家有权机关依法追究。《条例》第六十八条明确规定：“本条例规定的行政处罚，由建设行政主管部门或者其他有关部门依照法定职权决定。违反消防安全管理规定的行为，由公安消防机构依法处罚。有关法律、行政法规对建设工程安全生产违法行为的行政处罚决定另有规定的，从其规定”。

（2）《条例》法律责任。按主体违反法律规范的不同，可以分为刑事责任、民事责任和行政责任三类。《条例》是一部行政法规，其法律责任主要是对违法行为应承担的行政责任进行规定：根据追究机关的不同，行政责任又可分为行政处罚和行政处分。《条例》规定的行政处分主要是降级和撤职，行政处罚主要是警告、罚款、停业整顿、责令停工、责令停止执业、降低资质等级、吊销资质或资格证书。另外《条例》还规定了责令限期整改这种行政处罚措施。

2.《条例》的适用范围

《条例》考虑到各类工程建设项目管理，在安全责任和法律制度方面的共同性及必须遵守相同的建设程序等特点。《条例》的应用范围涵盖了各类专业建设工程，包括土木工程、建筑工程、线路管道和设备安装工程及装修工程等各类专业建设工程；同时明确职责单位，包括建设单位、勘察设计、施工、工程咨询与监理、设备材料供应、设备机具租赁等单位，以及参与项目建设过程的有关责任单位和部门。《条例》涵盖范围广、制度明确具体、可操作性强、处罚力度大。

3.施工单位是安全生产的第一责任人

《条例》明确施工（工程承包，以下同）单位为安全责任核心。

（1）施工单位的安全生产违法行为和法律责任主要有以下几个方面：一是进一步细化了其应承担的违法行为和法律责任。这些行为主要是《中华人民共和国安全生产法》法律责任明确规定应该处罚的。二是《条例》在建设领域中予以进一步具体细化的有关违法行为，包括：施工单位不设置安全生产管理机构和配备专职安全生产管理人员，施工单位主要负责人、项目负责人、专职安全生产管理人员等未经培训或考核不合格即从事有关工作，安全警示标志使用以及施工现场消防措施不符合国家有关规定，未向作业人员提供安全防护用具及安全防护服装的，未按规定在有关设备、设施验收合格后登记，使用国家明令淘汰、禁止使用的危及施工安全的工艺、设备、材料等。这些违法行为要承担相应的行政责任和刑事责任，具体是责令限期改正；逾期未改正的，责令停业整顿，依照《安全生产法》有关规定处以罚款；造成重大安全事故，构成犯罪的，对有关直接责任人员要追究刑事责任（六十二条）。三是《条例》增加了挪用安全生产有关经费的违法行为和法律责任。具体是指施工单位挪用列入建设工程概算的安全生产作业环境及安全施工措施所需费用。这个违法行为要承担行政责任和民事责任，具体是责令限期改正，处挪用费用20%以上50%以下的罚款；造成损失的，依法承担赔偿的民事责任（六十三条）。四是《条例》（十三条）对设计人员提出要求，特别是采用新结构、新材料、新工艺的建设工程项目的特殊结构的设计中，规定设计单位应在设计中提出保证施工作业人员安全和预防生产安全事故的建议。

（2）《条例》增加了有关违反施工现场安全技术、设备设施管理等规定的违法行为和法律责任。此类行为主要是指违反《条例》中有关施工现场安全技术管理、设备设施管理等规定的行为。包括施工前未对有关人员进行安全施工技术要求详细说明；未根据季节、环境、施工阶段不同采取相应安全施工措施，临时建筑、职工集体宿舍不符合有关安全性要求；未对可能因工程项目施工造成损害的毗邻建筑物、构筑物和地下管线进行专项防护，安全防护用具、起重机械设备、自升式架设设施等未经查验合格即投入使用；委托不具备相应资质的工程分包单位承担有关设备设施安装、拆卸工作，未在施工组织设计中编制安全技术措施、施工临时用电方案或其他有关专项方案造成安全事故等。

（3）《条例》对以上这些违法行为承担相应的行政责任、刑事责任和民事责任，具体是责令限期改正；逾期未改正的，责令停业整顿，并根据不同行为处以罚款，情节严重的，要降低施工单位资质等级，直接吊销资质证书；造成重大安全事故，构成犯罪的，对直接责任人员要追究刑事责任；造成损失的，还要依法承担赔偿责任（《条例》第六十四、六十五条）。《条例》明晰安全责任、严肃安全事故的处罚，对促进工程设计和施工人员等各有关方面的安全意识是个有力的推动。

4. 确立安全监督检查机制

建立健全企业内部安全监督检查机制，安全检查人员应转变思想观念从单一抓工程施工监督检查改为“帮、管、查”。在抓监督检查的同时应做好三项：一是认真帮助企业各部门的人员培训，推行施工现场的标准化、规范化管理；二是杜绝“三边”工程积极推行文明施工管理；三是分析工程项目具体情况加大专项治理力度，并及时纠正（或反映）各项不符合安全生产事项。

三、学习与借鉴四步问责法安全管理方法

（一）构建问责体系，解决“做什么”的问题

某市住房和城乡建设委员会（以下简称“某市建委”）创新监管方式，推行建筑安全生产监管工作“四步问责法”。以预防为主，严抓、严管建筑工程施工安全管理与监察，

有效防范并遏制了较大及以上安全事故发生，全市建筑施工安全生产形势持续平稳。

在工作体制上，整合质量安全监管资源，强化区级安全监督机构建设。市建委实行安全、质量、文明施工“三位一体”的综合监督模式。进一步加大了安全生产监管力度；提升了安全生产监督效能；同时，针对市辖区安全监督机构不健全的问题，市建委制定了《关于区级建筑安全监督机构设置指导意见》，支持各区组建安全监督机构，进一步完善了全市建筑安全监管体系。

在责任分解上，层层落实责任。每年年初，市建委与各县、区建设行政主管部门签订《年度安全生产文明施工管理目标责任书》。明确各县、区建设行政主管部门的安全生产控制指标和全年的工作要求。按照《建设工程安全生产管理条例》要求，各级建设行政主管部门和工程建设责任主体围绕安全生产控制指标，逐级分解安全生产责任目标。把各项指标落实到基层，建立起横到边、纵到底的安全管理责任体系。

（二）创新工作方法 解决“怎么做”的问题

1. 加强两“场”联动

为加强建筑市场与施工现场联动，强化综合执法职能，某市建委将成立的建筑市场稽查办公室设在质量安全监督机构，进行合署办公。对工程建设项目管理的各单位（业主—工程师—承包商）的质量、安全、承发包、招标投标、企业资质、人员资格等方面的违法违规行为实施综合执法检查。实现了“两场”联动、闭合管理的安全监管体系。

2. 强化安全生产投入监管

某市建委明确规定了安全生产施工专项经费指标。安全生产施工专项经费一次性拨付，并由市定额管理部门审核把关。（业主建设单位）未按要求提交拨付安全专项费用证明和结算凭据的，不予办理施工许可证及工程竣工验收备案手续。

3. 严格执行约谈制度

某市在监督过程中，凡发现存在严重安全隐患，且经多次督促整改落实不到位的工程建设项目，及时约见各有关参建单位主要负责人。严肃批评的同时，明确指出存在的问题及可能导致的严重后果。责成其针对存在的问题提出措施，全面落实安全生产责任。按国家相关法规和技术标准建立健全安全管理体系，彻底消除安全隐患。

4. 创立短信预警和警示机制

某市一方面，根据气象台发布的大风降温、暴雨、暴雪等对施工安全有重要影响的恶劣天气预报，编辑以落实各项安全措施为主要内容的预警短信。通过群发平台，发送至各施工现场的主要负责人员。要求其提前落实各项预防措施，开展安全隐患排查，确保施工安全。另一方面，及时搜集建筑安全事故信息，编辑短信予以警示。要求有关责任主体履行安全管理责任，防范类似事故的发生。

（三）分类监管 解决“做不细”的问题

1. 加强深基坑、模板等支撑体系的监管

加强建筑地基深基坑、模板支撑体系等重点内容的监管。某市出台相关系列规范性文件，对深基坑工程组织专家论证，对有关技术问题，如降水、开挖及暴露期间的各种安全控制措施及监测要求均做了明确规定。进一步加大对高大建筑物模板支撑脚架暂设等工程施工系统的监管力度。通过严格审查专项施工方案、审批及专家论证，跟踪监督方案落实执行情况等手段，遏制重大垮塌等安全事故的发生。

2. 强化建筑起重机械的监督管理

制定市《建筑起重机械安全监督管理规定》，建立了建筑起重机械设备、安装（拆卸）告知、使用登记等制度，提高了设备租赁市场的准入门槛，规范了租赁市场秩序；严厉查处使用未经检测的起重机械、使用无资质的设备拆装队伍、使用已淘汰型号起重机械、起重机械操作人员无上岗证等行为。

3. 大力推行远程视频监控系统及车辆自动清洗设备

凡具备网络条件的施工工地，均安装视频监控系统，并与监管部门联网。实现监管部门对现场安全生产运行情况的远程监控。各施工现场必须安装车辆自动冲洗设备，各种出入施工现场车辆冲洗干净、渣土运输车覆盖严密后方准上路。

4. 严格责任追究，解决“做不好”的问题

某市市建委制定《关于进一步强化建筑安全生产事故责任追究的意见》（以下称意见）。运用法律、行政、经济等手段，强化建筑安全生产责任追究。《意见》对施工单位发生安全事故、建设单位违反法律法规和工程建设强制性标准、监理单位未按国家法律法规规定履行监理职责，注册建造师、监理工程师等注册人员违反法律法规和工程建设强制性标准，导致发生安全事故；以及外地区进入该市施工企业发生死亡事故等情形，都提出了相应的处罚措施。

四、强化施工安全管理的监管

（一）工程建设安全监管工作的重点

1. 完善工程建设安全生产保障体系

安全监管是一项专业性较强、涉及领域较广，社会比较关注、情况比较复杂的工作，须运用系统论的观点，构建安全生产保障体系。

（1）建立安全生产法律、法规和技术标准更新体系。与时俱进地修改完善建设工程项目管理相关安全生产法律、法规和技术标准，使其更加规范和指导工程建设安全生产实践。完善工程建设招标投标管理制度，科学合理地制定管理工程建设施工工期和工程价格，做到安全专项费用专款专用，从源头上保证建设工程的安全投入。加快工程建设安全生产技术保障体系建设，认真开展安全生产关键技术的研究开发和科技成果转化。

（2）积极实行工程建设安全管理标准化工作。改进工程施工安全管理现有模式。将安全管理单纯靠强制性管理的政府行为变为工程建设各有关企业（单位）自愿自觉执行国家法律、法规行为。使工程承包企业的安全管理在企业内的地位，由被动消极地服从，转变为主动的参与。按国家（专业）标准，推行安全标准样板工程，规范施工现场硬件建设。完善企业内部安全生产标准化规定规范流程和岗位制度，形成规范的安全标准化管理模式。

（3）探索安全监督市场化运作体制与机制。以项目建设风险管理为载体，探索建设工程责任保险制度体系和安全监理中介机构运作新机制，构建由建设、设计、施工、材料供应单位等组成的共同投保体，以保险公司和建设监理单位为共同承保体的项目安全风险管理体系。

（4）完善工程建设从业者安全权益保障体系建设，使其人身安全健康、保险等得到合法有效的保护。

2. 落实安全问责体系

完善工程建设项目管理各有关单位（企业）安全问责体系。实施安全生产责任追究制，是确保安全生产的有力举措。要由过去的主要依靠企业负责、行业管理、国家监察、群众监督、劳动者遵章守纪的管理体制，转变为依靠政府统一领导、主管部门依法监管工程承包、企业全面负责、职工全员参与监督、社会广泛支持的综合监督管理体系。

（1）落实政府主管（地区）部门安全监管主体责任。按照“谁主管、谁负责”、“谁审批、谁负责”的原则，从工程建设项目立项到竣工，明确各有关部门安全监管责任。

（2）依法指导，监督工程承包企业建立健全安全生产责任制和各项规章制度，明确每个建设主体所承担的安全义务和职责。

（3）深入开展工程建设安全隐患排查整治工作，督促建设工程项目各参建单位开展安全生产管理自查自改，对重点建设工程项目，特别是高风险、新结构、新工艺的工程建设工程项目进行专项检查。对发现的问题，督促限时整改。

（4）加强地方工程安全监管队伍建设，提高安全生产监管执法装备水平和执法能力。

3. 完善安全生产监管联动体系

工程建设安全监管不是单纯主管部门的责任，而是多个有关部门的责任，应当制定和明确各相关部门（地区）职表，才能协调配合、形成合力。

（1）强化工程建设市场和施工现场的“两场”联动管理，实现属地化、动态化和工程项目建设全过程监管。进一步落实工程总承包单位及项目经理的责任，加大执法检查和信用监管的力度。

（2）坚持开展专项整治活动。将监管力量放在一线，重点把住工程建设项目立项源头关和施工现场关。将日常监管与专项整治活动紧密结合，发现安全隐患，及时消除。

（3）强化政府有关监管部门之间的协调沟通，不断完善建设工程安全监管“双联机制”，形成全方位、全覆盖的安全监管体系。

（4）严格落实责任追究制，充分发挥警示教育作用。

4. 重视已发生安全事故的处理

切实加强安全事故查处工作。事故查处是一项重要的基础性的工作，对于发生事故的责任单位和责任人，如果不严肃查处，就不能起到事故警示教育的作用，不能起到奖罚分明的作用，不能起到优胜劣汰的作用，不能起到净化市场的作用。所以我们一定要高度重视事故查处工作，严肃查处每一起事故。前面说过，以前不少地方事故查处不严肃、不严厉，尤其是地方上报要求部里对企业资质、人员资格处罚的很少很少。这样企业和人员违法违规所付出的成本太低，大家不在乎，没有切肤之痛，也就不能起到警示惩戒的作用，他们继续不重视安全生产，继续发生事故，继续扰乱建筑市场。因此我们必须严格按照法律法规和6号文件的规定，对企业资质、安全生产许可证等进行处罚，该吊销的吊销，该降级的降级，该暂扣安全生产许可证的暂扣，该清出建筑市场的清出市场。对注册人员来说，该吊销证书的吊销证书，该停止执业的停止执业。要让企业和注册人员真正感受到，一旦发生事故，他们付出的成本、付出的代价要远远高于违法违规所得，不仅要在经济上受到处罚，还要在资质资格上严厉罚处，直至被清出建筑市场，一辈子都不能从事建筑活动。今后，各地要将每一起较大及以上事故的处罚情况上报我部，质安司、市场司要对每一起较大及以上事故的处罚情况进行审查，看是不是严格按有关规定进行了处罚。

（1）工程建设安全监管是工程建设安全生产的重要保障。近年来，随着建筑业的快速发展，工程建设安全生产形势不容乐观。近来，一些重大事故的发生，给工程建设安全再一次敲响了警钟。有关2010年1～12月，住房和城乡建设部统计的施工安全事故和重大安全事故，如第二章表2-1及表2-2所示。应引起事故责任单位的重视，一些项目建设单位也应吸取教训。切实加强安全生产教育工作，不断创新工程建设安全监管工作，是当前的一项迫切任务。

（2）注重安全生产。“安全第一，预防为主”是安全生产管理工作的基本方针。各级领导都非常重视安全生产工作，一手抓安全生产制度的建设，一手抓人员措施的落实。在完善企业安全生产管理制度的同时，明确各级安全生产和安全的责任人，使主体责任落到实处。从制度上确保工程项目建设安全生产管理措施费到位，严格监控，专款专用。

（二）督察安全生产制度的落实

1. 安全管理是工程建设的基本要求

（1）工程建设领域的安全管理，包括了工程项目建设安全和人身安全。施工过程中，人的安全主要是施工人员的职业健康与人身安全，以及施工环境的保护（HSE）；工程建设项目的安全既包括正常使用条件下的安全、耐久、适用（工程项目的服务年限），也包括极端条件下（如地震、台风、冰冻灾害）工程的良性破坏和工程使用人的人身健康与安全。

（2）工程安全管理是行业整体发展水平的综合反映，属于多因一果：个体失律、行业失范、市场失灵、政策失效都将导致工程建设项目出现安全问题。如近年来发生的“凤凰桥坍塌”、杭州“11. 15”地铁塌陷、上海“楼脆脆”等事故，直接原因表现为有关操作人员不严格执行技术标准和操作规程，深层次分析，无不是工程承包商（包括勘察设计单位）、建设单位或者甚至主管部门受利益驱使，抢工期，压造价，违反建设程序，违反技术标准，导致事故发生。归纳起来，影响工程安全水平主要包括两大因素：一是技术因素，包括技术人员的业务和操作人员的操作技能；二是责任体系因素，主要是合同管理，包括责任划分是否合理、责权是否对等。因此，安全生产，也要标本兼治，综合治理。

2. 工程安全监管状况

（1）20世纪80年代以来，我国出台了一系列工程建设有关安全管理方面的法律、法规和部门规章。其中，质量安全管理方面的计有“一法三条例十一项部令”，形成了一系列质量安全管理制度。如工程质量监督制度、施工安全监督制度、施工图审查制度、超限高层审查制度、抗震新技术核准制度、安全生产许可制度、施工安全三类人员考核任职制度、检测机构许可制度、竣工验收备案制度、工程质量保修制度等，使工程建设项目质量安全管理有章可循、有法可依。对规范工程建设项目管理各有关方责任起到了积极作用，为确保工程建设项目的质量安全管理提供了制度保证。

（2）我国工程建设项目安全方面的问题，突出体现在：安全生产事故起数和死亡人数虽有下降，但安全事故总量仍然较大，且时有反弹。

一是村镇住宅建设缺乏技术保障，安全性较差，村镇住宅建筑工程事故时有发生；

二是随着一些不成熟新材料和新技术的大量应用，城镇住宅建设中出现了一些新的质量“通病”和安全隐患；

三是随着越来越多的深基坑、大跨度、超高层建筑的出现，技术风险进一步凸显；矿山、地铁、桥梁等工程建设项目质量安全事故时有发生；有一些地方政府投资工程建设项目违反科学规律，盲目压缩工期，配套措施跟不上，导致工程施工安全事故发生。此外，建材市场鱼目混珠、勘察设计深度和精度不足、施工承包企业层层转包与无证挂靠、有些项目经理和管理与操作工人质量安全意识薄弱、操作技能长期得不到提高、有些工程监理人员不到位，都制约着工程建设行业整体质量安全水平的进一步提升。

3. *建立和完善安全监管长效机制*

建筑工程安全工作千头万绪，需要政府有关部门（地区）和建筑工程管理各方主体共同努力。从建立和完善安全（监）管理的长效机制角度出发，可以重点加强以下三个方面的工作。

（1）建立激励工程建设项目管理各方责任机制，落实安全责任。核心是要完善健全责任约束机制，使得违规操作成本大于质量安全管理和投入成本，促使项目建设管理各方主体基于理性原则，主动强化质量安全管理。建设单位（业主）、承包商在工程项目承包管理中发挥主导作用，应该首先促使其履行相关安全责任。勘察、设计单位虽然主要活动在工程前期，但是，他们的工作成果对于施工安全也具有非常重要的影响，也要强化地质勘察与结构设计的相关安全责任落实。至于工程监理等单位，原本工作就是监管性质，更要依据有关法规担负起自身责任，督促落实安全措施。违规成本不仅要包括发生事故后，严厉的经济处罚，还要包括“名誉罚”。将违法违规行为和事故发生情况计入不良信息系统。后者往往更具有威慑力。此外，建设项目工程的安全（包括项目竣工后的使用年限）应当实行终身责任制。

（2）建立建筑市场和现场联动的安全工作机制。要树立协同治理的理念，确认核心目标，优化重组工作流程。使得市场管理和现场管理都成为确保工程安全的重要管理环节。市场管理的作用在于严格准入清出，从工程招标、投标、资质审批、施工许可等多个管理节点上加以把关，确保只有真正符合安全条件的单位（企业）主体才能进入建筑市场。强化“源头”管理。对工程现场管理的作用，则是监督活动主体落实法律、法规规定的安全责任，发现违法违规行为及时依法处罚。市场管理和现场管理对工程安全管理来说，缺一不可。只有二者形成合力。才能实现预期目标。

（3）改进政府有关部门（地区）安全监管模式，革新监管手段。由以行政手段为主转变为综合使用经济手段、科技手段、文化手段、法律手段和必要的行政手段。以经济手段为例．要不断完善建筑工程意外伤害保险制度。不仅是因为可以转移工程安全事故风险，更重要的是可以引入保险公司这一主体，充分发挥其预防事故发生的作用。再以科技手段为例，只有认真执行建筑施工工艺标准，才可能从根本上降低安全事故发生率。

此外，要推行差异化的监管模式，把最优质的监管资源投入到重点地区、重点工程承包企业、重点部位和重点环节的监控上去。对于安全业绩较好的，则要调动工程建设项目管理（业主—工程师—承包商）各方主体的主动性、积极性，以“自我管制”为主。

4. *强化安全管理制度建立*

目前，我国工程建设安全管理制度的创新，应注意解决以下一些问题。如，解决建设单位（业主、投资方，以下同）的权利责任一致问题。作为工程建设项目管理的发起人和受益人，建设单位可分为两类：一类是自建自有自用的，如企业事业单位，其责任是终身的，对其约束力主要来自后续的使用功能保障压力；另一类是建成后作为商品进行交易的，主要是开发商，其追求的是开发成本与商品房售价之间的差额。对其约束力主要来自市场选择与竞争压力。目前，有些开发商存在的问题比较多。突出问题是权利和责任不对等。当前，房地产市场处于卖方市场。开发商只要拿到好地块，就不愁房子（建筑工程）卖不出去，无法形成有效的市场竞争压力。因此，在建设项目工程成本控制上，就会有压级压价的倾向；在品质要求上“达标就行”、“合格就行”。由于购房人与开发商之间存在着严重的信息不对称，对开发商的“偷工减料、以次充好”，购房人无法作出准确判断。因此，开发商这类投资单位应成为地方政府有关部门对建设项目工程质量安全监管的重点。

5. 安全管理要纳入企业经营决策

要确保工程建设项目安全管理，应审核企业经营决策。审核建设企业经营决策基本程序，如图 4-10 所示。

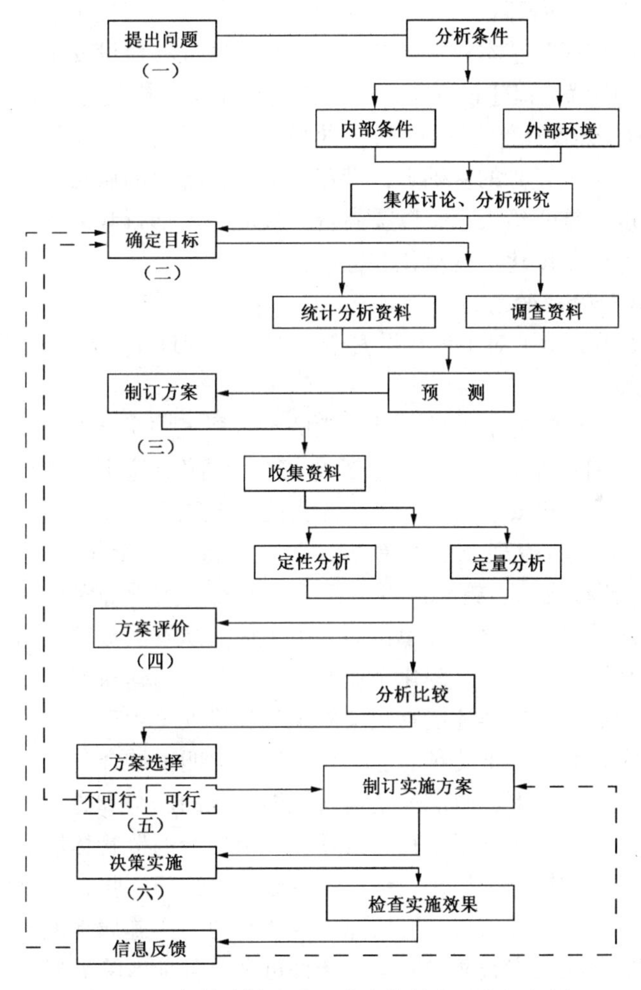

图 4-10　审核建设企业经营决策基本程序框架图

（三）健全安全监管制度，提高监管效能

1. 安全生产监督工作导则

为了健全建设工程安全生产监管力度，提高监管效能，2005 年 10 月 3 日，建设部印

发了《建筑工程安全生产监督工作导则》。《导则》提出的目的主要有三个方面：

（1）进一步明确建筑工程及安装工程安全生产监督管理工作的内容。《导则》的框架体系和使用对象与《建筑工程安全生产管理条例》（以下简称《安全条例》）不同，《安全条例》是建设活动各方责任主体和政府主管部门都必须遵照执行的，更多的是规定了各方主体的安全责任和义务。而《导则》则是从建设行政主管部门如何去督促各方主体履行上述责任和义务的视角展开的。其使用对象是各级建设行政主管部门。《导则》将各级建设行政主管部门安全监督管理工作，归纳为建立各项制度、上级对下级的监督管理、对工程建设活动各方责任主体的监督管理，和对施工现场的监督管理等四大方面，并规定了每个方面工作的主要内容，从而，进一步明确了工程建设安全监督工作的任务和范围。

（2）进一步规范建筑工程及安装工程安全生产监督管理工作的程序。在现有的有关建筑安全生产的法律、法规、规章或者规范性文件中，除行政许可、行政处罚等领域外，着重规定了监督管理工作的内容，而对于监督管理工作的程序却很少有明确的规定。如对于各类执法检查工作的程序就基本没有涉及。这也是我国工程建设安全生产法规体系的主要缺陷之一。《导则》则就工程建设安全监管工作的程序作了相关的规定。

（3）提供有效的安全生产监管方法。《导则》制定的另一个重要目的，就是在总结各地工程建设安全生产管理经验的基础上，借鉴其他有关部门的做法，将这些经实际检验证明有效的方法和制度再推介给大家，以提高行政效能、降低行政成本，推动全国工程建设安全生产督管理工作的制度化、规范化和标准化。

2. 安全生产监督管理的总方针

《导则》在总则中提出了对工程建设安全生产监督管理工作的总方针，并确定了“四个结合”的基本原则。

（1）“安全第一、预防为主”的方针。党的十六届五中全会对安全生产方针进一步拓展。在原“八字”方针的基础上，又加上了“综合治理”。这更客观地反映了安全生产工作的特征和规律。工程建设安全生产是一个庞大的系统工程，需要与之相关的各个环节齐抓共管。单靠“现场”的治理，很难治本。必须坚持“安全第一，预防为主，综合治理”，从资质审查、招标投标、施工许可、施工现场安全监管等多个环节，从规范施工单位、建设单位、监理单位、勘察设计单位等多个主体，从发展成建制劳务企业、防止不合理低价中标、提高技术创新能力、深化企业改革、培养合格建筑职工等多个方面，综合监管，全面把关，共担职责，这样才能真正建立工程建设安全生产的长效机制。

（2）《导则》确立了工程建设安全生产监管工作“四个结合”的基本原则。充分反映了在社会主义市场经济条件下，政府安全监管职能变化的趋势和方向。第一个结合是，属地管理和层级监督相结合。明确了工程建设项目安全生产的监管体制。即由地方人民政府承担安全生产管理责任和控制指标，上级建设行政主管部门要强化对下级建设行政主管部门的业务指导和监督。对工程项目，要按照工程所在地，实施属地安全监管。对于施工企业，要按照企业注册所在地审查颁发安全生产许可证。各地区除颁发本地所属的企业安全生产许可证外，也要颁发国家有关门在本地各级建筑与安装工程承包企业的安全生产许可证。第二个结合是，监督安全保证体系运行与监督工程实体防护相结合。明确了建筑工程安全监管内容和方式的转变方向。即随着政府的职能转变进程加快，政府有关部门不可能再像以往那样“错位”——为工程承包企业充当安全检查员，且事无巨细地去检查工程项目实体防护的每一个细节。工程承包企业才是安全生产的责任主体。政府的监管职责在于监督企业是否按照国家的法律法规和技术标准去建立和运行安全保证体系。对于施工现场实体防护的抽查，也只是为了验证工程承包企业安全生产管理的成效。第三个结合是，全面要求与重点监管相结合。既要对所有工程承包企业、工程项目做出普遍性的安全生产要求，又要突出安全生产基础薄弱的重点地区、重点工程、近年事故多发的重点企业、事故隐患严重的工程建设项目和危险性较大的重点环节。要进行分类指导和监管，突破重点，以点带面。第四个结合是，监督执法与服务指导相结合。既要按照法律法规的要求，对安全生产违法违规行为进行严格执法，又要坚持“以人为本”理念，帮助企业改善安全生产条件，加大隐患治理力度，努力为企业搞好安全生产工作提供良好的政策和市场环境。以上四个结合的原则，是工程建设项目安全生产监管工作长期坚持的基本原则。

3. 安全生产许可证的动态监管

《导则》对施工（工程承包以下同）企业安全生产许可证的动态监管给予了特别关注。各地区建设行政主管部门，在实际工作中应注意相关各项问题。对于安全生产许可证的管理，应该着重把握以下几点：一是要继续严格审查颁发环节。对已颁发的安全生产许可证，按企业资质级别和类型进行统计。将未取得安全生产许可证的企业向社会公示。二是要在工程承包企业的施工许可环节严格把关。三是要严格执行，对发生重大安全事故的施工企业，要立即暂扣安全生产许可证，并严格对其安全生产条件进行审查。审查结果不符合法律法规要求的，限期整改。整改后仍不合格的，吊销其安全生产许可证。同时，将吊销的情况通报给资质管理部门，由其依法撤销或吊销施工资质证书。四是要做好跨省（市、区）的抄告工作。对在本省施工、在外省注册的企业，本省省级建设行政主管部门要及时将有关企业的安全生产违法违规事实（包括违反的条款）和处理建议抄告其安全生产许可证颁发管理机关，由其作出有关安全生产许可的处罚。五是要强化对分包建筑安装工程单位安全生产许可证的监管。工程总承包单位不得将有关工程分包给不具备安全生产许可证的企业（可参照2006年1月，建设部发布的《关于严格实施建筑施工企业安全生产许可证制度的若干补充规定》）。

4. 监理单位的安全监督管理

对工程监理单位的安全督管理，《导则》也有明确要求和具体内容。

（1）《导则》对建设行政主管部门如何对工程监理单位（企业，以下同）进行监管，做了规定，对监理单位的安全责任和工作内容进行了细化。《导则》明确提出，监理单位应该将安全生产管理内容纳入工程建设项目监理规划。监理单位应审查施工企业（包括总承包企业和分包企业）的安全生产许可证具备情况；应当审查施工企业安全保证体系和安全管理机构、人员情况；定期巡视检查危险性较大工程部位的作业情况等。根据这些规定，进一步强化监理单位的安全责任。

（2）《导则》规定了建设行政主管理部门对施工现场安全监督管理的安全检查人员和工作程序。尤其在程序方面做了一些基本规定。各地区应根据本地工作实际，将这些程序予以进一步细化并公布，以便监督执法人员遵照规定，正确执行。对于工程建设项目开工前的生产条件审查，施工许可环节的安全审查，基本上是以审查资料为主，是一种程序性的审查。即只审查“有没有”，而不审查“行不行”。随着安全管理工作的不断深入，施工许可对于保证工程项目建设的安全生产的重要作用日益凸显。在确立了“谁颁发施工许可、谁负责安全生产监管、谁负责安全生产指标控制”的原则之后，在施工许可环节加大对安全生产具体措施的审查力度，将程序性的审查转变为实质性的审查显得更为重要。实际上，有些地区和重点建设工程，都已在探索工程项目开工建设前的安全生产条件审查工作，这也是工程监理单位的主要职责内容。

（四）提高施工安全管理水平

1. 着力安全生产管理长效机制建设

住房和城乡建设部就贯彻落实《国务院关于进定步加强企业安全生产工作的通知》（以下简称《通知》），发布实施意见。要求各地区住房城乡建设系统严格落实工程承包单位（企业）安全生产责任，加强安全生产保障体系建设，加大安全生产监督管理力度，注重安全生产长效机制建设，努力推动全国建筑安装工程安全生产形势的持续稳定好转。

安全生产管理长效机制建设，就长效机制其构成要素及其所起的作用看，构建安全生产长效机制应抓好以下七个方面的内容：

（1）领导决策机制

领导决策机制是长效机制的首要内容，处于首脑、中枢地位，直接影响甚至决定着整个长效机制能否正常发挥作用，没有健全、强有力的领导决策机制，构建长效机制将是一句空话。构建领导决策机制，必须突出领导的权威性、决策的科学性及保决策贯彻的及时性、准确性，主要有四个方面：一是将安全生产工作纳入各级党委、政府的总体工作部署。安全生产关系改革、发展、稳定的大局，关系政府的形象，关系人民群众的生命财产安全，更关系到执政党的威信与执政能力问题。抓好安全生产既是政府管理社会事务，维护国家利益一项责无旁贷的工作，也应是党委“谋全局、抓大事、促发展”这一全局工作的重要内容。二是建设一个以领导为核心的安全生产决策指挥系统。特别是地（市）一级的安全生产委员会主任逐步应由政府一把手担任，各级政府分管安全生产工作的领导，逐步作为同级党委常委，担任安委会的常务副主任。安委会承担安全生产决策指挥系统的工作，主要是：研究安全生产重大部署和重大举措，指导各级各部门的安全生产工作，分析安全生产形势，及时协调解决安全生产工作中的重大问题。三是建立定期或不定期研究安全生产工作的正常机制。主要包括：将安全生产情况纳入社会治安综合治理的内容，每个季度召开各级政府防范重特大事故工作会议，将安全生产工作重大问题列入各级政府行政首长加始減常务台议的议题等。四是建立一个有权威性的安全生产决策执行监督机构。以现有各级政府安办为依托，充实力量，提高规格，作为各级安全生产决策指挥系统的日常办事机构，赋予其监督检查、指导协调同级政府各部门和下级政府的安全生产，组织重特大事故的调查处理，协调缉织重特大事故的应急救援等职责。

（2）责任落实机制

构建有力、有效的责任落实机制，就是要使各级党委政府关于安全生产工作的一系列重要部署决策、各项工作及相应的责任顺利实现传导，确保层层到位。主要应做到五个方面：一是安全生产责任主体明晰化。具体必须明确三个层次的责任主体：首先是生产经营单位，生产经营单位是国民经济的基本细胞，是市场竞争的主体，更是安全生产最直接、最根本、最重要的责任主体，它在安全生产上所能做、所应做和必须做的工作，没有哪一级政府、哪一个领导、哪一个部门可以替代。它必须根据安全生产法律法规的要求，认真落实安全生产的各项保障制度，扎实抓好安全生产工作，为全社会实现安全生产形势的根本好转提供可靠的基础；其次是负有安全生产监管职责的部门，这些部门是依法对生产经营单位的安全生产工作进行监督管理的责任主体，在履行监管职责时不应代替包办生产经营单位应承担的工作，也不应以生产经营单位是最直接的责任主体为理由而虚化、淡化自己应负的责任；再次是各级政府，政府是依法对安全生产工作进行领导的责任主体，即一把手对本级本部门本单位范围内的安全生产工作负全面责任，分管安全生产工作的领导负具体的领导责任，其他领导在分工范围内负相应的责任。二是责任内容具体化。即应将政府、相关部门、生产经营单位等不同层次责任主体在安全生产工作中的责任范围、责任内容、责任事项、责任要求具体化、明确化，便于他们依法依规履行职责，也便于对他们进行考核、评价、检查与监督。三是考评指标定量化。即对各层次责任主体在安全生产工作上的考评指标及标准应尽可能定量化，以确保责任落实考评工作尽可能客观、公正，具有可比性、可操作性。四是监督检查日常化。逐步将对各级各部门贯彻落实安全生产工作责任情况的监督检查做到经常化，努力消除安全生产工作前紧后松、上级紧下级松、政府部门紧生产经营单位松、工作安排紧落实松的问题。五是责任追究制度化。即对各层次责任主体因工作不落实或落实不到位，而酿成生产安全责任事故应负的责任类型、档次形式尽可能制度化，充分发挥责任追究制度的教育和警示作用。

（3）运行保障机制

运行保障机制解决的是指直接用于安全生产工作的资源与要素的投入和运行问题，是长效机制得以正常发挥作用的基础条件。其构建应符合最需要的领域，能产生应有的效果；投入的资源与要素应随着经济的发展和安全生产工作任务的增加而有所增加，以满足安全生产工作不断加强的需要。运行保障机制主要是三个方面：一是组织保障机制。重点在于建立一个完善的组织体系，首先要建立健全独立、有权威的安全生产综合监管机构。从目前承担的职责和实际的情况看，省级安监机构一般在60人左右，设区市级的安全监管在30人左右，县级（县级市或区级）在15~20人。同时，在以上三级分别建立安全生产执法总队、支队和队。总队人数在20~30人，支队人数在15~20人，队的人数在5~7人。其次各负有安全生产监管职责的专项监管部门，按照“谁主管、谁负责”和“管生产（经营）必须管安全”的原则，切实将职能延伸到基层，实现监管到位。生产经营单位依照《安全生产法》的要求，设立安全生产工作机构或配备相应的人员，管好本单位的安全生产工作。二是监督机制。包括行政监督和在社会上聘请一部分安全生产义务监督员。同时，支持新闻媒体等发挥好监督作用，切实调动社会各界的力量齐抓共管。三是安全生产投入保障机制。从政府层面来说，对应承担的安全生产宣传经费、基础性研究及关键领域科技进步投入、监管工作经费与公共安全相关的基础设施投入、事故预防所需的资金应给予必要的保障。可以通过纳入正常的年度财政预算并形成应有的正常增长机制加以解决，也可以从现有的工伤社会保险费总额划出一定比例用于安全生产宣传和事故预防等。同时，研究提出引导生产经营单位增加安全生产投入的有关政策并加大监督力度。就生产经营单位来说，应依法保障安全生产所需的资金及设备投入。逐步推行安全生产风险抵押金制度等，保证安全生产投入有可靠的来源渠道和保障基础。

（4）预警监控机制

预警监控机制是现实长效机制调节与反馈功能的基本载体，其作用在于通过研究、分析安全生产运行情况，判断、预测安全生产运行情况可能出现的走势，并提出有针对性的对策建议，使各级各部门能及时对安全生产工作进行协调与控制，这是实现安全生产从原来以抓事故调查处理为主转向抓好预防监控为主的重要内容，是提高安全生产工作针对性、适应性、主动性和前瞻性的前提条件。建立预警监控机制应包括四个方面内容：一是安全生产调度与统计分析制度。通过探索建立科学、合理的统计指标体系，严格执行事故报告制度等，对安全生产工作情况进行全面的分析，使预警监控的数据真实、可靠。从近期看，应在各级负有安全生产监管职责的部门建立事故统计机构，并配备符合相应要求的统计人员，抓好事故的统计工作，并不断提高统计分析的质量与水平。从长远看，应逐步探索将安全生产统计纳入政府统计部门的范围，以提高安全生产统计工作的公正性和独立性；二是安全生产情况通报制度，由各级政府或各级政府负责安全生产综合监管职责的部门召集，有关部门、单位参加，对全社会的安全生产情况进行分析，并依照有关规定向社会定期通报安全生产工作及重特大事故情况，必要时可逐步将安全生产情况与经济发展指标情况一并排位进行通报；三是重点监控制度。即对那些危险性大、事故多发、重特大事故隐患多、影响安全生产工作全局的重点领域、重点地区、重点行业、重点单位的安全生产工作情况进行重点分析、重点监控，督促相关责任部门落实有效的整改、预防和监控措施，确保安全；四是动态分级预警制度。即逐步参照目前统计部门对国民经济运行景气分析预警制度的有关做法，探索建立相关的指标，如当一个设区市一个月内发生三起重大事故，或连续三个月各类事故死亡人数增幅超过其 GDP 增幅时，应通过适当的方式给予提示性的警示，要求其进行认真的分析研究，采取必要的措施，切实遏制重特大事故上升的势头。

（5）协调配合机制

协调配合机制是有效整合各级、各部门安全生产工作资源与要素，发挥各种力量作用，实现安全生产工作齐抓共管的重要保证。建立健全协调配合机制主要应包括以下几个方面：一是重点监管部门联席会议制度。由各级政府领导或各级政府负责安全生产综合管理的部门定期或不定期召集，对关系安全生产工作全局带有普遍性、规律性、综合性、倾向性、苗头性的问题进行分割研究，提出应对措施，并按各自职责分抓好落实。二是安全生产重大问题协调、协商机制。即对安全生产工作中有关涉及跨地区、跨部门、跨行业的问题，带有全面性的安全生产工作部署，地方性法规、规章起草与出台，重大隐患整改等，按照“谁为主、谁牵头”的原则，由主办部门牵头召集，其他相关部门配合，进行必要的协商、协调，达成一致意见并形成明确的纪要，按协商协调议定的事项分头抓好落实。三是联合办公机制。主要包括：联合审批、联合检查、联合执法等。对有关法律、法规规定需要进行审查批准（含批准、核准、许可、注册、认证、颁发证照等）的安全生产重大事项，在涉及几个相关部门时，应尽可能采取联合审批的方式，以提高透明度，搞好各审批环节的合理衔接，确保审批的公正、公平与公开；对生产经营单位涉及安全生产的事项，如安全生产管理制度是否健全、安全生产投入是否有效实施、安全生产各项保障措施是否到位等进行监督检查时，尽可能采取联合检查方式，以保证安全生产检查的整体性；对安全生产中的重大执法活动，也应尽可能由相关部门联合执法，以提高执法的效果。

（6）应急救援机制

应急救援机制是整个长效机制的重要组成部分和重要环节，一个覆盖面广、反应迅速、指挥得当、救援有力的应急救援机制既是贯彻落实“预防为主”的具体要求，也是针对已发生事故采取有效应对措施，遏制事故进一步扩大，减少人员伤亡和财产损失的重要保证。建立应急救援机制必须着眼于六个方面：一是完善、可行的应急救援预案。按照《安全生产法》的规定，县以上地方各级人民政府应组织有关部门制定本行政区域内特大生产安全事故的应急救援预案，应急预案的制定必须将相关的内容考虑周全，包括预案制定的机构，预案的协调与指挥机构，有关部门的职责分工，对事故危险程度的评估，应急救援的组织力量及装备，现场的紧急处置措施，经费保障及预案的演练等。各级政府应制定好预案，再按地区、相关行业制定分预案、子预案，形成一个层次分明、衔接合理、内容完善的预案体系；二是健全顺畅的应急救援体系。这是启动与实施应急救援机制的组织体系，从其组成部分看，应包括应急救援指挥系统，调度与应急处理系统、信息系统、技术支持系统、专家咨询系统、救援组织系统及后勤保障系统等。从纵向构成看，在全国范围内，应包括国家、省、市、县四级应急救援体系，从横向构成看，应包括各级政府相关部门的应急救援体系；三是准确规范的应急处理程序。即明确规定应急预案启动与终止的条件、内容、步骤、过程控制，各项工作的实施主体和相关的责任等方面的内容，使应急处理程序的运行做到规范化、文件化、格式化、精确化；四是分布合理的现场应急救援力量。应逐步培养两支力量，一支是专业力量，一支是社会力量。可以以消防系统、卫生系统、各有关部门专业救援队伍为依托，在适当增加经费、设备、人员投入的基础上，逐步形成功能强大、反应迅速、救援有效的专业救援力量。另一方面，可以将生产经营单位的应急救援组织及社会上的力量（如海上搜救中的渔船及有些地方的义务消防队等），经过必要的训练，作为应急救援的社会辅助力量，与专业救援力量合理联动、密切配合；五是合理必需的经费保障。应逐步将应急救援组织所需的投入及救援活动所需的经费纳入各级财政预算计划，给予必要的保障；六是适当必要的预案演练。即对已形成的应急救援预案应组织必要和适当的演练，及时消除预案中存在的问题，逐步修改完善预案，切实提高救援预案的可行性、针对性和有效性。

（7）激励与约束机制

激励与约束机制是推动各层次责任主体主动抓好安全生产各项工作落实，同时确保其行为合法、规范的作用力量，是长效机制正常、有序运行并有效发挥作用的保证条件。激励机制的建立重点可从三个方面着手：一是建立表彰、奖励制度。即各级政府及有关部门、生产经营单位应对改善安全生产条件，防止事故发生或遏制事故扩大，参加应急救援的有功单位和个人给予表彰，并在物质上给予一定的奖励。二是实行安全生产工作人员待遇从优制度，如对安全生产工作的人员给特殊岗位津贴、安全检查及事故调查工作补贴（类似于有关部门的办案补贴），对从事安全生产工作的人员由政府或有关部门为其购买人身意外伤害保险，对安全生产监管部门的业务工作经费给予足够的保障等。三是安全生产工作荣誉证书授予制度，即对从事安全生产工作 15 年、20 年以上的人员，分别由设区市政府或设区市政府安委会、省级政府或省政府安委会颁发荣誉证书，以肯定他们的贡献，并在退休时的工资待遇上从优照顾。约束机制的构建重点是四个方面：一是依法强化安全生产监管，督促生产经营单位依法落实安全生产的各项保障制度和防范措施，改善安全生产工作基础。二是加大对安全生产违法行为的经济处罚力度，追究安全生产违法行为者依法应承担的经济责任。三是严肃生产责任事故的查处与责任追究制度，对不正确履行职责，不严格落实安全生产责任制，存在失职、渎职行为而酿成事故发生的政府及其部门、生产经营单位的负责人应依照有关法律法规严肃追究其责任。四是加强安全生产行政执法的监督，规范和约束负有安全生产监管职责的部门及其工作人员的执法行为，确保依法行政、文明执法。

2. 贯彻落实各项政策措施

住房和城乡建设部的《通知》，进一步明确了现阶段安全生产工作的总体要求和目标任务。提出了新形势下，加强安全生产工作的一系列政策措施。是指导全国安全生产工作的纲领性文件。各地要充分认识《通知》的重要意义。根据建筑工程施工特点和实际情况，坚定不移抓好各项政策措施的贯彻落实，努力推动全国建筑安装工程安全生产形势的持续稳定好转。

3. 加大安全生产专项投入

住房和城乡建设部《通知》要求，各地要严格落实工程承包企业安全生产责任。要规范企业生产经营行为；强化施工过程管理的领导（项目经理）责任；认真排查治理施工管理中安全隐患；加强安全生产教育培训；推进建筑施工安全标准化。同时，要加强安全生产保障体系建设。要完善安全技术保障体系，完善安全预警应急机制体系建设。加大安全生产专项投入。企业要加强对安全生产费用的管理，确保安全生产费用足额投入。工程项目的建设单位（业主）要严格按照国家有关规定，提供安全生产费用，不得扣减。施工企业必须将安全生产费用全部用于安全生产方面，不得挪作他用。要加强对建筑企业安全生产费用提取和使用管理的监督检查，确保安全生产费用的落实。

4. 加大安全生产监督管理力度

住房和城乡建设部《通知》强调，要加大安全生产监督管理力度。要严厉打击违法违规行为，加强建筑市场监督管理，严肃查处生产安全事故。要建立生产安全事故查处督办制度。重大事故查处，由住房和城乡建设部负责督办；较大及以下事故查处，由省级住房城乡建设部门负责督办。同时，要加强社会和媒体的监督。对忽视建筑安全生产，导致安全生产事故发生的企业和人员，要予以曝光。

【附1】某市地铁工程实现安全生产的做法

某市地铁工程建设采用“BOT”融资模式，强化施工安全管理，取得了安全施工无重大伤亡事故的预想目标。其具体做法值得研究。

所谓“BOT”项目融资，是政府与项目公司签订特许权协议，由项目公司筹资和建设公共基础设施建设工程项目。“BOT”融资结构如图4-11所示。

1. 工程概况

该市地铁四号线二期共设10站10区间，全长15.8km，总投资60亿元。现已全面进入后期装修和设备安装阶段，将于2011年6月建成通车。利用“BOT”工程建设项目管理模式，坚持系统化的风险管理，避免复杂的企业纠纷，提高项目建设质量和效率，是工程建设项目顺利完成的基础。而超前预防，动态监控，及时处置是地铁四号线二期工程建设项目的目标，是确保地下工程项目建设“零伤亡”根本保障。

2. 主要管理方法

（1）建立安全文化，将风险消减在项目建设前期。做到“投入给安全加分，进度给安全让道”。承包企业将安全文化融入员工的行为习惯，贯穿地下工程项目建设管理的每个细节。工程项目选择及地质勘测等前期选线，环境安全分析，工法比对，风险优化设计，承包商与风险的对等性评估，是做好工程项目建设事前防范及风险管控能否安全目标成功的关键。

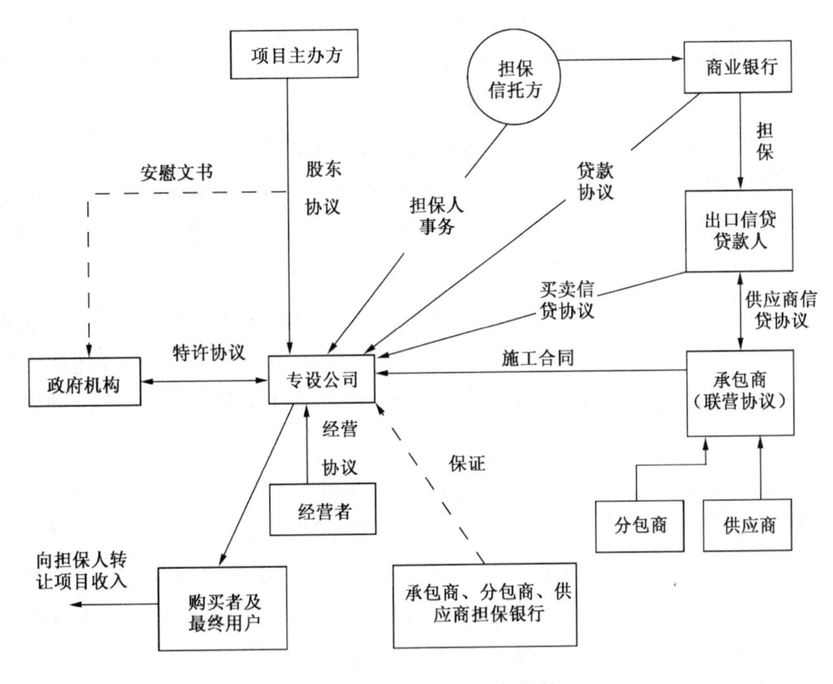

图 4-11　BOT 项目融资结构

(2) 采用规范一致的风险管理工具。成立系统风险保证部，制定系统风险管理规程，依据本企业历年积累的经验数据，参照国际标准编制风险矩阵图，模板化风险辨识、分析、评价、登记、处置等管控工具。在统一的标准之下，依据风险大小，将风险划分为 R1 ~ R4 四个等级。并规定每个不同风险级别的报告、处理、规避原则。

(3) 配置独立的风险管理顾问。在初步设计前，风险管控专家介入工程项目建设前期工作，全程参与规划选线至竣工运营期的风险管理，提供独立风险控制和风险审核意见。风险管控专家审核意见直接上报工程承包公司安全技术和风险管控委员会，作为决策依据。

(4) 提供合理的工期和造价保障。综合考虑地下工程项目建设风险程度、施工复杂性等因素，工程设计阶段尽可能合理科学地确定工期计划。在施工中全程跟踪辅导承包商进行科学的工期管理，消减承包商因工期紧张而赶工程进度所带来的风险。

3. 加大资源投入，确保风险管控工作有效开展

(1) 确保人力资源投入到位。在合同中，按标准量化参加工程项目建设各单位管理人员的数量，组建业主的工程监督队伍。按地下段，每公里 3 人；地面段，每公里 2 人的标准配置了业主驻现场代表和驻现场安全工程师。同时，组建安全管理委员会，安全技术及控制委员会，项目建造安全委员会，系统风险保证组等机构。采用以业主为核心，工程监理为助手，承包商为对象的层级管理模式（短评：应当说，本案例的业主，懂工程、能管

理，且投入施工安全的人力、财力比较到位，甚至比较大。所以，收到了很好的成效。但是，组建庞大的业主管理机构，事事由业主亲自处理，而把监理当作业主的“事务助理”的做法，不符合市场经济体制下的运行规律。应当把业主的这些业务委托给监理单位，实施“大监理、小业主”模式）。

（2）确保风险控制资金投入到位。为风险控制预留了充足的经费。项目管理层在风险控制经费的使用上有优先权和决定权。一旦出现险情，可让施工方按施工合同职责先行处理，再补批手续，审批手续简单，资金到位及时。

4. 强化动态管理，及时处理施工过程中出现的险情

（1）实行动态的设计、施工管理。承包合同分工明确，实施规划设计单位驻现场办公，勘察顾问定期回访等制度。实现勘察、设计与施工无缝配合，让各方及时、充分掌控施工现场的信息。出现险情和异常时，能迅速反应，为险情处理赢得宝贵的时间。

（2）实行动态监测、在线评估模式。承包商按照业主提供的施工风险登记册，使用统一的工具，对施工中的关键点和关键时段进行延续性的风险再评估，再确认。承包商每月更新、提交风险登记册，并进行专家会商。以提醒和保证工程建设项目管理各方始终在关注施工风险。

（3）实施精细化巡查管理机制。推行业主、监理、承包商三方按工程承包合同规定程序把关的精细化巡查管理机制。强化现场监督管理的力度，量化业主各层次人员的旁站、巡查频次和密度。依据现场风险度大小，及时调集不同层次的人员以“巡查、纠正、教育、协调、处理”为导向方式的跟踪巡查处理机制。对施工现场进行覆盖式巡查、全天候跟踪施工情况，确保现场天天有人跟、关键点时时有人看。

（4）坚持持续改进，推动风险控制系统自我完善体系。

①为确保风险控制系统在既定的模式中有效运作，工程承包企业安排外部顾问、专家审核组等专业审核团队，定期，不定期地对项目建设风险管控体系及监理、承包商管理系统有效性进行独立地审核评价。以确保工程质量安全管理“持续、有效、受控”目标的实现。

②风险管控是一个动态和不断发展的过程，所面临的挑战也在不断变化。工程项目建设管理坚持安全至上的企业管制。对各方职责、不断地检讨，持续地改善提高风险控制水平，以应对工程项目建设有关作业条件的变化。

【附2】关于加强矿山工程建设监管

矿山工程建设是建设领域里难度较大、危险性较高的行业。矿山工程建设的复杂性、危险性，以及建设环境条件的低劣性等，决定了它是工程建设监管的重点之一。近几年，我国的矿山工程建设屡屡发生重大施工安全事故，更引起了各有关方面的高度重视。因此，加强对矿山工程建设的监管力度成了大家的共识。总结对矿山工程建设监管的经验，可归纳为应当做好以下几个方面的工作。

（1）认真组织审查矿山工程建设开发项目评估。其中，尤其要注意对于勘探结果的评估审查、地质特点评估的审查，以及建设计划的评估审查。以确保评估意见的真实性、可靠性、科学性和可行性。煤炭矿区开发项目评估程序如第三章图 3-5 所示。

（2）认真组织专家审查矿山工程建设设计，特别是有关井巷工程设计的可靠性、合理性审查。

（3）认真组织专家审查矿山工程建设项目施工组织设计，并严格按照井巷工程施工规范施工。确保工程建设进度与工程质量的协调、统一。尊重科学，讲究方法，避免和杜绝盲目蛮干。

（4）加强监管，特别是领导干部要亲临第一线管理。现阶段，在制度化管理难以到位、奏效的情况下，强化直接管理手段是非常必要的。山东安全生产管理局已制定《山东省金属非金属矿山企业领导下井带班暂行规定》，要求金属非金属矿山企业必须确保每个班次至少有1名领导在井下现场带班作业，并与工人同时下井、升井。根据这一规定，遇到险情时，带班领导要立即下达停产撤人命令，组织本区域人员及时、有序地撤离到安全地点。矿山工程项目建设亦可参照此类规定，加强施工作业管理。

（5）严格实施建设监理制度。矿山工程项目法人不仅要委托符合资质的监理单位，而且，要委托监理单位真正实施“三控制”监理，充分发挥建设监理的智能和作用，为矿山工程建设安全把好关、服务好。

（6）严肃规范业主的行为。现阶段，煤矿建设的业主，一般有两大类：一类是国有企业，一类是民营企业（包括个体企业）。无论是哪一类企业，都存在着不严格按照建设程序建设，尤其盲目压工期、压造价，甚至把委托监理当做形式等的违规行为，必须认真督察，坚决纠正。

第三节　外资工程项目质量安全管理

我国改革开放以来，在工程建设方面，吸纳外资的额度迅猛增加。据有关资料介绍，20世纪90年代，我国每年实际使用外资建设的工程项目，其工作量猛增到数百亿美元，比80年代增加了10倍（如1995年与1985年相比），如表4-4所示。

我国利用外资递增简况　　表4-4

年　份	1983	1985	1988	1990	1991	1995	2001	2006
实际使用外资（亿美元）	19.81	46.47	98.4	102.89	115.54	481.37	496.7	735.23

注：资料来源于国家统计局公告。

改革开放前，基本上没有使用外资投入固定资产建设；1983年实际使用外资不足20亿美元，1988年就增加到近百亿美元，以后增长更快。外资工程项目涉及工业、交通、水利、农业、环保、城市基础设施等多个行业。

随着我国经济的发展，全球经济一体化进程的加快，我国既吸纳外资，也向外投资。但是，总体来看，利用外资进行工程建设的规模依然不小。当然，无论外资项目多少，搞好这些工程项目建设管理，都是必要的。一般说来，对于外资工程项目建设的管理仍然是以工程质量、工程安全为主。本节从利用外资建设项目的建设程序入手，就项目的规划管理、施工质量管理、工程安全管理，包括工程经济管理作一简略介绍。

一、利用国外投资工程项目建设程序

（一）利用国外投资建设工程项目类别

1. 利用国外贷款建设工程项目

（1）我国目前借用国外贷款的渠道，主要有国际金融组织贷款、商业银行贷款与政府贷款。外资建设工程项目，分限上、限下两档。限上项目（固定资产投资折合人民币数值应按有关部门规定）由地方、部门上报国家主管部门审批；限下项目，由地方有关部门审批，报国家主管部门备案。利用国外贷款限上项目建设程序如图4-12所示。

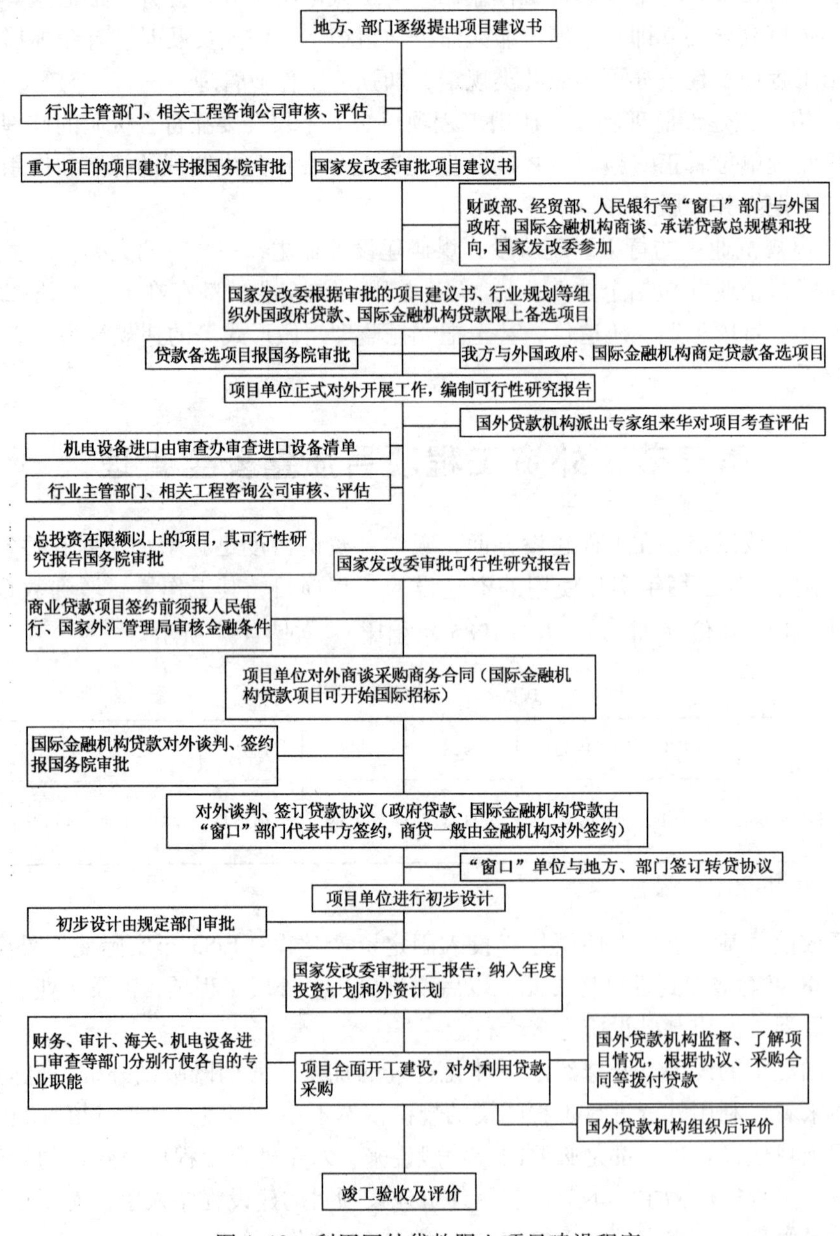

图4-12　利用国外贷款限上项目建设程序

（2）建设资金的国外来源如表4-5所示。

建设资金的国外来源　　表4-5

国外资金形式	说　　明
1. 政府贷款	也叫国家贷款，是友好国家政府间为援助发展中国家经济和促进本国出口贸易而提供的优惠长期贷款。主要有：（1）日本"海外经济协力基金"；（2）德国"复兴信贷局"；（3）英国"援助与贸易基金"（ATP）；（4）美国"国际开发署"。有时，外国政府贷款的同时必须连带使用贷款国一定比例的出口信贷，两种贷款作为一个整体借贷，称为混合贷款
2. 国际金融机构贷款	国际金融机构包括联合国的专门机构及其地区性的国际金融机构，他们按照各自设立的目的和规定的方向，根据会员国的申请，经审查核准后提供贷款。这些机构主要是：（1）国际货币基金组织（IMF），主要对会员国解决国际收支逆差的短期贷款；（2）世界银行（World Bank），"世界银行集团"的简称，由国际复兴开发银行、国际开发协会、国际金融公司和多边投资担保机构组成，宗旨是通过提供资金和咨询，帮助发展中国家提高生产力；（3）亚洲开发银行（ADB），亚太地区区域性的政府间国际金融机构，宗旨是向本地区发展中国家提供贷款和技术援助
3. 出口信贷	是西方国家为支持扩大本国工业品出口，加强本国商品在国际市场上的竞争力，由政府采取对银行贴息并提供担保的办法，鼓励本国商业银行对出口商（卖方）或国外进口商（买方），提供低利息贷款，以解决买方支付的需求，主要有卖方信贷和买方信贷两种
4. 商业贷款	外国商业贷款是指在国际资金市场上筹措的自由外汇贷款。这种贷款一般可以自由使用，不受与特定进口项目相联系的限制。这种贷款资金来源多，手续简便，交易迅速，主要有：（1）短期贷款；（2）双边中期贷款；（3）银行集团贷款（金额大，期限长）
5. 合资经营	即股权式合营，指外国企业、其他经济组织或个人，与我国企业或其他经济组织，在平等互利的原则下，依照《中华人民共和国中外合资企业法》的规定，在我国境内联合投资兴办企业（具有法人地位的有限责任公司）。其特点是按股权比例分配收益
6. 合作经营	即契约式合营，指外国企业、其他经济组织或个人与我国企业或经济组织，在平等互利的原则下，在我国境内共同举办的合作经营企业或项目。其特点是，中方提供土地、资源、劳动力和劳动服务，有些也包括厂房、设备等设施，而外方提供资金或技术、设备、材料等，双方按契约规定的分成比例分配收益
7. 外资企业	指依据《中华人民共和国外资企业法》的规定，在中国境内设立的全部资本由外国的企业或其他经济组织或个人投资的企业
8. 合作开采	我国和外国石油企业合作开采，是指以政府授权的国家石油公司为一方，以外国石油公司为另一方，根据双方签订并经批准的合同，共同进行石油勘探、开发和生产
9. 补偿贸易	又叫往返贸易，是在信贷的基础上，由买方进口的设备或技术、原材料等，在商定的时间内，用产品而不是现汇去支付贷款。它是商品贸易、技术贸易和信贷相结合的产物
10. 对外加工装配	由外商提供一定的原材料、零部件、元器件，必要时提供某些设备，由我国工厂按对方要求进行加工或装配，成品交给对方销售，我方收取工缴费。外商提供设备的价款，我方用工缴费偿还

（3）国外贷款项目工程费用构成内容框图如图 4-13 所示。

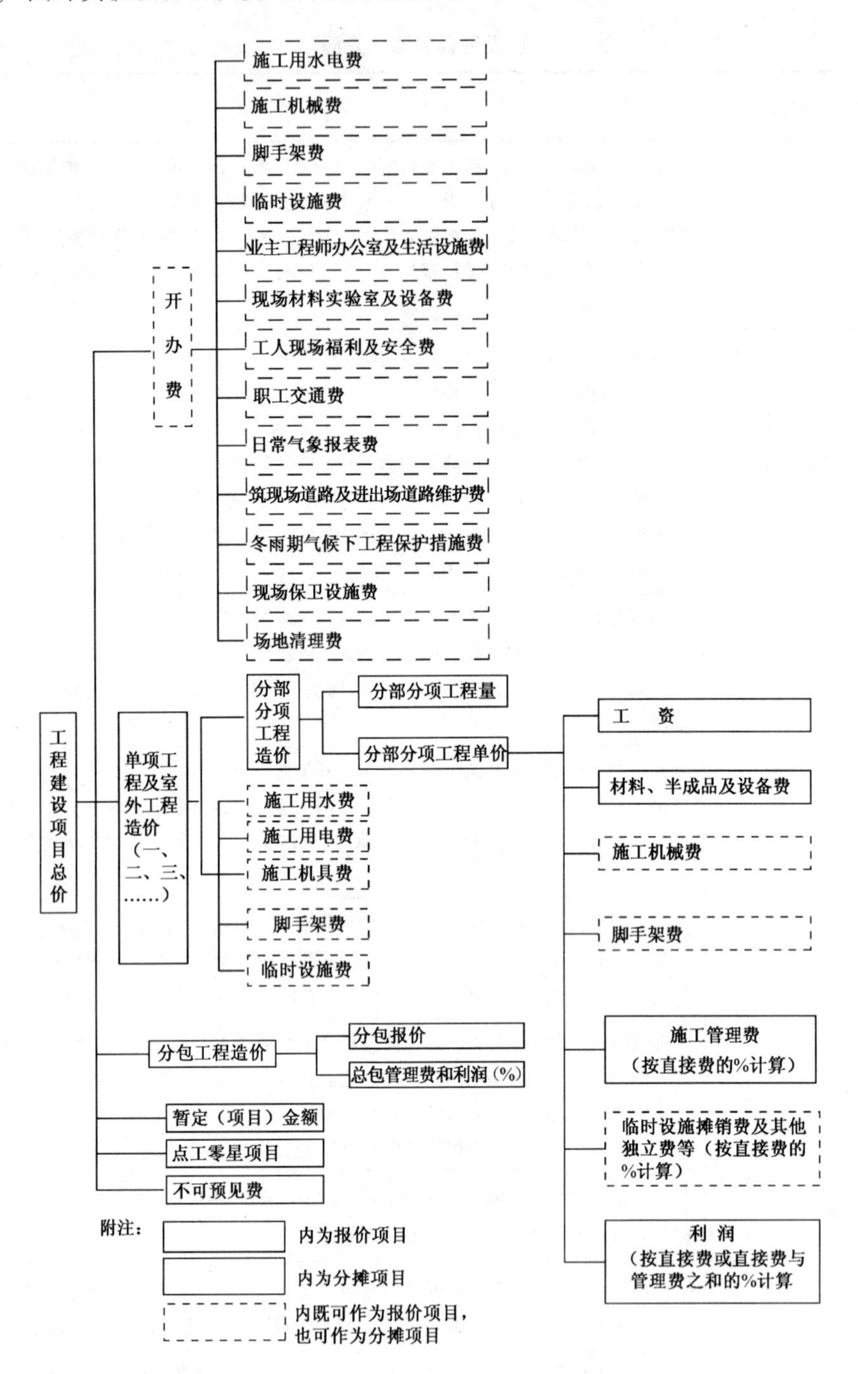

图 4-13　国外工程费用构成内容框图

（4）国外贷款项目建筑安装工程造价构成如图 4-14 所示。

2. 外商直接投资建设工程项目

我国目前外商直接投资项目主要有独资、合资和合作经营项目。

外商投资项目的筹建程序，一般包括项目建议书、可行性研究报告、签约、批准证书、办理工商登记等阶段。其中：在国内建设外商独资企业审批程序如表4-6所示。

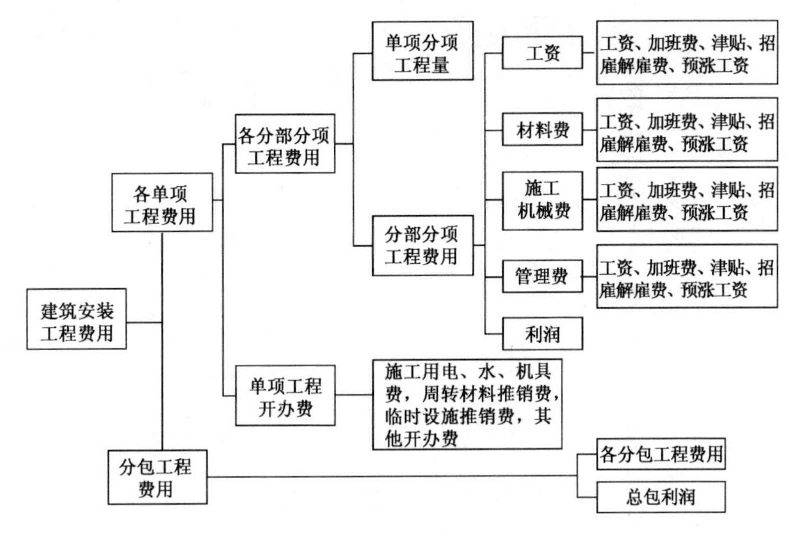

图4-14　国外建筑安装工程造价构成

外商独资企业审批程序表　　表4-6

程序	审批机关	各阶段的主要工作	所需文件
申请设立外商独资企业	对外经济贸易部门	在中国境内设立外商独资企业的外国投资者选定厂房和场地（按所在地区的有关规定办理手续）；向设立企业所在地的审批机关提出设立企业的书面申请书；申请批准后，发给批准证书	1. 选定厂房或场地的证明书；2. 中华人民共和国外资企业申请书；3. 企业章程；4. 董事会名单；5. 可行性研究报告；6. 外商所在国家或地区的资信证明书；7. 外商所在国家或地区的工商注册登记（复印件）；8. 经合法公证的外商法定代表资格证明文件；9. 如有委托、代理单位的需要提交委托、代理合同
领取营业执照	工商行政管理部门	凭批准证书和批件向外商独资企业所在地的工商行政管理部门办理注册手续	1. 有关外资企业所在地区政府部门的批准手续和批准证书；2. 企业章程；3. 投资者所在国家或地区的营业执照及有关文件；4. 外商所在国家或地区的资信证明书
投资者凭营业执照向该地区的银行、税务、海关、外汇管理部门办理有关手续			

（二）利用外资工程项目建设程序

1. 一般建设程序

项目建设阶段的划分，按照项目建设工作展开的时间顺序，项目建设可分为若干个阶段或时间段。由于工程项目涉及单位所处的角度以及各阶段归集的项目建设工作内容不同，工程项目的阶段划分为决策、实施阶段。目前，在国际上还没有统一的方法和标准。国外投资项目建设的一般程序如图4-15所示。

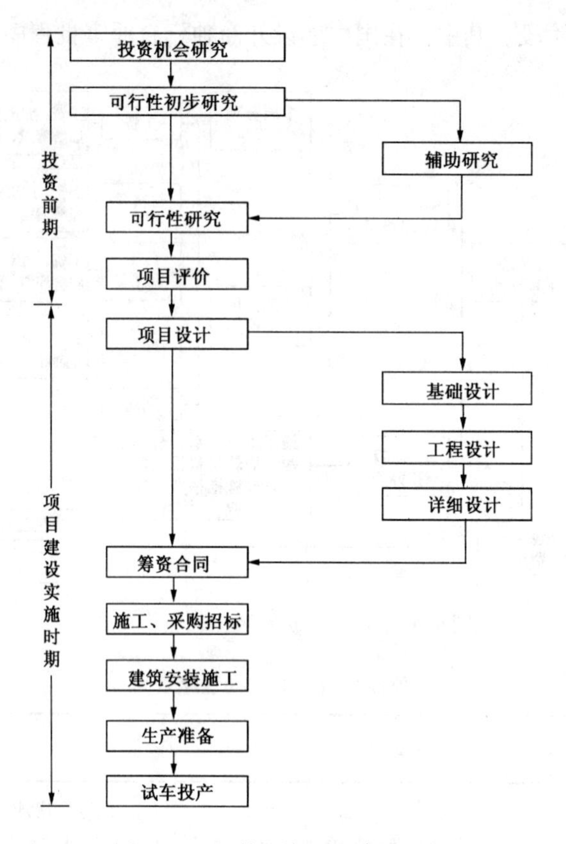

图 4-15　国外投资项目建设程序

2. 世界银行贷款项目建设程序

世界银行贷款建设的工程项目阶段划分。世界银行从发放贷款的角度规定了项目建设阶段、主要内容分为六个阶段。分别是：项目选定；项目准备；项目评估；项目谈判；实施监督；总结评价。世界银行贷款项目阶段划分及活动内容如图 4-16 所示。

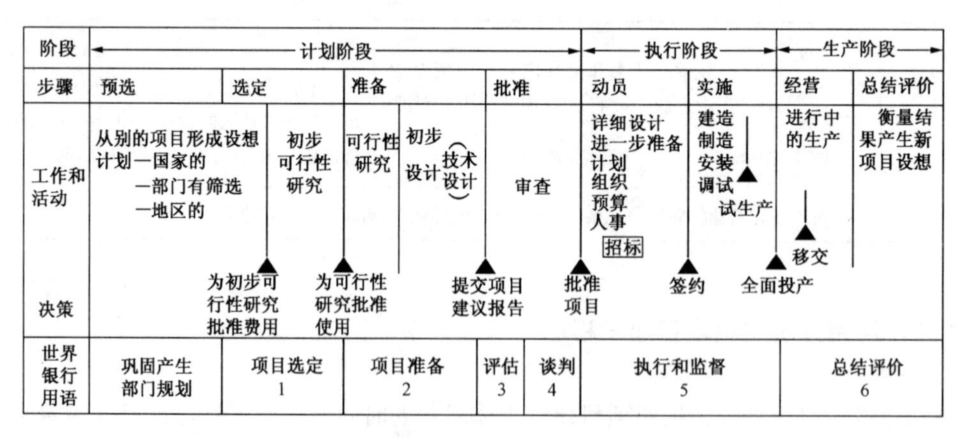

图 4-16　世界银行的项目阶段划分及活动内容

3. 联合国工业组织的贷款项目建设程序

联合国工业组织的工程项目，划分为七个建设阶段：形成概念；确定定义和要求；形成项目建设内容；授权；具体活动开始；责任终止；总结评价。

二、外资工程项目质量安全管理

为了搞好外资工程项目建设管理，2000年5月，原国家计委印发了《关于加强利用国际金融组织和外国政府贷款规划及项目管理暂行规定的通知》（计外资［2000］638号，以下简称《通知》，见附件）。《通知》明确指出，改革开放以来，利用国际金融组织和外国政府贷款作为我国对外开放、利用外资的重要组成部分，取得了很大成绩，有力地促进了我国经济建设和社会事业的发展。为进一步明确和规范利用国际金融组织和外国政府贷款规划及项目管理的有关程序和要求，将“工作重点切实转向以提高质量和效益为中心”，采取有效措施，提高利用国外贷款水平，保证主权外债安全，外资工程项目要实行项目法人责任制、工程监理、招标投标制、合同管理等各项制度。对于这些项目，国家计委还将进行稽查，强化项目实施的监督和检查。可以说，对于外资工程项目建设的管理，一是国家比较重视；二是有关办法逐渐齐全；三是有关单位都比较认真负责且积极管理，所以，取得了很好的成效。像鲁布革水电站、广西岩滩水电站、二滩水电站；京九铁路、四川万达铁路；京津塘高速公路、洛（阳）开（封）公路；海南岛洋浦港、首都机场二期扩建；北京环保、天津城建等一大批利用外资建设的工程，都顺利地完成了工程建设任务，并积累了宝贵的建设经验。

（一）质量管理

利用外资建设的工程，对于工程质量尤为重视。应该说，外资工程项目的建设全过程的质量管理工作都比较好。概括这些成功的经验，主要是“严把三道关”，即把好“工程项目咨询关、施工程序关、施工规范关”。

1. 把好“工程项目咨询关”

利用世界银行（以下简称世行）等世界金融机构贷款建设的工程项目，都要经过相当长的准备阶段。其中，主要的工作之一，就是把好工程项目咨询关，搞好立项和规划设计质量工作。这是世行的一贯行事规则，也是世行对于贷款项目的要求。其目的就是要减少贷款风险，提高投资质量。归纳世行项目管理工作，一般都特别重视以下几方面的工作。

（1）项目准备和评估，力求使对项目的认识有严谨的科学分析深度。

（2）项目的法人机构精简、干练、认真、务实。

（3）严格程序管理，强化预控。

（4）严格连续跟踪监督。

（5）实行PDCA循环管理，不断改进、提高管理成效。

工程项目立项时，反复地咨询。其实，工程项目建设的每个阶段，甚至每一重大事项决定之前，世行都要求进行咨询。达到事事明白、项项科学，甚至比较有成功的把握。像京津塘高速公路工程，为了搞好路面结构设计，反复进行咨询、论证。最终确定科学合理的厚度，并妥善地解决了防滑、耐磨、防裂等一系列技术难题。为建设合格的高速公路工程奠定了坚实的基础。

2. 把好“施工程序关”

工程施工程序，特别是大型工程的施工程序，是一项严谨的、科学的系统工程。编制这样的程序要下大工夫，确定程序之后，更要严格执行。世行项目管理，特别强调按照既定的程序进行。在鲁布革工地上，日本的大成公司按照施工程序的基本要求，编制了一套网络进度计划，且严格依照网络进度计划管理，控制项目进展，把奖励与关键线路结合。若工程在关键线路部分，完成形象进度越快奖金越高；若在非关键线路部分的非关键工作，只要按照计划进行即可，并非进度越快，奖金也越高。甚至在一定阶段，干得越快，奖金反而要降低。由于严把了施工程序关，再加上大成公司总体上乘的管理，他们仅有30人左右的项目管理机构，劳务层同样是中国的水电工人，却比合同工期提前百余天（4个多月）完成了鲁布革引水隧道工程的掘进业务，在鲁布革工地上竖起了标杆旗帜。

广州从化抽水蓄能电站施工时，也编制了严谨、科学的施工作业网略计划，强调严格按照既定的程序进行。建设过程中，既没有组织突击性的人海战术搞会战，也没有停止传统的节假日休息，实现了真正意义上的“均衡生产”。而且，仅用了58个月，就全部建成。其速度之快达到了世界领先水平——低于世界同类电站的建设周期，还远低于具有一定调峰能力的燃煤电站的单位千瓦投资。

3. 把好“施工规范关”

外资工程项目施工阶段的质量监管，由3个层面分别进行。即政府层面，工程质量监督站的监管；“工程师”，即监理的监管；承建商自己的监管。首先是承建商自己检查，凡须由监理确认的检查项目，承建商内部检查合格前，绝不提交监理核验。同时，如监理抽查发现有不合格的材料或工程，他就认定这一批材料或工程都不合格。所以，总的来看，在外资项目施工阶段，对于工程质量的监管，可以说是十分严格，一丝不苟，甚至是不讲情面。

通常，世行采取以下方法监督管理项目的实施。

（1）审查招标（合同）文件；

（2）审阅项目法人单位所提供的各种报告、资料；

（3）定期或不定期派遣项目官员或小组赴现场检查、监督；

（4）聘请特别咨询团进行监督；

（5）审查提款申请。

其中，委派“工程师”（包括中方），即监理，对于施工现场的质量监督是非常苛刻的。如在京津塘高速公路工程工地，监理一旦抽查发现拉到工地的沥青混凝土温度达不到规定的要求，则这一批沥青混凝土都报废，不得摊铺使用；路基碾压的密实度达不到要求，绝对不许进行路面结构施工；任何规定须由监理签认的手续，哪怕是极为简单的事项，在监理签认前，一律无效。

（二）安全管理

外资项目的安全管理，总体来说是比较好的。如上所述，我国成功地利用吸纳的外资，高水平地建成了一批工程项目。而且，从项目后评价来看，基本上都达到了预期的目的。也就是说，外资项目的安全度是比较高的。这足以说明，外资项目建设的安全管理，在组织体系上，是健全的；在制度体系是，是正确的；在工作方法上，是奏效的。

其实，外资项目的安全管理，与国内其他工程项目建设的安全管理的形式和内容，没有原则的区别。特别是在工程施工阶段，基本上是一样的——都有类似的安全管理体系；都有项目的具体安全措施；都有相同的监督机构；在同一地区，还有相同的外部环境。只是自觉不自觉地认真落实与否的区别。

如，关于各个工种施工安全操作规程问题，一般都有明确地规定，同时，还有具体的监督办法，甚至都有一定的奖惩措施。在外资项目工地上，由于多方面的关注，各个层级都注意认真落实。而在内资项目工地上，却往往凑合，甚至草率应付。其结果可想而知，即便是相同的工程，其安全形势，很可能是大相径庭。

当然，有些外资工程项目工地上，也有独到的安全管理形式，值得借鉴。如，有的外资工程项目工地上，定时组织安全员进行现场安全生产情况检查。查出问题当场记录并开出整改单，整改情况交由负责安全工作的领导检查落实。还要定期召开安全生产情况通报例会。由各单位汇报安全生产情况，由主持会议的领导进行讲评，并提出今后的工作要求。从而做到：事前有准备、事中有检查、事后有总结。这样周而复始、递进式推进工作，不断提升安全工作水平，达到安全生产的目标。

外资项目的安全管理，还包括工程建设的环境安全管理。主要包括立项报告、建设实施，以及投产使用后，都应有环境评价报告。环境评价报告没通过，则不能立项；施工中环境评价报告没通过，则须停工整改；投产使用期间环境评价报告没通过，则应停产整顿这些安全管理愈来愈受到关注。为此，国家环保部（原环保局）特印发通知，作出了具体规定。详见本节附件 2 国家环境保护局、对外经济贸易部《关于加强外商投资建设项目环境保护管理的通知》（环法［1992］057 号文）。

（三）经济管理

在外资工程项目管理中，经济管理问题对于项目的安全度也是举足轻重的大问题。一般来说，影响外资工程项目费用变化的因素比较多。诸如外资和配套资金到位时限的协调、工程量计算方法的统一、工程设计变更的确认、索赔与反索赔的处理，以及汇率变化的处置等等。这方面的经济管理问题，往往是外资工程项目管理中经常遇到的事情。为此简要介绍如下。

1. 国际通用建筑工程量计算原则

现阶段，国际上计算建筑工程量，一般情况下，使用英国的建筑工程量计算原则。由工料测量师根据招标文件要求，编制工程量清单。

国际通用的建筑工程量标准计量规则，即通称 SMM 体系。自 1922 年第一版问世，到 1988 年 7 月 1 日，修订成第 7 版。目前，世界上大多数国家都采用这种计价模式。该模式的特点是：工程量计算规则统一化；工程量计算方法标准化；工程造价的确定市场化（其量价分离、公平竞争的平台，给市场化和规范化带来便利条件和更大空间）。从而，推动了各国建筑工程市场化的进程，同时，避免参与国际竞争的各方产生矛盾和陷入市场误区。

国际通用《建筑工程量计算原则》的内容，从 A 节始到 R 节止。全部计算原则的内容包括：总的要求、现场工程、混凝土工程、砌筑工程、金属结构工程、木作工程、隔热和防潮工程、饰面工程、附件工程、设备、家具陈设、特殊工程、传送系统、机械安装工程、电梯安装工程等计 15 部分。

2.《建筑工程量计算原则》的总则

为了使我国工程建设招标，能够掌握应用该计算原则的基本精神，现将其“GP 节总则”摘录如下：

“GP1 工程量计算原则：

1. 本原则作为计算建筑工程量的统一依据，在执行本原则时，为了说明工作的确切性和工作条件，尚须制订较本文所要求的更为详细的细则。

2. 本原则如用于特殊地区或本原则未包括的工程时，可制定补充规定，并作为附录予以载列。”

“GP2 工程量表：

1. 工程量表的作用是：

（1）有助于为招标准备提供统一的工程量；

（2）根据合同条件，为工程项目的财务控制提供基础。

2. 工程量表说明及代表所需进行的工程；对于不能计量的工程项目应注明其近似值或近似工程量。

3. 合同条件、图纸及工程说明书应与工程量表同时提供。

4. 本原则的各节标题和分类不作为工程量表的表式及其大小的限制。”

“GP3 计量方法：

1. 工程量以安装就位后的净值为准，且每一笔数字至少应接近于10mm的零数；此原则不应用于项目说明中的尺寸。

2. 除另有规定外，以面积计算的项目，小于1m的空洞不予扣除。

3. 最小扣除的空洞系指该计量面积内的边缘之内的空洞为限；对位于被计量面积为边上的这些洞，不论其尺寸大小，均须扣除。

4. 如使用本原则以外的计量单位时，必须在补充规定中加以说明。

5. 对小型建筑物或构筑物可另行单独规定计量规则，不受本原则限制。”

“GP4 项目必须包括的全部

除另有规定外，所有项目应包括合同规定的所必须完成的责任和义务，并应包括：

1. 人工及其有关费用；

2. 材料、货物及其一切有关费用；

3. 机械设备的提供；

4. 临时工程；

5. 开业费、管理费及利润。”

“GP5 项目的说明：

1. 凡需列举的项目，或为此需要的项目，均须全面说明。

2. 以长和宽计量的项目应注明其断面尺寸、形状大小、周长或周长的范围以及其他适当的说明；管道工程应注明其内径或外径尺寸。

3. 以面积计算的项目应注明厚度或其他适当的说明。

4. 以重量计量的项目应注明材料的厚度，必要时应注明其单位重量（如空调风管工程）。

5. 对于专利产品应尽量适合制造厂价目表或习惯的计算方法，可不受本原则的限制。

6. 工程量表中的项目说明，可以其他文件或图纸为依据。在这种情况下，应理解为该项资料是符合本计算原则的。此外，也可以公开发表的资料为依据。”

“GP6 由业主指定专业单位施工的工程：

1. 除合同条件另有要求外，由业主指定专业单位施工的工程，应另立一个不包括利润的金额数。在这种情况下，可列出一个专供增加承包人利润的项目。

2. 由承包人协助的项目，应单独列项。其内容包括：

（1）使用承包人管理的设备；

（2）使用施工机械；

（3）使用承包人的设施；

（4）使用临时工程；

（5）为专业单位提供的办公和仓库位置；

（6）清除废料；

（7）专业单位所需的脚手架（说明细节）；

（8）施工机械或其他类似设备的卸货、分配、起吊及安装到位的项目（说明细节）。”

“GP7 由业主指定的商人提供的货物、材料或服务：

1. 除合同条件另有规定外，由业主指定的商人提供的货物、材料或服务，应列一个不包括利润的金额数。在这种情况下，可列出一个专供增加承包人利润的项目。

2. 货物、材料等的处理应根据本计算原则中有关条款的规定。所谓处理，系包括卸货、储存、分配及起吊，并说明其细节，以便于承包人安排运输及支付费用”。

“GP8 由政府或地方当局执行的工程：

1. 除合同条件另有要求外，只能由政府或地方当局进行的工程，应另列一个不包括利润的金额数。在这种情况下，可列出一个专供增加承包人利润的项目。

2. 凡由承包人协助的工作，应另列项目，其包括内容同 GP6. 2 条。”

“GP9 零星工程（计日工作）：

1. 零星工程的费用应另列一金额数，或分别列出各不同工种的暂定工时数量表。

2. 人工费中，应包括直接从事于零星工程操作所需的工资、奖金及所有津贴（包括操作所需的机械及运输设备）。上述的费用应根据适当的雇佣协议执行，如无协议，则应按有关人员的实际支付工资计算。

3. 零星工程中的材料费，应另列一项金额数，或包括各种不同材料的暂定数量表。

4. 列为金额数或表内的材料费，应为运到现场的实际发票的价格。

5. 专用于零星工程中的施工机械，应另列一项金额数；或包括各种不同设备种类的暂定台时量表，或每台机械的使用时间。

6. 施工机械费应包括燃料、消耗材料、折旧、维修及保险费。

7. 每项零星工程的人工、材料或施工机械费上，可另列一个增加承包人的开业费、管理费及利润的项目。

8. 承包人的开业费、管理费及利润应包括：

（1）人工的雇用（招聘）费用；

（2）材料的储存运输和贮存损耗费；

（3）承包人的管理费；

（4）零星工程以外的施工机械费；

（5）承包人的设施；

（6）临时工程。”

“GP10 不可预算费：

除合同条件另有条件要求外，不可预算费另列一项金额数，但不可另计利润。”

3. 关于工程索赔

（1）索赔内容及其条件

1）工程变更。工程变更是项目施工中最常见的情况之一。凡是遇到超出合同约定的“额外工程”的状况时，承包商可申请。

2）工程拖期。在以下情况时，承包商方可向业主提出索赔：

①监理或业主代表延长工程施工工期。

②监理或业主代表因其他原因提出停工，从而影响到整个合同的工期。

③监理或业主代表提供的技术规范、设计图纸等技术文件有重大失误或更改，造成承包商返工或延误工期。

④监理或业主代表不能按时向承包商提供设计图纸、施工场地、施工顺序等而给承包商造成窝工和重大的经济损失。

⑤业主在合同规定的时间段内未按时支付已完成的工程款项，可要求其支付延期利息。若拖欠时间过长，还可据理停工。

⑥与合同规定的施工区的实际条件不符，承包商有权提出索赔。

⑦加速施工

当由于业主或其他客观原因，导致工程项目无法按合同规定完工时，承包商可据此向业主提出索赔。

⑧延长工期

⑨物价上涨。对于外籍人员来讲，通常是采用承包商国籍国的经济统计部门发布的价格公告为参考。价格调整幅度通常在3%～5%之间浮动。如何选择工程款的支付货币及其汇率等，需要在实践中探索技巧。

⑩当地政府法令法规的不利变更。如当地税率的提高，税种的增加；外汇管制使当地币贬值；对外籍人员的特别征税等。

⑪业主方面的违约行为。

（2）反索赔

国际上索赔与反索赔的交互流程如图4-17所示。

建立索赔组织；提出索赔要求；报送索赔报告；索赔谈判；索赔争议的解决：裁判、和解、调解、仲裁、或诉讼。具体程序如图4-18所示。

三、菲迪克模式的工程安全管理

（一）实行菲迪克模式的基本条件

按照菲迪克条款进行工程建设管理，早已成为世界普遍采用的模式。我国自20世纪80年代开始，在鲁布革水电站工程建设中采用该模式以来，不断扩大、深化。学习、了解并掌握应用菲迪克管理模式的企业和人士越来越多。中国工程咨询协会代表中国工程建设中介服务机构于1996年10月加入了国际咨询工程师联合会。为我国工程建设中介服务机构进一步了解、掌握菲迪克模式，进一步为工程建设服务好，提供了便捷、有利的条件。

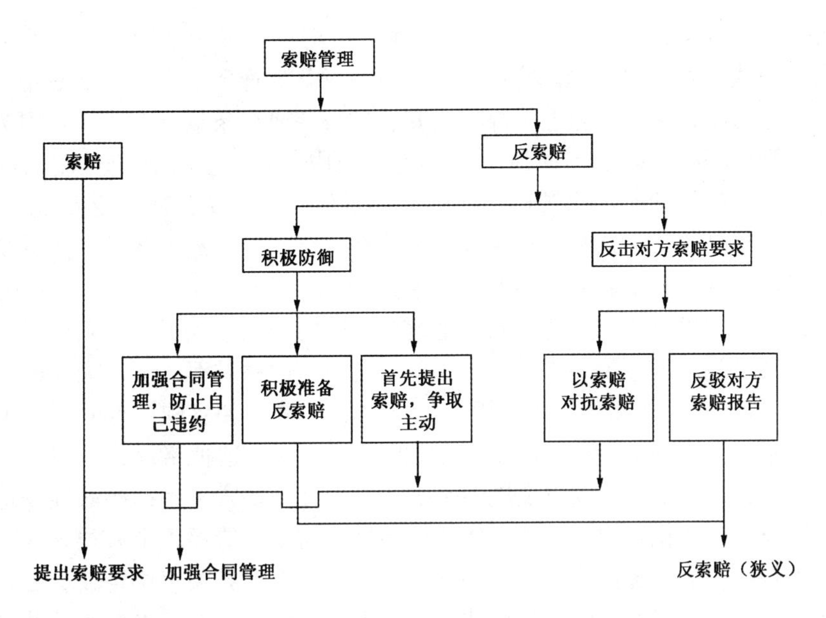

图4-17 国际上索赔与反索赔

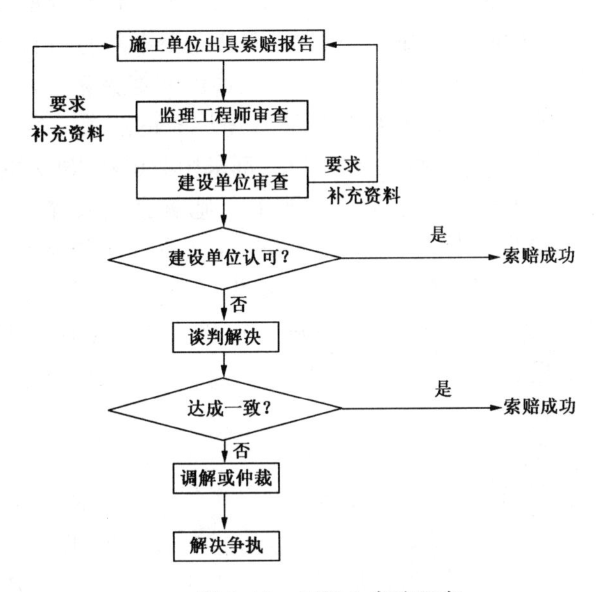

图4-18 国际上索赔程序

工程咨询/监理是适应世界经济和科技迅速发展的形势，而出现的智力服务产业。它以综合运用多学科专家所拥有的知识、技术、经验的优势，为经济建设和工程项目的决策、实施和管理提供全过程服务。为避免决策失误、降低投资风险和提高经济建设效益，发挥着越来越重要的作用。各国政府和各类投资业主，都很重视工程咨询/监理。在长期发展中，工程咨询/监理积累了充分发挥专业技术人才作用的丰富经验。为在工程建设中，不断提高建设水平、提高投资效益，发挥着越来越突出的作用。

实行菲迪克条款管理模式，是工程建设管理改革的方向，这已经是不争的事实。应当说，我国开创工程建设监理制，为实行菲迪克条款模式奠定了必要的基础。众所周知，没有建设监理/咨询，就没有建设市场的中介。建设市场没有三元结构模式，就不能实行菲迪克条款管理模式。可以说，建设监理是实行菲迪克条款管理模式的必要条件。

最近几年，在工程项目管理上，都在研究、试行菲迪克条款模式。这是因为，无论是走出国门，遇到的国际建设市场的情况，还是在国内，亲历多元投资体制的期许，都觉得，菲迪克条款下的管理模式比较科学、严谨。而且，它不仅有利于建设市场上的买方，也有利于卖方。就是说，它有利于买卖双方都能获取合理的、最大效益。尤其是，有利于建设市场的健康发育。所以，菲迪克条款越来越受到广泛地关注和欢迎。

另一方面，新技术革命的快速发展，把世界各国的交往推到了一个新阶段。地球上的空间距离"缩短了"；信息的"时间差"也趋于消失。这种局面，不仅大大改变了人类的生活条件，而且，加快了经济生活的国际化。开放的世界，使各国原有的"一国经济"正在走向"世界经济"，从而，形成了相互依赖的经济格局。这种格局，就叫做全球经济一体化。这种格局，是化解全球经济发展不平衡和各国经济要素不平衡的必经场地，也是社会进步必然阶段。在此化解的过程中，便能提高社会功效，造福于全人类。这是社会发展的大趋势，也是我国必然选择的道路。特别是，恢复我国世界关贸协定成员国之后，这种前进的步伐越来越大。建设领域更是如此，想放慢脚步都不行。所以，实行菲迪克条件下的工程管理模式，是市场经济体制发展的必然，是提高工程建设总体效益希望的所在。因此，应认真研究国际项目管理菲迪克的基本内涵，积极实行菲迪克条件下的管理模式，是经济发展的需要，是社会发展的需要，更是摆在我们面前的重要课题。

总结积累的经验，根据不断变化的客观环境和新形势的需要，世界银行已决定，从2003年开始，所有使用世界银行款项的工程项目，都采用菲迪克1999年第1版合同条件。

新版菲迪克合同条件，共有7部分组成，即①《施工合同条件》（新红皮书）；②《生产设备和设计施工工程合同条件》（新黄皮书）；③《设计采购施工（EPC）交钥匙工程合同条件》（银皮书）；④《简明合同格式》（绿皮书）；⑤《菲迪克（FIDIC）合同指南》；⑥《工程咨询服务协议书标准格式》（白皮书）和⑦《白皮书指南》。经国际咨询工程师联合会授权，中国工程咨询协会已组织翻译出版以上菲迪克新版全套合同条款和说明。

1. 实行菲迪克模式必须实行监理制

采用菲迪克合同进行项目管理，必须培养"工程师"（以下统称"监理"），才能对项目建设进行全过程的咨询服务和工程监理。应当充分认识监理的作用；明晰监理的职责。在菲迪克条件下，监理责任重大。因为，他们工作的好坏，往往不仅影响工程建设的好坏，而且，影响到使用（运行）单位长期的日常生活；影响到国家的建设投资、城乡的面貌、民族建筑文化，甚至于国家对外的形象。

现阶段，我国的建设监理人才，十分匮乏。据住房和城乡建设部2008年的不完全统计，全年有约35万个工程建设项目，而注册监理工程师总数，尚不足10万人。且不说有相当一部分注册监理工程师，根本不在建设监理行业，不能充任项目总监。即使全部注册监理工程师充任项目总监，每人也要承担3.5个项目。显然，这是不可能的。就是说，我国的建设监理人才数量严重短缺，远远满足不了工程建设的需要，急需花大力气，认真解决。

当然，培养建设监理人才不可能一蹴而就。俗话说，"十年树木，百年树人"。建设监理人才的培养，既要有只争朝夕的精神，又要脚踏实、稳扎稳打，一步一个脚印地向前进。现阶段，关键的是要理清思路、拟定政策、发动群众，融合各方面的积极性，共同搞好人才培养工作。同时，要注重建设监理通才的培养，特别是建设监理人才的经济能力、协调能力，以及外语水平的培养提高。

在菲迪克合同条件下，监理代表业主管理合同，应该做到不偏向任何一方。但是，毕竟，监理是受业主委托进行工程管理。同时，监理的报酬由业主支付。显然，监理会维护业主利益。即在合同条款规定内，在兼顾所有条件的情况下，监督承建商执行，也就是维护业主利益。当某些事项须由监理决定时，监理必须公正行事。若不能公正，承建商可通过诉讼或仲裁取得合理解决。这种情况下，监理是很被动的。监理处理日常工作中，处于合同管理者的地位。应当替工程项目法人着想，以业主满意为准绳，使业主省心、省时、省力、省钱。让业主感觉到，委托给监理去做，比自己亲自做要好，使之产生安全感。

工程建设是消耗物质资源，人力资源、资金资源和时间资源，并将其转化为工程产品的过程。合格工程资源的投入是合同目标实质的保证。监理的控制水平高低，决定了工程资源优化的程度，影响着合同目标成本的水平。工程建设项目施工过程中，合同目标的实现与计划之间，往往有一定的偏离。监理作用，就在于编制监理规划，以及监理细则，并运用动态控制为主的过程控制方法，使监理的现场质量控制、进度控制、投资控制始终与合同目标方向相一致，甚至与既定目标基本吻合。

监理在工程建设中的管理，从形式上看，是进行“三控制”、“两管理”、“一协调”。实际上，还包括了法规执行管理、标准规范实施管理、工程建设程序和技术管理、人力资源管理、风险防范管理、文书资料管理及综合管理等多方面内容。所以，监理的职责比较繁重，对监理的素质要求也比较高。在国际上，监理的基本素质要求，除了工程技术素质外，还应具备一定的经济索赔能力和通用语言沟通能力。就是说，“监理”是复合型的高素质人才。由这样人才组成的专业化服务团队，必然对提高工程建设水平，大有裨益。坦率地说，我国现有的建设监理人才，无论是数量还是素质，都还没有达到应有的水平。特别是监理人员的素质，与工程建设的需求还有很大差别。目前，全国有近百万建设监理从业人员（包括所有行业的从业人员，以下同），而取得注册监理工程师资格的人员尚不足五分之一。急需从政策引导到具体操作，都应当加快培养工程建设监理人才。

但是，也不能因为监理应是复合型的高素质人才，就把其他责任也强加其身。因此，科学界定建设监理的责任，是非常必要的。它是实行菲迪克条款模式的充分条件。总结我国第一个采用菲迪克合同条件建设的鲁布革水电站施工管理的情况和其他采用菲迪克合同条件管理的水电站工程、公路工程、城铁工程等施工管理的情况，无论是外聘的监理，还是国内的监理，都没有承担对工程施工安全生产监管的责任。工程施工安全生产的管理必须依靠施工单位，强化这方面的管理，才可能真正走出施工安全的困境。而监理应当回归到对工程总体安全负责的轨道上来——降低投资风险、保证合理工期、提高工程质量安全度等。今后，随着建设市场国际化程度的提高，我国工程建设实施菲迪克条款管理模式的普及，进一步规范建设市场各方的责任和行为，尤其是科学地发挥建设监理的作用，既有利于建设监理事业的健康发展、有利于施工单位管理水平的提高，更有利于工程建设水平的提升。

2. 实行菲迪克模式必须实行“小业主”战略

市场经济的最大特点，就是力求以最小的投入，换取最大的收益。所以，国际上，工程建设项目投资方，一般不参与工程项目建设的实施管理。即便参与，组建的“项目法人”，也是很小的班子。但是，在我国，由于长期的单纯计划经济管理体制，以及小农经济意识的作祟，人们往往习惯于“把住权力”，事事亲为。在市场经济体制建设初期，这种习惯势力依然不肯轻易退出历史舞台。诸如，建设单位不愿通过招标选用工程建设项目的施工单位、不愿委托监理单位管理工程项目建设，或不愿把经济大权交给监理单位等。因此，不得不组建依然庞大的工程建设项目管理机构，与委托的监理单位对工程建设重叠地进行管理。这样，既造成人力、财力、物力的浪费，又干扰了监理单位的工作，束缚了建设监理效能的发挥。无形中阻碍了工程建设水平的不断提高。这种与国际惯例接轨背道而驰的做法，应当悬崖勒马，改弦更张，尽快迈向“小业主、大监理”康庄大道。为尽早实行菲迪克条款管理模式铺平道路。

要想实施“小业主、大监理”发展战略，首先应当促使业主解放思想，不断提高对实行建设监理制必要性的认知。其次，辅以必要的政策约束。诸如政府拟对国家投资（包括地方政府投资、国有企业投资）建设的工程项目的项目法人机构规模加以限制；对于委托实施监理的阶段予以拓展；对委托监理的权限予以明确扩大等。从而，不断扩大实施建设监理的覆盖面。再次，强化政府的监督力量。采取稽查形式、统计手段，以及不定期的督导等方法，加大政府监督力度。还要充分利用社会监督、舆论监督等力量，共同推进“小业主、大监理”发展战略的实施。最后，还要不断规范业主的行为，为实施“小业主、大监理”战略清除障碍。

3. 实行菲迪克模式必须规范承建商行为

我国的建设市场形成不久，在不少方面极不健全，更不规范。就承建商而言，虽然承建商由来已久。但是，按照现代企业的标准来衡量，不仅其组织建设有待提高，而且，其市场交易行为更待规范。现阶段，一些承建商存在着种种不规范行为。特别是：

（1）管理不到位。所谓管理不到位，主要包括管理者不到位——工程施工时的实际项目管理者与投标时的承诺不一致，或者虽有其名，不见其人；上下指令脱节——包括管理层内上级指令不能完全贯彻实施、劳务层对管理层的指令不能完全贯彻实施；或者工程总包单位对分包商撒手不管等多种情况。

（2）盲目追求高额利润。作为企业，追求最大利润，是天经地义的事，无可厚非。但是，不顾客观条件，舍弃或降低工程标准，甚至不择手段，一味追求高额利润。如采购低价劣质建材、减少必要的工序、降低工程质量标准、降低或减少安全设施措施和劳动保护标准等，以期获取高额利润。

（3）未能做到持证上岗。主要是未能按照规定，做到重要岗位操作人员持证上岗的规定。对劳务层素质低下的状况不管不问。

（4）违反企业资质管理规定，越级承接工程。

（5）不实事求是投标，甚至“围标”、“串标”。

（6）违反劳保规定，不为员工投保，或不与员工签订用工合同。

（7）非法肢解、转包工程等。

在规范承建商行为的同时，还应当创造条件，促使承建商了解菲迪克条款的内容和意义。提高承建商对实施菲迪克条款管理模式意义的认识，以便做到在思想认识上接受，在行动上适应菲迪克条款管理模式。

更重要的是，应当使承建商真正认识到，承建商是工程建设项目质量、进度、费用三大目标的具体实践者和主要责任承担者，还是工程施工安全的首要责任者。俗话说，工程质量、工程进度、施工安全等是“干”出来的，不是“管”出来的，也不是“监督”出来的。如《建筑法》第四十四条明确规定：“建筑施工企业必须依法加强对建筑安全生产的管理，执行安全生产责任制度，采取有效措施，防止伤亡和其他安全生产事故的发生。建筑施工企业的法定代表人对本企业的安全生产负责”。第四十五条也明确规定：“施工现场安全由建筑施工企业负责。实行施工总承包的，由总承包单位负责。分包单位向总承包单位负责，服从总承包单位对施工现场的安全生产管理。”第五十八条明确规定：“建筑施工企业对工程的施工质量负责。”按照菲迪克条款规定，发生工程质量事故后或者存在工程质量隐患，无论监理发现与否，承建商都应承担责任。即便是竣工交付使用后，也由承建商承担责任。在这种思想的指导、约束下，国外的承建商对工程质量都比较能认真对待。所以，一般情况下，监理无须对工程质量费心劳神，而是侧重于工程量的核验、变更的处理、进度款的审查，以及与有关各方的协调等。

目前，我国的承建商还应当进一步摆正与监理的关系。继续转变被迫监理、应付监理的观念；下大力气转变依赖监理观念。尽早实现自觉接受监理、积极配合监理，与监理等各方齐心协力，共同搞好工程建设。

（二）菲迪克条件下的工程安全管理

毋庸讳言，菲迪克模式，无论旧版或新版，所涉及的工程安全管理，是着眼于工程项目的安全度而提出的。如有关工程设计的质量管理、施工质量管理，有关采购物品的质量管理等，都有明确的规定，其责任也划分等很具体明确。这是就广义的工程安全而言，即工程质量好，标志着工程安全度高。而工程施工安全问题，则完全由承包商自己负责。如菲迪克第四条关于承包商的义务中第三款规定“承包商应对所有现场作业、所有施工方法和全部工程的完备性、稳定性和安全性承担责任”。当然，业主或监理的错误指令引发的安全问题应由业主或监理承担责任除外。所以，菲迪克模式下，就广义的工程安全而言，监理有责无旁贷的重任——受业主委托，在合同范围内，把好工程设计关，促进工程设计水平的提高；把好工程施工关，即在预期的时间内、投入合理的资金、建成合格的工程。因此，菲迪克合同条件通用条款的绝大多数条款都涉及监理的职责，且规定得非常细致、具体。合同条款中，给予监理的权力是很大的。合同对各种权力的使用，确定了严格的条件界面。主要有两种情况，一种是直接行使权力，如批准进度计划、施工方案、核对承包商完成的工程量等。另一种是先与业主（有时包括承包商）商量后再作决定。如工程变更、批准或拒绝承包商的索赔要求等权力。这些内容，都是有关工程建设项目的质量、工期、费用等方面的要约和规范。

作为监理，他的职责和义务，从不涉及承建商内部的管理，尤其是从不管理施工单位的施工安全工作。之所以如此，其根源在于，施工安全管理所涉及的组织、人事、制度、财务、技术等，都是施工企业内部的事，与承建合同没有直接的关系。按照合同法的基本原则，与合同无关的事项，他人无权干预。即便干预，也只能是建议性质、帮助性质，而绝不能成为他人的责任。何况，只有调动、发挥承包商（施工单位）管理施工安全的积极性，才能起到应有的作用，甚至是事半功倍的效果。所以，我国的《建筑法》第四十四条明确规定“建筑施工企业必须依法加强对建筑安全生产的管理，执行安全生产责任制度，采取有效措施，防止伤亡和其他安全生产事故的发生。建筑施工企业的法定代表人对本企业的安全生产负责”。第四十五条更明确指出“施工现场安全由建筑施工企业负责”。

现阶段，我国的工程建设规模依然庞大，甚至在短期内也不会大幅度地缩减。全国到处是工地的现象，也不会有明显改变。然而，基于建设市场尚处于发育完善阶段，基于工程施工管理水平现状，施工安全形势依然严峻的局面也必然难以快速扭转。监理，作为中国的一个行业，面对这种状况，不能袖手旁观，置之不理。而要尽自己所能，帮助承包商搞好施工安全生产管理，提高施工安全生产水平。

附件1 国家计委印发关于加强利用国际金融组织和外国政府贷款规划及项目管理暂行规定的通知

（计外资［2000］638号）

各省、自治区、直辖市及计划单列市计委（计经委），国务院有关部委，各国家政策性银行及国有商业银行：

为贯彻中共中央中发［1998］6号文件精神，进一步明确和规范利用国际金融组织和外国政府贷款规划及项目管理的有关程序，提高利用国外贷款水平，我委制定了《关于加强国际金融组织和外国政府贷款规划及项目管理暂行规定》。现印发给你们，请遵照执行。

国家计委关于加强利用国际金融组织和外国政府贷款规划及项目管理暂行规定

改革开放以来，利用国际金融组织和外国政府贷款作为我国对外开放、利用外资的重要组成部分，取得了很大成绩，有力地促进了我国经济建设和社会事业的发展。随着社会主义市场经济体制的逐步建立和国内外形势的新变化，原有的管理办法有些已不能适应新的形势。为贯彻中共中央中发［1998］6号文件精神，根据机构改革后国务院赋予国家计委的管理职能，进一步明确和规范利用国际金融组织和外国政府贷款规划及项目管理的有关程序和要求，将工作重点切实转向以提高质量和效益为中心，采取有效措施，提高利用国外贷款水平，保证主权外债安全，特作如下规定：

一、利用国际金融组织和外国政府贷款的指导思想和基本原则

（一）国际金融组织和外国政府贷款主要包括世界银行、亚洲开发银行、国际农业发展基金会等贷款（含联合融资、与贷款项目相关联的全球环境基金等赠款）、日本政府贷款（含日本国际协力银行日元贷款和不附带条件贷款）和其他国家政府（混合）贷款，由我国政府向国际金融机构、外国政府（机构）统一筹借，形成国家主权外债；是国家可直接掌握和调控的资源，需根据国民经济和社会发展总体要求及有关政策合理有效使用。

（二）根据中央积极、合理、有效利用外资的方针，今后我国利用国际金融组织和外国政府贷款的指导思想是：稳定规模，优化结构，提高质量和效益，保证债务安全，促进国民经济持续、快速、健康发展。

（三）借用国际金融组织和外国政府贷款需纳入国民经济和社会发展总体规划，原则上用于政府主导型项目，主要投向农业、水利、林业及生态、交通、能源、环保以及市政基础设施等领域；坚持向中西部地区倾斜，并按照国家西部大开发战略，重点安排西部地区项目；坚持社会效益和经济效益相统一，着力提高贷款使用效益；充分考虑项目的承受和配套能力，注意量力而行。

（四）坚持“统一规划，归口对外，分工协作，明确责任，高效管理”的原则，建立和完善适应社会主义市场经济要求的借用还管理机制，确保主权外债安全。

二、加强利用国际金融组织和外国政府贷款的总量、结构及项目的规划管理

（一）国家计委会同有关部门及地方发展计划部门研究编制国家中长期和年度利用国际金融组织和外国政府贷款计划，提出利用贷款的方针政策、贷款总规模和投资结构及有关措施等，作为国民经济和社会发展中长期规划和年度计划的重要组成部分，报国务院审批。

（二）国家计委根据国务院行业主管部门（含计划单列单位）和地方发展计划部门提出的贷款申请，会同有关部门，依照国民经济和社会发展需要及国家利用外资方针政策，根据不同贷款来源的特点，经综合平衡后，分别制定利用国际金融组织和外国政府贷款备选项目规划。其中，利用世界银行、亚洲开发银行和日本政府贷款备选项目的规划，经商财政部后，报国务院批准。

（三）地方发展计划部门是地方利用国际金融组织和外国政府贷款规划及项目的归口管理部门，根据本地区的经济社会发展战略和重点，统一负责贷款备选项目的筛选及申报工作。各地发展计划部门要加强贷款规划工作，努力提高申报的贷款项目质量。需地方财政承担偿债责任或提供担保的项目，地方发展计划部门需商同级财政部门同意后上报或与同级财政部门联合上报国家计委和财政部。

（四）国务院行业主管部门可根据本行业发展规划和重点，向国家计委提出或牵头提出贷款项目申请。如贷款债务需由地方承担的，则需经地方发展计划和财政部门同意后方可上报。

（五）所有贷款项目均须列入相关贷款备选项目规划，并经国务院或国家计委批准后，由财政部统一组织对外提出，开展工作。对未经国家计委列入贷款规划的项目，各地方、部门在与国际金融组织和外国政府（政府贷款机构）联系、交往中，一律不得作出承诺。

（六）国家计委根据情况会同有关部门和地方发展计划部门研究分析国内外新情况，及时提出对策措施，着力优化贷款结构，努力提高贷款项目和整体规划质量。

三、加强贷款项目的前期准备管理，努力提高贷款项目质量

（一）贷款项目的前期准备工作直接关系到贷款项目的质量和项目的顺利进行，必须进一步加强和规范管理。地方发展计划部门或国务院行业主管部门、计划单列企业集团公司在接到国家计委下达的有关贷款规划的通知后，应积极会同项目单位抓紧开展利用贷款的有关准备工作。所有贷款项目必须严格按照国家项目建设程序的要求和规定，做好项目前期准备工作，按规定报批项目建议书和可行性研究报告（利用外资方案）。项目可行性研究报告批准后方可正式进行对外贷款协议（或合同）的谈判、签约，如有特殊情况，需在项目可行性研究报告批准前对外签约的项目，必须报经国家计委同意或报经国务院批准后方能进行，但所签协议（合同）需在项目可行性研究报告批准后方可生效。

由金融机构负责转贷的项目，转贷金融机构应根据由其转贷的贷款项目的前期准备工作进度，及早开展项目的评估工作；国家计委在审批此类项目的可行性研究报告时，需有转贷金融机构出具的转贷意见。

项目建议书和可行性研究报告必须按国家有关规定和要求，达到相应深度，做好建设方案的论证，落实国内配套资金等各项建设条件，明确贷款偿还方案和偿还责任。国家计委负责进行部门、计划单列企业集团公司和地方的协调，做好重大项目的可行性论证。

（二）进一步明确和规范项目利用外资方案的审批管理。项目可行性研究报告中应包括利用外资方案，并作为项目可行性研究报告的重要组成部分一并审批。利用外资方案的重点是做好贷款采购清单和贷款偿还方案，要遵循合理、有效的原则，不得将贷款用于采购项目外的货物或非生产性货物（如小轿车等）。属于下列情况的项目，需单独报批利用外资方案：

1. 对于由地方或国务院有关部门牵头的打捆项目（对外为一个项目，对内由若干个子项目组成），经国家计委批准列入贷款规划后，由地方发展计划部门或国务院行业主管部门负责编制一揽子项目建议书或总体方案报国家计委审批；其子项目可行性研究报告的审批按现行规定办理，在此基础上，编制项目总体利用外资方案，由地方发展计划部门或国务院主管部门、计划单列企业集团公司报国家计委审批。

2. 对于原可行性研究报告批准用内资建设转为利用国际金融组织或外国政府贷款的项目，经国家计委批准列入贷款备选项目规划后，如建设方案与原批准可行性研究报告没有变化的，需编制利用外资方案，限额以上项目报国家计委审批。

（三）地方发展计划部门应加强对贷款项目前期工作的管理和指导。参与利用国际金融组织和日本政府贷款等重要项目的有关对外磋商（包括国外贷款机构对项目的调查评估）活动，做好项目的贷款规模、建设内容等重大问题的把关工作；及时协调项目准备过程中的重大问题，并向国家计委通报有关情况。

（四）有关部门和单位要加强国内外程序的衔接，坚持以国内建设程序为主的原则。在对外工作中，应以国家批准的贷款规划、项目批准文件为依据，如出现国外贷款机构对项目的建设内容、贷款规模等的评估意见与我方有较大差距的，应及时报告国家计委；有关单位不得擅自对外承诺或签署备忘录。项目单位应及时将与外方会谈的主要内容和外方提交的评估备忘录报送国家计委。

（五）有关部门和单位应根据国家批准的可行性研究报告（或利用外资方案）对外磋商、谈判。谈判结果如与原批准的贷款金额、建设内容等有出入的，应报经国家计委复审同意后再对外承诺、签约；必要时，还应报国务院审批。

（六）对已列入贷款规划、且对外工作已进行相当深度的项目，如无特殊理由，原则上不得再调整贷款渠道；确需调整的，需报国家计委同意后方可进行。

四、加强利用国际金融组织和外国政府贷款项目的实施管理

（一）利用国际金融组织和外国政府贷款项目，都应按国家有关规定建立和健全法人责任制。项目法人负责项目的前期工作、实施和建成后运营管理。对于地方打捆项目，地方政府可根据需要设立项目执行管理办公室，主要负责项目的对外联络、组织协调和具体执行工作，同时注意发挥各子项目业主单位的作用。各级发展计划部门和国务院有关部门要认真履行职责，加强项目实施的监督和管理，主动协调、解决执行中出现的问题，保证

项目的顺利实施。

（二）加强和健全利用国际金融组织和外国政府贷款项目的采购工作。项目单位应根据国家有关规定择优选择有资格的采购代理公司。采用国际竞争性招标采购的项目，项目单位应严格按照可行性研究报告或利用外资方案批准的采购清单编制标书，不得擅自变更采购内容，严禁将贷款挪作他用。若确有需要调整采购内容，需按程序向原审批机关报送调整方案，经批准后方能进行。要严格遵循国家《招标投标法》等有关法规、政策及国外贷款机构采购指南，坚持公平、公开、公正的原则，同时要认真贯彻促进国内制造产业发展的方针，所采购的物资、设备的档次、规格在满足项目需要的前提下，其标书编制及招标过程中应尽可能为国内产品中标创造条件，努力提高国内企业中标率。国家计委参与协调招标采购中的重大问题。

（三）根据国务院对利用国际金融组织和外国政府贷款项目进口货物关税优惠的有关规定，需由国家计委和省级（含计划单列市）发展计划部门出具相关贷款项目确认书。项目单位到国家计委办理有关贷款确认书时，需有地方计委或国务院主管部门（按项目隶属关系）出具的正式文件。

（四）加强贷款项目余款使用管理。当项目按可行性研究报告或利用外资方案批准的贷款使用内容完成采购后出现余款时，如项目单位根据工程建设实际情况需要继续使用剩余贷款，应编制项目余款使用方案，按隶属关系由地方发展计划部门或国务院主管部门审核后报国家计委审批，经批准后方可使用。

（五）加强利用国际金融组织和外国政府贷款项目工程质量和贷款使用管理。严格按照国务院办公厅关于加强基础设施工程质量管理的通知（国办发［1999］16号）的有关要求，建立工程监理、合同管理等各项制度。对利用国际金融组织和日本政府贷款的重大项目，国家计委将纳入稽察特派员检查制度，强化项目实施的监督和检查。如发现违反程序、擅自改变贷款采购内容或挪用资金等重大问题及重大工程质量问题，国家计委将会同有关部门严肃查处，追究有关责任。国家计委将根据情节严重程度，采取暂停贷款支付或暂停审批该地方、该行业的贷款项目等措施，直至违规得到纠正。

（六）建立项目后评价制度。限额以上项目建成后原则上一年内；各项目单位或由项目单位委托有资格的咨询机构对项目进行后评价，并向国家计委提交项自后评价报告。利用国际金融组织和日本政府贷款项目的后评价工作，可结合国外贷款机构的要求进行。

（七）建立项目实施的信息反馈制度。项目单位应定期（每半年）向政府有关部门提交项目实施进度报告，限上项目需报送国家计委。地方发展计划部门应按照国家计委有关国外贷款项目管理信息系统的规定，组织项目单位及时准确填报数据。

五、加强国际金融组织和外国政府贷款的债务管理

（一）主权外债的偿还直接关系到国家对外信誉，必须加强和完善其债务管理。要进一步建立和健全适应社会主义市场经济要求的转贷机制，规范担保行为。各转贷机构应根据国家确定的转贷原则及时办理国际金融组织和外国政府贷款转贷协议，地方发展计划部门应积极协助项目单位做好转贷工作。

（二）各转贷机构要加强和规范项目的转贷及债务管理，主动给项目单位提供必要的金融服务；定期（每半年）向国家计委报送有关数据资料，包括分项目的贷款支付及偿还情况。

（三）加强地方利用国际金融组织和外国政府贷款的外债管理。地方发展计划部门应根据国家全口径外债管理的要求，和有关部门共同做好本地区国际金融组织和外国政府贷款的外债管理工作。要建立以主权外债逾期率（拖欠主权外债本息总额/主权外债余额）为主的地方主权外债风险监测考核指标体系。地方发展计划部门应于每年年底向国家计委报送主权外债逾期率等考核数据。地方主权外债逾期率将作为国家计委安排、审批新的国际金融组织和外国政府贷款项目的重要依据。对逾期率超过一定比例的地方，国家计委将暂停审批该地方新的利用国外贷款项目。

（四）为适应深化改革和扩大开放的要求，有效发挥国际金融组织和外国政府贷款项目的效益和作用，国家允许利用国际金融组织和外国政府贷款项目转让经营权和进行所有权结构调整，包括运用与外商合资、合作、兼并、股票海外上市等方式，盘活资产存量和改善经营机制。经营权转让和所有权结构调整必须符合国家有关政策、法规，并按规定程序报批。对于在建贷款项目或尚未全部偿还主权外债的项目，在进行经营权转让和所有权结构调整时，必须事先征得转贷机构对剩余债务偿还安排的认可，同时，还需事先向有关国外贷款机构通报。严禁各种形式的逃废主权外债的行为。

（五）加强国际金融组织和外国政府贷款的外债外汇管理。贷款签约后，项目单位应及时到外汇管理部门办理外债登记。有关贷款的结售汇及其他外债登记等事宜，按国家有关法律和国家外汇管理局的有关规定执行。

此前国家计委发布的有关利用国际金融组织和外国政府贷款管理规定如与本规定相抵触的，一律按本规定执行。各级发展计划部门要主动加强与财政部门、转贷金融机构及有关部门的沟通和联系，通力合作，不断提高管理和服务水平，把我国利用国际金融组织和外国政府贷款工作提高到一个新的水平。

附件2　国家环境保护局、对外经济贸易部关于加强外商投资建设项目环境保护管理的通知

（环法［1992］057号）

各省、自治区、直辖市及计划单列市、经济特区环境保护局（厅）、经贸委（厅、局）、国务院各部、委、局、办：

随着我国改革开放的深入发展，在我国设立的外商投资企业（即中外合资、中外合作、外资企业）越来越多。为了加强外商投资建设项目的环境保护管理工作，防止环境污染和生态破坏，更好地吸收外资和引进先进技术，特通知如下：

一、外商在我国境内投资建设必须遵守我国的环境保护法律、法规和有关规定、防治环境污染和生态破坏，接受环境保护行政主管部门的监督管理。外商投资建设项目应符合国家环境保护技术政策和有关要求。

二、严格控制从国外引进严重污染环境又难以治理的原材料、产品、工艺和设备，防止国外污染源向我国转移。

禁止引进严重污染、破坏环境又无有效治理措施并且污染物排放超过国家规定标准的项目。限制引进可能造成严重污染、破坏环境或治理困难的项目。

对国内不能配套解决污染治理问题的项目，在引进时，应当同时引进先进生产工艺及

相应的先进环境保护设施。

三、凡对环境有影响的外商投资建设项目必须遵守我国建设项目环境保护管理规定，执行环境影响报告书的审批制度。

中外合资、中外合作建设项目环境影响报告书按现行规定的审批权限和程序进行审批。

外资建设项目环境影响报告书的审批权限，由与批准设立外资企业审批机关同级的环境保护行政主管部门审批。

外资建设项目在办理企业设立申请之前，必须向有审批权限的环境保护行政主管部门提交建设项目的选址布局、规模、产品方案、工艺、污染物排放及治理措施等有关材料，并根据其要求办理环境影响报告书（表）的审批手续。

未经环境保护行政主管部门批准环境影响报告书（表）的外资建设项目，经贸部门或政府授权的其他审批机关不予办理企业设立的批准手续。

四、外商投资建设项目的环境保护设施应以环境影响报告书（表）及审批意见为依据，并按《建设项目环境保护设计规定》进行设计。执行防治污染及其他公害的设施与主体工程同时设计、同时施工、同时投产使用的“三同时”制度。

项目建成后，其污染物排放必须达到国家和地方规定的标准。实行污染物总量控制的地区，还应符合当地污染物排放总量控制的要求。

五、在项目投料生产及正式投产、使用前，必须按照规定的程序和要求，报原审批的环境保护行政主管部门对其环境保护设施进行检查、验收。验收不合格的，不得投入生产、使用。

六、香港、澳门、台湾的公司、企业和其他经济组织或者个人投资的建设项目，参照本通知规定执行。

第五章　工程竣工验收与质量评定管理

第一节　工程质量评定（与联合试运）

一、工程建设项目质量评定

（一）工程建设项目质量评定程序

1. 工程质量评定的概念

工程质量评定，主要是指，由政府主管部门或其指定的第三方中介机构，按照相关法律、法规、规定、标准等，对工程建设参与各方质量行为、工序质量和工程实体质量的评价。这种全面地工程质量评定，在我国建设领域，还没有真正形成制度。就一般质量评定而言，大多是对工程实体的质量评定。

这种工程实体的质量评定，在20世纪80年代中期以前，往往是企业自主、自行评定。是企业内部质量管理的一种形式。改革开放后，政府主管部门成立了工程质量监督站（简称质监站），则由质监站对工程质量作出评定。这种评定方式一直延续至今。

本章所叙述的工程质量评定，是指通过工程建设实施过程形成的建设工程项目（或单位工程），是否满足业主（建设单位）所需要的使用功能和使用价值、是否符合立项项目可行性研究与评估要求，以及是否符合承包合同有关条款和国家（专业）规范、技术标准规定的质量标准的检查、检测和认定的内容。工程质量评定就是对照规划设计要求和国家标准规范，按照（部门或专业）的有关评定规则，对建设工程项目竣工的单位工程进行评定，并确定单位工程达到的质量等级。各单位工程均符合合同规定的质量标准，方能进行预验收，即可开始联合试运转。这种评定，主要是在企业内部先行评定，而后提交业主、建设监理单位核验、认定，有的也聘请相关质监站的同志参加。

2. 工程建设项目质量评价

本章所述的工程建设项目质量评价，是项目建设从前期评估立项开始、经规划设计、建筑物内设备安装、试运行到竣工验收的全过程。项目建设全过程的工程质量评定指标，其范围更广泛。有关建筑物内设备安装（工程施工）阶段的工程质量评定，不局限于本段范围，具体的内容在工程建设项目中，有关设备安装部分进行说明。

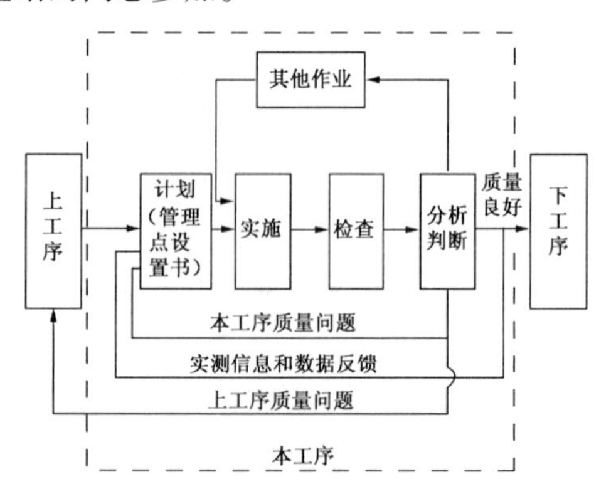

图5-1　工序质量控制的工作流程

3. 工程建设质量评定部位的划分

（1）我国的各类工程建设项目质量检验

评定，都是划分为各种部位、区段，是分级进行的。一个工程建设项目，一个建筑物或构筑物，一项管道及设备的安装，一项基础设施的建设，由施工图审核开始到开工准备工作，到竣工交付使用，要经过若干工序、若干工种的配合施工。一个工程项目建设质量优劣，取决于各个施工工序，各工种管理水平和操作质量。为了便于控制、检查和评定每个施工工序和工种的操作质量，就把整个工程项目按设计规定，划分为部分、区段、系统等各种管理阶段来进行质量控制和检查验收，以确保工程项目竣工质量达到各项标准的规定。根据国家有关规定，多数工程项目是划分为分项、分部或单位工程来进行质量管理和评定的。工序质量控制的工作流程如图5-1所示；设备安装质量检验流程如图5-2所示。

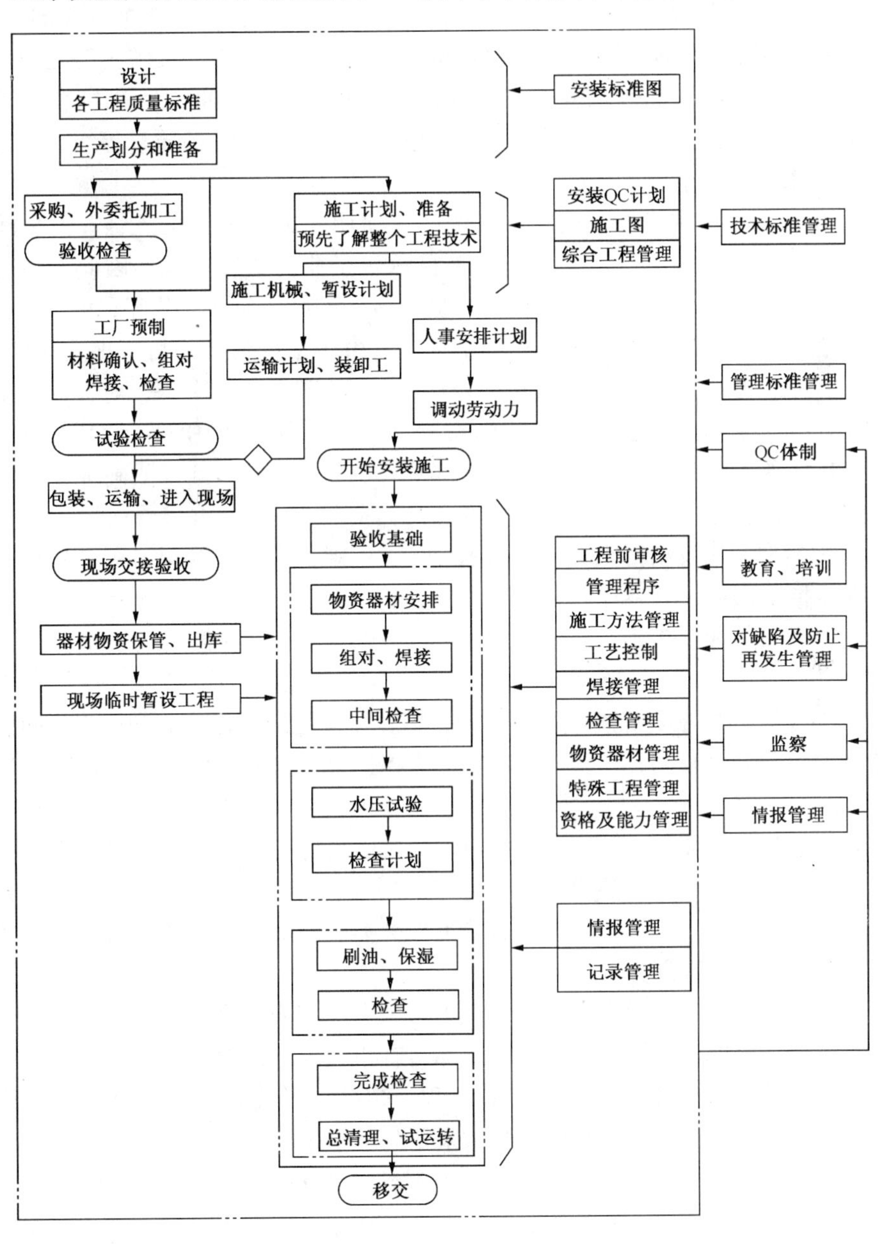

图5-2　现场设备安装质量检验流程图

（2）分项工程。分项工程是质量管理的基础，是工程质量管理的基本单元。工程质量的管理是承包商经营管理的一项重要的内容，也是衡量工程建设项目管理成效的一个很重要方面。由于工程建设固有的特点，如周期长、投资大、使用年限长，质量不好会影响工程建设项目使用寿命（服务年限）等，必须加强建设过程中的管理，使各个工序的质量得到及时控制。为了管理工程质量的需要，在一个工程项目中，工种、工序及部位、区段、系统的划分应相对统一，且为了工程质量能受到及时控制，出现问题能及时改正，不致造成大的浪费。质量管理和评定的划分不宜太大。即分项工程不能太大，以便容易分清各阶段质量责任。

（3）分部工程。分部工程是一个检查评定的中间环节，是汇总一个阶段的工程质量。这是由于分项工程划分不能太大，工种比较单一。因此，往往不易反映工程建设项目管理中的全部质量面貌。所以又按工程的主要部位、专业划分为分部工程来综合分项工程质量。由于多数工程项目是以分项工程优良的项数来确定分部工程的质量等级，因此，分部工程数量不宜太多，大小也不宜过于悬殊。

（4）单位工程。单位工程是独立形成生产（使用）或能进行竣工结算的单体建设区段工程。竣工交付使用的单位工程是建设项目承包企业的最终产品。因此，在交付使用前，应对单位工程或整个建筑物（构筑物）进行质量评价。分项、分部和单位工程的划分目的，是为了方便工程质量管理和工程质量控制。由于工程建设项目管理程序涉及面广，根据某种工程项目的特点，将其划分为若干个分项、分部和单位工程，对其进行质量控制和检验评定。为了正确的实施国家（有关部门）相关技术标准，和对工程质量的控制，在设计概算和施工组织设计中，应将分项、分部及单位工程的划分给予明确规定。

4. 划分工程建设项目质量评定部位应当注意的问题

由于各种类型的建设项目工程质量的内容形式不同，大小规模也不同，建设的过程和管理方法更不同。因此，各专业划分分项、分部和单位工程的方法也不完全一样，有多种类型。但是，其目的和要求是基本相同的。因此，在质量评定和验收时，应当注意以下几方面的问题：

（1）建筑工程是按主要工种工程划分的，但也可按施工程序先后和使用不同材料和工艺内容来划分。如划分有砌砖工程、（钢筋）混凝土工程、基础工程、屋面工程等。

（2）建筑内设备安装工程，一般是按工程种类及设备组别等划分，有时也按系统、区段来划分。如卷扬机安装、吊车安装、压风机安装、反应釜安装、锅炉安装等。

（3）铁路建设工程。包括铁路轨道、路基、桥涵、隧道、通信、信号等，其分项、分部工程和单位工程划分，与工程建设项目按工程种类或使用器材来划分基本相同（但有专业标准时，应按专业标准划分）。

（4）交通建设工程。有公路、港口、船闸以及各类机场、通信等。其分项、分部工程和单位工程划分，根据工程特点和有关主管部门有相关规定，应在工程承包合同内说明。

（5）冶金建设工程。主要是设备安装工程，包括选矿设备、焦化设备等。其划分办法，与建筑安装工程按工程种类和设备组别来划分基本相同。

（6）矿山建设工程，一个矿井建设包括有矿建（如井筒、巷道工程及采区等）、土建及设备安装工程等，其矿建工程又按矿山特点进行划分。

（7）还有若干专业工程，其划分办法都有相应规定。因此，各类工程建设项目的分项、分部及单位工程划分，应参照有关部门的规定执行。如无其他规定，在施工组织设计中的分项、分部和单位工程划分，应以设计概算规定为准则，并在招标承包合同中加以明确。

（二）分项工程的质量等级标准及评定

1. 工程质量合格品的基本条件

分项工程质量的评定，主要是检查工程承包单位原始记录的完整性后做必要的抽检。

（1）保证项目的质量评定，必须符合国家（部门）相应质量检验评定标准的规定，并经工程监理人员确认。

（2）基本项目抽检的部位应符合相应质量检验评定标准的合格规定。

（3）允许偏差项目抽检的点数中，建筑结构主体工程、建筑设备安装工程的实测值应在相应质量检验评定标准的允许偏差范围内。

2. 优良品的基本条件

（1）保证项目必须符合相应工程质量检验评定国家标准的各项规定。

（2）基本项目抽检的部位，应当符合相应质量检验评定标准的合格品规定。其中，应有50%及以上符合优良品标准规定，该项目即为优良。优良项数应占检验项数的50%及以上。

（3）允许偏差项目抽检的点数中，实测值应在国家（部门）规定的相应质量检验评定标准的允许偏差范围内。

（4）分项工程质量检验评定，是通过保证项目、基本项目和允许偏差项目综合评定的结果（有关部门对有些工程项目的评定，另有规定时除外）。

3. 质量评定的保证项目

保证项目是必须达到要求，是保证工程质量安全和主要使用功能的重要检验项目。条文中采用“必须”或“严禁”用词表示，以突出其重要性。保证项目是评定合格或优良都必须达到的质量指标。因为这个项目是确定分项工程主要性能的，如果提高要求就等于提高性能指标，会增加工程造价，造成浪费；降低要求就相当于降低基本性能指标，会影响工程服务年限的安全和使用功能，造成大的浪费，或给工程项目建设留下隐患。所以，评定为合格、或优良时，均应同样遵守。如砌砖工程的砂浆强度、水平灰缝的砂浆饱满度是关系到砌体强度的重要性能，所以，必须满足国家技术标准要求。

4. 基本项目

基本项目是保证工程安全和使用性能的基本要求，条文中采用“应”、“不应”用词来表示。其指标分为“合格”及“优良”两个等级，并尽可能给出量的规定。基本项目与保证项目相比，虽不像保证项目那样重要，但对建筑结构安全、使用功能、服务年限、美观都有较大影响。因此，“基本项目”是评定分项工程质量等级的条件之一。

5. 允许偏差项目

允许偏差项目是分项工程检验项目中，规定有允许偏差范围的项目。允许偏差项目的允许偏差值是结合对结构或设备性能或使用功能、观感质量等的影响程度，根据一般操作水平给出一定的允许偏差范围。

分项工程达不到合格标准，返工处理后，工程质量等级确定，通常有下面几种情况：

（1）返工重做的分项工程，可重新评定其质量等级。全部或局部返工重做，可重新评定其质量等级。如某住宅楼建筑工程一层砌砖，检验评定时，发现使用的砖为MU5，达不到设计要求的 MU10。拆掉后，换上 MU10 砖重新砌筑。重新砌体工程的质量，可以重新评定其质量等级。重新评定质量等级时，要对该分项工程按标准规定，重新抽样、选点、检查和评定；重新填写分项工程质量评定表；重新评定其工程质量等级。工程质量等级按国家（部门）标准规定可以是合格，也可以是优良。

（2）加固补强后的工程，经法定检测单位鉴定，确认能够达到设计和技术标准要求的，其工程质量等级可以重新评定，但质量等级的确定，应符合下列两点：

一是经加固补强能够达到设计要求的，这是指加固补强后，未造成改变外形尺寸或未造成永久性质量缺陷的。如混凝土由于浇筑措施落实不到位，使构件发生了孔洞或主筋露筋的缺陷，并超过了合格的规定。经采取用高一级强度等级的细石混凝土进行补强后再次检查达到设计规定强度值要求的。

二是经法定检测单位鉴定达到设计要求，这主要是指当留置的试块失去代表性；或因故缺乏试块的情况；以及试块试验报告缺少某项有关主要内容；也包括对试块或试验报告结果有怀疑时，请国家（或地方）认定批准的检测单位，对工程质量进行检验测试。其测试结果证明，该分项的工程质量是能够达到设计和相关技术标准规定要求的。

凡出现上述两种情况后，分项工程的质量经处理后，都只能评定为合格质量等级，不能评为优良质量等级。

（3）经法定检测单位鉴定，达不到原设计和相关技术标准要求，但经设计单位鉴定认可，能满足结构安全及使用功能要求，可不加固补强的，或经加固补强改变了外形尺寸或造成永久性缺陷的，其质量等级的确定，应按下列办法处理：

一是经法定检测单位鉴定，工程质量虽未达到设计要求，但经过设计单位验算尚可满足结构安全和使用功能要求，无需加固补强的分项工程。

二是一些出现达不到施工图设计要求的工程质量，经过验算满足不了建筑主体结构安全或使用功能，需要进行加固补强。但加固补强后，改变了外形尺寸或造成永久性缺陷的，如补强加大了截面、或增大了体积、或设置了支撑、加设了牛腿等，使原设计的外形尺寸有了变化。

上述二种情况，分项工程质量可以定为合格，但所在分部工程质量不能评为优良。

（4）作好原始记录。经处理的分项工程必须有详尽的记录资料。原始数据应齐全准确，能较确切地说明处理质量问题过程的结论，并经工程监理人员认定。影响到结构安全的有关计算资料，还应包括在竣工资料中，以便工程项目建成投入使用过程中的管理和维修，以及改建扩建时作为参考依据等。

（三）分部工程的质量等级标准及评定

1. 分部工程质量等级标准

分部工程质量评定情况，在竣工验收时，除核对原始资料外，关键部位必须全面复检。

（1）合格。所含分项工程的质量全部合格。

（2）优良。所含分项工程的质量全部合格，按一般标准其中有 50% 及以上为优良（建筑设备安装工程中，必须含指定的主要分项工程为优良品）。

分部工程的质量等级，是由其所包含的分项工程的质量等级，通过统计来确定的。对建筑设备安装工程中的分部工程，除了注意所含分项工程数量之外，还应注意指定的主要分项工程评定的质量等级。评定标准规定，建筑设备安装各分部工程中，常有一个或几个主要分项工程，对其功能质量起关键作用。因而，规定该分部工程质量为优良时，其所含指定的主要分项工程质量必须优良。

2. 分部工程质量的评定

（1）分部工程质量的基本评定方法是用统计方法评定。所含的分项工程，都必须达到合格标准，才能进行分部工程质量评定。如所含分项工程质量全部合格，分部工程评为合格；所有分项工程质量全部合格，其中如有50%及以上的分项工程质量达到优良，分部工程的质量可评为优良（合同另有规定除外）。

（2）在用统计方法评定工程质量等级时，还要注意在评定分部工程质量优良时，指定的主要分项工程必须达到质量优良标准。

以上两种情况的分部工程质量，由相当于项目经理部一级的技术负责人组织评定，专职质量检查员核定，并经工程监理人员确认。

3. 重点检查的工程部位

地基基础和主体结构分部工程，由于这两个分部工程在保证工程结构安全方面起主导作用，并且多数都将被隐蔽。同时，这两个分部工程技术较复杂，施工过程又有很多施工试验记录，这些试验记录中的数据，就反映该工程的质量状况。按照我国的工程建设项目管理情况，目前，各建设工程承包企业多数由技术部门负责这些工作。所以，规定这两个分部工程质量应由承包单位的技术部门和质量部门组织核定外，还应在承包合同中规定由承包企业的技术负责人主持并邀请工程监理人员参加。要检查技术资料和组织有关检测人员到现场对工程质量进行检查与评定。

（1）检查各分项工程的保证项目评定是否正确。

（2）系统检查主要工程质量资料。其主要使用的原材料的质量证明，例如建筑工程的混凝土、砂浆配合比及强度试验报告等质量保证资料是否具备以及数据是否正确；是否达到评定标准和设计要求。混凝土强度的评定，按《混凝土强度检验评定标准》规定取样、制作试块、养护和试验强度，并按国家现行技术标准规定进行强度评定，优先使用统计方法。砂浆强度评定，主体分部工程的砌筑砂浆和基础分部工程的砌筑砂浆，分别将同品种、同强度等级进行评定，应符合下列规定：试块的平均强度不小于设计规定强度；任意一组试块的强度不小于设计强度的95%（合同有专项规定除外）。

（3）隐蔽工程的现场检查与验收。基础工程或主体结构工程完成后，在进行回填或装饰前，要进行现场检查与验收。未经验收的地基与基础或主体分部工程不应评定质量等级，工程施工不应进入回填隐蔽和抹灰等装饰施工。如因施工需要，验收可分几段进行。现场检查主要是建筑结构工程实物外观的检查。全面宏观检查主要部位的质量，检查有没有与质量保证资料不相符的地方；检查基本项目有没有达不到合格标准规定的地方，以及墙、柱、梁、板等是否有不应出现的裂缝、下沉、变形、损伤等情况。

二、单位工程的质量等级标准及评定

（一）单位工程质量等级标准

1. 合格品的基本条件

（1）所含分部工程的质量应全部合格；

（2）质量保证及工程监理资料应基本齐全；

（3）观感质量的评定得分率应达到有关标准（或合同）规定。

2. 优良品的基本条件

（1）所含分部工程质量应全部合格，其中有50%及以上被评定为优良，建筑工程必须含主体结构和装饰分部工程；以建筑设备安装工程为主的单位工程，其指定的分部工程质量必须优良。如锅炉房的建筑与制气分部工程；变（配）电室的建筑电气安装分部工程，空调机房和净化车间的通风与空调分部工程等。

（2）承包单位项目经理部的质量保证资料，应完全符合国家（部门）技术标准和工程承包合同规定。

（3）观感质量的评定得分率按合同规定，无规定时，应达到85%及以上。

（4）为了加强对室外工程的管理，将住宅工程建筑小区和厂区内室外的采暖卫生与煤气管道；或室外的架空线路、电缆线路、路灯等电气线路；或道路、围墙等建筑工程，分别组成三个室外单位工程。由于其分散，且工程建筑的形态不一，不易掌握。所以，如无合同规定时，按照评定标准规定，可不进行观感评分。

（5）这里需要特别强调的是，对室内外的采暖卫生、煤气管线，以及电气线路的产品质量检验。采购时，一定要有经有关检验部门签发的合格证书。

（二）单位工程质量的检验评定

单位工程质量，由分部工程质量等级，以直接反映单位工程结构安全和使用功能质量的质量保证资料核查和观感质量评定三个方面来综合评定。分部工程质量等级统计汇总，目的是突出施工过程的工程质量控制。把分项工程质量的检验评定作为保证分部工程和单位工程质量的基础。分项工程质量达不到合格标准，必须进行返工或修理。处理达到合格后才能进行下道工序。这样，分部工程质量才能保证，单位工程的质量也就有了保证。

1. 工程质量保证资料核查

（1）主要是对工程项目建筑结构、设备性能，和使用功能方面的主要技术性能的核验。每个分项工程的质量检验评定中，虽都对主要器材的技术性能进行了检验，但由于检验可能有它的局限性，对一些主要技术性能不能全面地、系统地验评。因此，就需要通过检查单位工程的质量保证资料，对建筑结构及设备的主要技术性能进行系统的、全面的检验（测）评定。如一个工程项目的空调完整系统，只有在单位工程完成后，才能综合调试，取得需要的数据。

（2）工程质量保证资料对一个分项工程来讲，只有符合不符合技术标准要求，不分等级。对一个单位工程来讲，就是检查要求的资料是否基本齐全。所谓基本齐全，主要是看其所具有的资料，是否能够反映建筑工程结构安全、设备性能和主要使用功能达到相关技术标准规定和施工图的要求。

2. 注意事项

（1）观感质量评定。观感质量评定是在单位工程全部竣工后进行的一项重要评定工作。它是全面评价一个单位工程的外观及使用功能质量，并不是单纯的外观检查。而是实地对单位（项）工程进行一次宏观的、全面的检查。同时，也可核查分项、分部工程检验评定的正确性，以及对在分项工程检验评定中，还不能检查的工程项目进行核验等。如工程有没有不均匀下沉，有没有出现裂缝等。有些工程项目的检验，往往在分项工程验评时，无法测定和不便测定。如建筑物的全高垂直度，上下窗口位置位移及一些线角顺直等项目，只有通过单位工程观感质量检查时，才能看出其整体质量状况。

（2）系统的对单位工程质量的检查，才能全面地衡量单位工程质量的实际情况；才能对工程项目进行整体质量的检验。分项、分部工程的检验评定，对其本身来讲，虽是质量检验，但对一个单位工程来讲，又是对施工过程的质量控制进行检验。因此，单位工程的检验评定，才能保证对承包企业的工程质量最终产品检验评定。

第二节　工程项目竣工验收

工程建设项目的竣工验收是固定资产即将转入生产（使用）的标志。一是全面考核和检查工程建设项目是否符合设计要求和工程质量的重要环节；二是建设单位会同设计、施工承包和监理单位向国家（或投资者）汇报建设成果和交付新增固定资产的过程。通过竣工验收可以检查工程建设项目投产（使用）后实际形成的生产（使用）能力，避免已具备生产（使用）条件的（工程）项目不及时投产或交付使用浪费建设资金的弊端。因此，建设单位（业主）对已符合竣工验收条件的工程建设项目，要按照国家计委关于《建设项目（工程）竣工验收办法》（见附件，以下简称“验收办法”）的规定，及时向负责验收的主管单位提出竣工验收申请报告，适时组织工程建设项目正式进行竣工验收。

工程建设项目的竣工验收是对工程项目建设质量的全面检验，也是对工程项目安全度的总体评定。这是工程建设管理的重要一环，必须高度重视，认真工作。

一、工程项目竣工验收的程序和内容

（一）验收的依据和程序

工程项目竣工验收的依据，包括批准的工程建设项目可行性研究报告；初步设计（或扩大初步设计）；施工图和说明书；设备性能说明书；现行国家（专业）技术标准、施工验收规范；主管部门（地区）审批、修改、调整、变更文件以及工程项目招标投标、技术经济合同、施工过程中的设计修改、工程变更签证等。

工程竣工验收时，须提交的资料应注意以下几点：

1. 一般资料

工程建设项目竣工验收的一般资料，包括工程建设项目的规模、工艺流程、工艺管线、土地使用、建筑结构形式、建筑面积、建筑内外装饰（修）、技术装备、技术水平、单项（位）工程等，必须与各类批准文件和招标承包合同内容相同。在施工过程中，对有关文件和工程设计做的某些修改和补充，须取得原设计单位的同意，并报原审批单位核准，取得相应的签证。

2. 国外引进项目

从国外引进的关键技术或成套设备的工程建设项目及中外合资（合作）建设项目，除按照国内竣工验收规定内容进行验收外，还应按照与国外商号签订的供应合同及国外商号提供的设计文件、技术资料等要求进行竣工验收。

3. 国际金融组织贷款的建设项目

利用世界银行等国际金融组织贷款的建设项目，应按世界银行规定，按时编写《项目

完成报告》。《项目完成报告》是否代替国内执行的《竣工验收报告》由主管部门在审批文件中决定。

4. 报送文件资料

竣工验收时，必须报送相关工程设计文件。为了保证建设项目竣工验收的顺利进行，必须遵循有关部门规定程序，并按照建设项目总体计划的要求，以及施工进展的实际情况分阶段进行。建设项目施工达到验收条件的验收方式可分为：建设项目中间验收；单项工程验收和全部工程验收三大类。规模较小，施工内容简单的建设项目也可以依次进行全部项目的工程竣工验收。但在进行中间验收时，应报送审查有关施工图文件。如表5-1所示建筑工程施工图设计文件送审材料目录。

建筑工程施工图设计文件送审材料文件目录　　表5-1

<table>
<tr><th>序号</th><th colspan="2">送审资料名称</th><th>序号</th><th>送审资料名称</th></tr>
<tr><td>1</td><td colspan="2">项目批准文件</td><td>5</td><td>初步设计主要文本</td></tr>
<tr><td>2</td><td colspan="2">规划设计要求通知</td><td>6</td><td>初步设计（扩初）审核意见</td></tr>
<tr><td>3</td><td colspan="2">规划红线图、用地范围图</td><td>7</td><td>施工图消防批文</td></tr>
<tr><td rowspan="7">4</td><td rowspan="7">有关主管部门批文</td><td>消防</td><td>8</td><td>地质报告（详勘）</td></tr>
<tr><td>交通</td><td>9</td><td>全套施工图及总图（2张）</td></tr>
<tr><td>卫生</td><td>10</td><td>业主项目卡、设计单位企业卡</td></tr>
<tr><td>供电、通信、供水、供气</td><td>11</td><td>设计、勘察单位自制等级证书</td></tr>
<tr><td>环保、环卫</td><td>12</td><td>各专业计算书和电算资料</td></tr>
<tr><td>人防</td><td>13</td><td>工程设计合同</td></tr>
<tr><td>绿化</td><td>14</td><td>全套盖有注册建筑师（注册结构工程师）章，出图章</td></tr>
</table>

工程建设项目竣工验收，必须坚持按程序办理。依据《验收办法》的规定，具体验收的程序是：

1. 根据建设项目（工程）的规模大小和复杂程度，整个建设项目（工程）的验收可分为初步验收和竣工验收两个阶段进行。规模较大、较复杂的建设项目（工程），应先进行初验，然后进行全部建设项目（工程）的竣工验收。规模较小、较简单的项目（工程），可以一次进行全部项目（工程）的竣工验收。

2. 建设项目（工程）在竣工验收之前，由建设单位组织施工、设计及使用等有关单位进行初验。初验前由施工单位按照国家规定，整理好文件、技术资料，向建设单位提出交工报告。建设单位接到报告后，应及时组织初验。

3. 建设项目（工程）全部完成，经过各单项工程的验收，符合设计要求，并具备竣工图表、竣工决算、工程总结等必要文件资料，由项目（工程）主管部门或建设单位向负责验收的单位提出竣工验收申请报告。由工程项目验收单位组织验收工作。

国家有关部门规定的工程建设项目竣工验收程序，如图 5-3 所示。

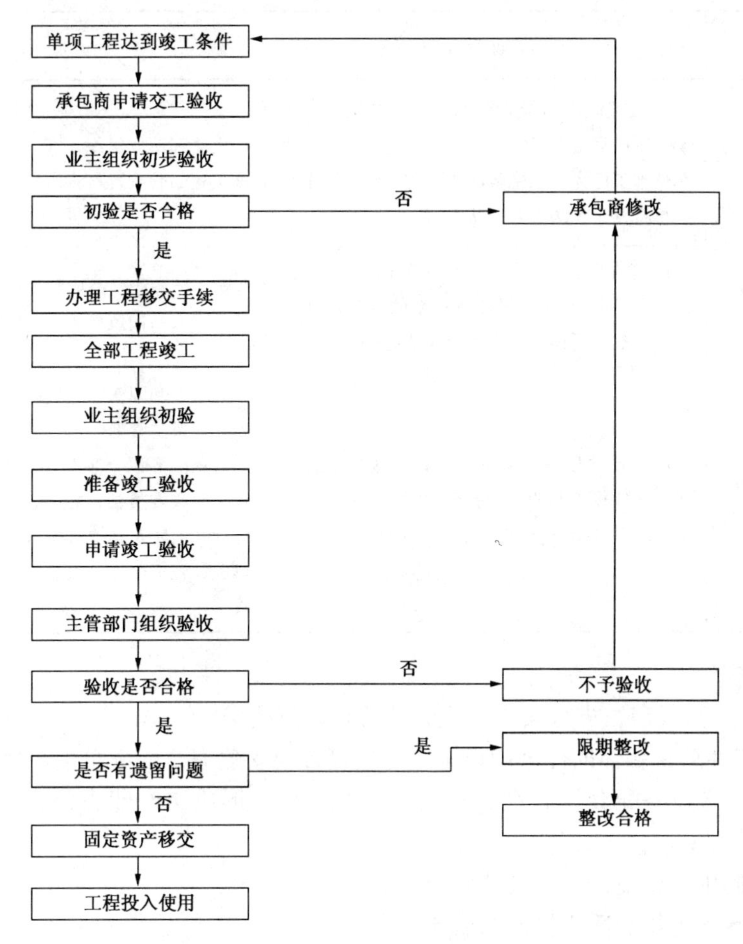

图 5-3 工程竣工验收程序

（二）工程建设项目竣工验收的范围

1. 凡列入固定资产投资计划的新建、扩建、改建、迁建的建设（工程）项目，或单项工程按批准的工程勘察设计文件规定的内容，和施工图纸要求全部建成符合工程承包合同规定验收标准的，必须及时组织验收，办理固定资产移交手续。

2. 使用更新改造资金进行的基本建设，或属于基本建设性质的技术改造工程，或民用住宅建筑（工程），也应按国家关于建设（工程）项目竣工验收规定，办理工程竣工验收手续。

3. 小型基本建设和技术改造及民用建筑的竣工验收，可根据有关部门的规定，适当简化工程竣工验收手续。但必须按规定办理工程竣工验收和固定资产交付生产（使用）手续。

（三）以质量为核心内容组织竣工验收

工程建设项目各阶段验收的内容。全部工程施工完成后，由国家有关主管部门组织的竣工验收，又称为动用验收。业主参与全部工程竣工验收。工程验收分为验收准备、预验收和正式验收三个阶段。不同阶段工程验收的特点如表5-2。

不同阶段工程验收的特点 **表5-2**

类　型	验收条件	验收组织
中间验收	1. 按照施工承包合同的约定，施工完成到某一阶段后要进行中间验收。2. 重要的工程部位施工已完成了隐蔽前的准备工作，该工程部位将置于无法查看的状态	由监理单位组织，业主和承包商派人参加。该工程的验收资料将作为最终验收的依据
单项工程验收（交工验收）	1. 建设项目中的某个合同工程已全部完成。2. 合同内约定有分部分项移交的工程已达到竣工标准，可移交给业主投入试运行	由业主组织，会同施工单位、监理单位、设计单位及使用单位等有关部门共同进行
全部工程的竣工验收（动用验收）	1. 建设项目按国家标准和设计规定全部建成，达到竣工验收条件。2. 初验结果全部合格。3. 竣工验收所需资料已准备齐全	大中型和限额以上项目由国家发改委或由其委托项目主管部门或地方政府部门组织验收，小型和限额以下项目由项目主管部门组织验收。验收委员会由银行、物资、环保、劳动、统计、消防及其他有关部门组成。业主、监理单位、施工单位、设计单位和使用单位参加验收工作

《验收办法》规定，进行竣工验收必须符合以下要求：

“1. 生产性项目和辅助性公用设施，已按设计要求建完，能满足生产使用；

2. 主要工艺设备配套设施经联动负荷试车合格，形成生产能力，能够生产出设计文件所规定的产品；

3. 必要的生活设施，已按设计要求建成；

4. 生产准备工作能适应投产的需要；

5. 环境保护设施、劳动安全卫生设施、消防设施已按设计要求与主体工程同时建成使用。”

以上5项条款，不仅分别从不同的角度，明确了工程项目建设的进度条件——所有工程设计的建设内容都已完成，而且强调了工程质量的基本要求——满足生产使用、形成生产能力、能够生产出设计文件所规定的产品，包括环境、劳动安全卫生和消防设施等质量，都按设计要求建成使用。就是说，完成工程项目建设任务，是工程竣工验收的基本条件。而验收的主要工作是核查工程质量符不符合要求。

当然，工程竣工验收时，有些工程质量可直接观察，如工程的外观、产品的外观等。绝大部分的工程质量已经覆盖、隐蔽，诸如地下工程质量、工程结构的质量，以及产品的内在质量等，只能通过核查相关资料，或者重新进行必要的质量检验。总之，竣工验收工作，必须给予真实的、明确的工程质量评定意见。没有工程质量的评定意见，绝不能称其为工程竣工验收。或者说，其他方面验收的评价再好，工程质量不合格，该项工程验收不可能通过。

工程竣工验收的主要内容，如表5-3所示。

全部工程竣工验收工作内容 **表 5-3**

工作阶段	职　责	工作内容
验收准备	业主组织施工、设计、监理单位共同进行	（1）核实建筑安装工程的完成情况，列出已交工工程和未完工工程一览表（包括工程量、预算价值、完工日期等）； （2）提出财务决算分析； （3）检查工程质量和安全隐患，查明须返工或修补工程，提出具体修竣时间； （4）整理汇总项目档案资料，将所有档案资料整理装订成册，分类编目，绘制好工程竣工图； （5）登载固定资产，编制固定资产构成分析表； （6）落实生产准备工作，提出试车检查的情况报告； （7）编写竣工验收报告
预验收	上级主管部门或业主会同施工、设计、监理、使用单位及有关部门组成预验收组	（1）检查、核实竣工项目所有档案资料的完整性、准确性是否符合归档要求； （2）检查项目建设标准，评定质量，对隐患和遗留问题提出处理意见； （3）检查财务账表是否齐全，数据是否真实，开支是否合理； （4）检查试车情况和生产准备情况； （5）排除验收中有争议的问题，协调项目与有关方面、部门的关系； （6）督促返工、补做工程的修竣及收尾工程的完工； （7）编写竣工预验收报告和移交生产准备情况报告； （8）预验收合格后，业主向主管部门提出正式验收报告
正式验收	由国家有关部门组成的验收委员会主持，业主及有关单位参加	（1）听取业主对项目建设的工作报告； （2）审查竣工项目移交生产使用的各种档案资料； （3）评审项目质量。对主要工程部位的施工质量进行复验、鉴定，对工程设计的先进性、合理性、经济性进行鉴定和评审； （4）审查试车规程，检查投产试车情况； （5）核定收尾工程项目，对遗留问题提出处理意见； （6）审查竣工预验收鉴定报告，签署《国家验收鉴定书》，对整个项目做出总的验收鉴定，对项目动用的可靠性作出结论； （7）确定保修服务责任书

由于住宅工程真实业主的多元性，以及验收内容的繁杂性等，现在，有些地区实施住宅工程分户验收。其具体情况是：

1. 某省明确规定，住宅建筑工程建设单位是住宅工程质量第一责任人。

2. 由省建设工程质量监督总站主编，由所属地市建筑安装工程质量监督站等 10 家单位参编的《住宅工程质量分户验收规程》，经省住房和城乡建设厅组织专家审查通过，已于 2010 年 7 月 1 日在全省范围内实施。

一是，该规程进一步明确了建设单位是住宅工程质量的第一责任人，确定了建设单位组织并参加住宅工程质量分户验收的责任。同时，加强了施工，监理单位和物业公司的质量责任意识，要求自觉按照国家和省相关规程办事，工作不走过场，不流于形式，从而更好地确保住宅工程质量。

二是，该规程规定，住宅工程建设竣工验收前，建设单位应将分户验收的情况汇总后，报负责该住宅工程项目的质量监督机构备案。对分户验收不合格的住宅工程，工程质量监督机构将不予组织竣工验收监督。从而更好地体现了政府的监管职能，提高了地方政府监管效率，从客观上促进了工程质量的提高。

住宅工程分户验收做法，是把竣工验收工作做细、做扎实的具体形式。它进一步体现了以质量为核心的竣工验收工作内容。客观上，也是对房屋开发商和房屋施工单位等方面质量管理工作的推动和促进。毫无疑问，这种验收方式的验收工作量大大增加了。如何高效、快捷地搞好工程竣工验收工作，有待于深入探讨、改进。

二、强化工程项目环境安全质量竣工验收

建设项目竣工环境保护验收是指建设项目竣工后，环境保护行政主管部门根据有关规定，依据环境保护验收监测或调查结果，并通过现场检查等手段，考核该建设项目是否达到环境保护要求的活动。

为加强建设项目竣工环境保护验收管理，监督落实环境保护设施与建设项目主体工程同时投产或者使用，以及落实其他需配套采取的环境保护措施，防治环境污染和生态破坏，根据《建设项目环境保护管理条例》等法律、法规规定，必须认真搞好建设项目竣工环境保护验收工作。特别是，改革开放以来，工程建设规模急剧增加，工程建设环境安全质量问题日益突出。诸如工程施工环境安全问题；工程建设项目竣工交付使用后，生产环境安全问题、空气污染问题、噪声污染问题、生产污水污染问题等等，既是工程项目本身的安全度问题，更是关乎人民、关乎社会安全利益的大问题。所以，必须强化建设项目竣工环境安全质量验收工作。

关于建设项目环境保护设施竣工验收工作的依据问题，其实，我们国家一直都很重视，一直把这项工作列为工程竣工验收的内容之一。随着这方面工作量的急剧增加和其重要性的提升，环保工作从原建设部的一个局，独立为国务院的直属局，继而晋升为总局，直至国务院的一个部。近些年来，这项工作更是成为工程项目竣工验收和社会普遍关注的一个亮点。

（一）环境安全验收的依据

关于工程建设项目环境安全工作，1989 年 12 月，国家制定了《中华人民共和国环境保护法》（主席令第 22 号发布）。1998 年 11 月，国务院制定并颁发了《建设项目环境保护管理条例》。2000 年 2 月，国家环保局制定印发了环发［2000］38 号《关于建设项目环境保护设施竣工验收监测管理有关问题的通知》。2001 年 12 月，又颁发了国家环境保护总局第 13 号令《建设项目竣工环境保护验收管理办法》（见附件 2）。从而，形成了比较系统的法制化、规范化、科学化的工程建设项目环境安全质量验收工作体系。有力地推动了这项工作的深化。有关法规特别强调：

1. 建设项目环境保护设施竣工验收监测（以下简称“验收监测”）由负责验收的环境保护行政主管部门所属的环境监测站负责组织实施。

2. 在规定的试生产期，承担验收监测任务的环境监测站在接受建设单位的书面委托后，按《建设项目环境保护设施竣工验收监测技术要求》开展监测工作。

3. 负责组织实施验收监测的环境监测站受建设单位委托提交验收监测报告（表），并

对提供的验收监测数据和验收监测报告（表）结论负责。

4. 对应编制建设项目环境保护设施竣工验收监测报告的建设项目，应先编制验收监测方案，验收监测方案应经负责该建设项目环境保护设施竣工验收的环境保护行政主管部门同意后实施。

5. 编制《建设项目环境保护设施竣工验收监测报告》的项目，应在完成现场监测后30个工作日内完成；编制《建设项目环境保护设施竣工验收监测表》的项目，应在进行现场监测后20个工作日内完成。

6. 工业生产型建设项目，建设单位应保证的验收监测工况条件为：试生产阶段工况稳定、生产负荷达75%以上（国家、地方排放标准对生产负荷有规定的按标准执行）、环境保护设施运行正常。

对在规定的试生产期，生产负荷无法在短期内调整达到75%以上的，应分阶段开展验收检查或监测。

分期建设、分期投入生产或者使用的建设项目，建设单位应分期委托环境保护行政主管部门所属环境监测站对已完工的工程和设备进行验收监测。

7. 凡环保项目未与主体工程同时投入试运行，或未申请建设项目竣工环境保护验收，或未经建设项目竣工环境保护验收，或者验收不合格，则不得进行工程项目验收，或主体工程不得投入生产或者使用。

以上这些内容，分别从不同角度，强调说明工程项目竣工环境安全验收，是国家法规规定的事项，必须认真执行。

（二）环境安全验收范围

《建设项目竣工环境保护验收管理办法》第四条规定：建设项目竣工环境保护验收范围包括：

1. 与建设项目有关的各项环境保护设施，包括为防治污染和保护环境所建成或配备的工程、设备、装置和监测手段，各项生态保护设施；

2. 环境影响报告书（表）或者环境影响登记表和有关项目设计文件规定应采取的其他各项环境保护措施。

以上两项范围，涵盖了多项内容，即：

与建设项目有关的各项环境保护设施应当与主体工程建设做到三同时（同时设计、同时施工、同时竣工）；环境影响评价报告；有关环境安全的管理制度和应对措施；以及实际监测的有关数据资料等。一般情况下，环境监测的对象包括排放的气体、液体、废弃的固体；生产（使用）时发生的噪声、烟尘、高温，以及对地质、生态等各方面的影响。

（三）工程项目环境安全验收应注意的问题

1. 建设项目竣工后，建设单位应当向有审批权的环境保护行政主管部门，申请该建设项目竣工环境保护验收。

2. 进行试生产的建设项目，建设单位应当自试生产之日起3个月内，向有审批权的环境保护行政主管部门申请该建设项目竣工环境保护验收。

对试生产3个月确不具备环境保护验收条件的建设项目，建设单位应当在试生产的3个月内，向有审批权的环境环境保护行政主管部门提出该建设项目环境保护延期验收申请，说明延期验收的理由及拟进行验收的时间。经批准后建设单位方可继续进行试生产。

试生产的期限最长不超过一年。核设施建设项目试生产的期限最长不超过两年。

3. 对主要因排放污染物对环境产生污染和危害的建设项目，建设单位应提交环境保护验收监测报告（表）。

对主要对生态环境产生影响的建设项目，建设单位应提交环境保护验收调查报告（表）。

4. 环境保护验收调查报告（表），由建设单位委托经环境保护行政主管部门批准有相应资质的环境监测站或环境放射性监测站，或者具有相应资质的环境影响评价单位编制。承担该建设项目环境影响评价工作的单位不得同时承担该建设项目环境保护验收调查报告（表）的编制工作。

三、强化安装设备质量验收

工程安装设备质量的竣工验收，与一般土建工程竣工验收相比，它更加细腻、严格。其零配件间质量的一致性，更加突出。稍有不慎，哪怕是一颗小小的螺丝钉质量有问题，将可能严重影响整个设备的正常运转，甚至导致恶性事故。所以，对于安装设备质量的验收工作，必须以苛求的精神，严肃对待、慎之又慎。

（一）以“苛求”的精神搞好竣工验收

1. 树立正确的质量观

经济全球化，既是经济发展的必然趋势，也是社会进步标志之一。在经济全球化的条件下，质量的观念也更加丰富、完善和科学。正确的质量观，除了“观察质量”以外，还有“经验质量”。所谓“观察质量”，则是客户通过视觉，嗅觉等感觉器官，对工程质量的直接感受。“经验质量”则是客户在工程项目竣工后，使用一段时间产生的印象。这两者之间是相辅相成的关系。任何一项工程，特别是住宅建筑，只有具备了“经验质量”，才能产生“名牌效应”。建筑产品属“契约型商品”。它在工程竣工验收时，不具备“经验质量”的条件。所以，只有有了经验质量，也就是有了全面的质量观，才能对工程质量作出客观的、正确的评价。

工程的安装设备质量，是机械设备材料质量、制造质量、运输质量、安装调试质量的集中体验，有的还要进行空负荷试运转检验，甚至是负荷试车检验，才能确定安装设备质量的优劣。所以，尽管有些设备是名牌产品，具有“经验质量”，也不能马虎从事。必须按照规定程序，一一进行检验——设备开箱检验、安装检验、调试检验，以及空负荷、负荷试车检验等，取得“观察质量”，才能最终确认其安装质量的好坏。

2. 进行全面检验

竣工验收时，应对建筑工程和各项设备（包括需安装的设备和非安装设备）进行全面检验。符合国家相关技术标准后才能验收。“全面检验”是按国家技术标准和规定的程序进行的检验。特别是国内采购设备，必须按设备安装质量检验流程规定的程序进行，不得更改和疏漏。如图5-2所示现场设备安装质量检验流程程序。

（二）设备验收的鉴戒

某水电站设备制造质量问题应引以为戒。

1. 水电站工程建设管理概况

该水电站工程是利用世界银行借贷款建设的，同时也是20世纪90年代我国建成该投产运行的最大水电站，共有6台发电机组。该工程建设全方位地采用“红皮书”合同条件。

一是，按照国际项目管理模式所规定的“业主—工程师—承包商”管理体系。在十年的建设中，通过业主和工程师与承包商的共同努力，对工程质量、工程进度、工程成本三大目标管理，起到有效地控制和协调作用。

二是，主要设备采购，按“黄皮书”规定程序，进行了国际招标。经择优选择，确定承包商和国内外联合体供应设备。

三是，按照国际合同条件，签订了国际承发包合同，并由我方进行施工管理。建立了一套适应国际合作的工程项目管理流程和制度。包括合同各方的联系、施工质量监督、工程进度控制、现场安全检查、工程计量和支付、施工各方的协调、工程合同的变更、索赔和争议的处理等。

四是，广泛引进国外智力，为整个建设项目进行工程监理/咨询服务，取得国际工程建设项目系统管理经验。

该工程建设，自1991年9月“工程师”发布开工令，到1999年底整个电站建成，比预定工期提前半年。建成后的工程质量经验收评定，认为符合合同规定的技术标准规范和质量标准。世界银行特别咨询团在报告中称：“工程技术与工程质量一直处于完全管理状态”，“所浇注的混凝土质量优良，伸缩缝灌浆进度和质量均良好”。

2. 短命的4台机组

当初，国家为了扶持民族工业，与负责提供该电站主机设备的加拿大某公司达成协议，采用画线分割供货，逐台增大国产化设备制造比例。安装顺序是从6号机组开始倒序安装。6号和5号机组是国外进口机组。4号和3号机组的国产化部件不断提高。2号和1号主要是国产化机组，分别由两家国有骨干设备制造企业承制生产。国产机组的制造未纳入国外引进的工程咨询专家组的工作范畴。竣工验收时，世界银行特别咨询团在报告中，对中国国内制造的专项设备未做评价。但是，作为项目法人单位的有关专业人士，在建设过程中，对国内组装的专项设备也没有按规定程序进行检验。结果是，四台国产或相关部件国产化的机组，自安装运行始，因止漏环损坏，逐台被迫停机检修。运行时间最短的2号机组，仅80多天就出了问题。

3. 沉痛的教训

（1）质量管理不到位。是不是国产零部件质量就真的比进口的差？经各有关方在设备质量发生事故后检查认为，并不是零部件加工难度大，也不是材质的问题，而是国产设备生产厂家管理不到位。对机组止漏环损坏的统计分析表明，四台国产或相关部件国产化的机组，无一例外，都存在严重的止漏环损坏问题。其中，2号机组问题最为突出。该机组于1999年9月12日投产运行，12月4日就出了问题。经检查，发现固定顶盖止漏环的124个螺栓，有66个丢失，35个破断，总计破损率达81.45%。这足以说明，机组的生产管理严重缺失。

（2）质量监督有缺失。这里需要强调为是，20世纪80年代，国家计委在工程建设项目管理方面，推行全面质量管理的文件中明确规定：要用工作质量保工序质量和工程质量。为了保证设备安装工程质量，检验与控制必须执行国际上通用的标准程序；规定还强调，设备安装不单纯是依靠现场安装阶段质量管理活动，还要在合同中规定：专用设备制造过程中的质量管理活动过程，也要进行专项控制。即，将专用设备设计阶段的质量监督、制造阶段的质量监督，及安装阶段的质量管理工作有序地结合起来，以确保设备安装工程的整体质量。而该项工程的相关设备制造、安装实施过程中，质量的监督形同虚设。若有一个环节认真监督，即可避免事故的发生。

（3）检验程序有遗漏。除却上述原因外，法定的设备验收程序也有缺失。该水电站发电机组的设备制造质量事故，明确地说明，有关工程建设项目管理程序、设备检验的规则，必须坚持。一是国外引进的技术装备，必须坚持口岸开箱检验与验收的制度；二是国产设备运到工地后，进行安装前，必须坚持项目法人单位（或建设单位）、工程监理单位与设备安装单位三方共同开箱检验与验收的制度；三是工程项目建成交付使用前，各生产线的单机试运转和联合试运转的标准和时间必须符合国家（专业）技术标准和合同规定的各项条款规定。

四、工程竣工结算与工程决算

无论是工程竣工验收结算，还是工程决算，都是检验工程项目建设质量（广义的质量，或谓工程的安全度）必要的组成部分。所以说，搞好工程竣工验收结算与工程决算，也是工程竣工验收的重要工作之一。

（一）工程建设竣工结算

1. 竣工结算的构成

在整个建设工程施工中，由于设计图纸变更以及现场工程、结构主体与器材的变更发生的各种签证，必然会引起施工图预算的变更和调整。工程竣工时，最后一次施工图调整预算，便是竣工结算。先将各个专业单位工程竣工结算按单项工程归并汇总，即可获得某个单项工程的综合竣工结算。再将各个单项工程综合竣工结算汇总，即可成为整个建设工程项目的竣工结算。

2. 竣工结算编制依据

建设工程结算依据，要认真贯彻2004年10月20日财政部、建设部关于印发《建设工程价款结算暂行办法》（财建［2004］369号）文件的规定。

3. 竣工结算编制程序

建设工程竣工结算，一般是由施工（工程承包）单位编制，经工程监理单位认可后，报建设单位（业主）审核同意，按合同规定签章认可。工程竣工结算生效后，施工（工程承包）单位与建设单位应按规定，通过银行办理工程价款的结算。

（二）竣工决算

1. 竣工结算与竣工决算的关系

工程建设项目的竣工决算是以竣工结算为基础进行编制的。它是在整个工程建设项目竣工结算的基础上，加上从筹建开始到工程建设项目全部竣工，有关基本建设的其他工程和费用支出便构成了工程建设项目的竣工决算。它们的区别就在于以下几个方面：

（1）编制单位不同。工程竣工结算是由施工单位编制，工程竣工决算由建设单位编制。

（2）编制范围不同。竣工结算主要针对单位工程骗制的，单位工程竣工后便可以进行编制。而竣工决算是针对工程建设项目（含项目建设中的相关费用明细）编制的，必须在整个工程建设项目全部竣工后，才可以进行编制。

（3）编制作用不同。竣工结算是建设单位与工程承包单位结算工程价款的依据，是核定工程承包企业生产成果，考核工程成本的依据，是建设单位编制工程建设项目竣工决算的依据。而竣工决算是建设单位考核基本建设投资效果的依据，是正确确定固定资产价值和正确计算固定资产折旧费的依据。

2. 工程建设项目竣工决算的内容

工程建设项目竣工决算，应包括从筹建到竣工投产全过程的全部实际支出费用。即建筑工程费用、安装工程费用、设备工器具购置费用和其他费用之和。竣工决算由竣工决算报表、竣工决算报告说明书、竣工工程平面示意图、工程造价比较分析四部分组成。

3. 工程建设项目竣工决算评价

工程建设项目竣工验收决算时，提出总的评价。评价内容应以下列四项为重点：

（1）工程进度（工期），主要说明开工和竣工时间，对照合理工期和承包合同要求，就建设工期是提前还是延期进行说明。

（2）工程质量。要根据启动验收委员会或相当一级质量监督部门的验收评定质量等级，合格率和优良品率进行说明。

（3）职业健康与安全。根据劳动工资管理部门的记录，对有无设备损坏和人身伤亡事故进行说明。职业健康应重点说明防治职业病的相关措施费用。

（4）工程造价。应对照工程建设项目设计概算造价，说明节约还是超支，用金额和百分率进行分析说明。

（三）各项财务和技术经济指标的分析

1. 工程建设项目概算执行情况分析

根据实际投资完成额（工程决算）与工程设计概算进行对比分析。

2. 新增生产能力的效益分析

说明交付使用财产的金额占总投资额的比例。占交付使用财产金额的比例，不增加固定资产费用的造价占投资总数的比例，分析实际构成和成果。

3. 基本建设工程投资包干情况的分析

如果实行工程建设投资包干，则说明投资包干数，实际支用数和节约额，投资包干节余的有机构成和包干节余的分配情况。

4. 财务分析。列出历年资源和资金占用情况。

第三节　质量保修与竣工后管理

一、工程交付使用后的管理

关于工程项目交付使用后的管理，无论是工业生产项目，还是民用工程项目，应当说，目前还是一项薄弱环节。一方面，相关规章办法严重不足。另一方面，即使有一些规定或办法，也没有认真执行。因此，应当引起各有关方的高度关注。

就一般意义上讲，工程项目使用期间，应当：

按照设计要求，或有关规定使用、操作；定期或不定期进行维修保养；对于重要部位的运行、使用情况，要建立档案；不得随意变更原设计的性能和用途；不得破坏工程结构；注意工程使用环境的变化，及时采取应对保护措施等。同时，为了加强管理，应当明确建立相应的管理制度。包括竣工验收备案制、生产（使用）管理制、工程质量责任追究制、对参建各方的行为评价制，以及等项管理制度。

（一）竣工验收备案制

《建设工程质量管理条例》确定，建设项目完成后，实行工程竣工备案制度。由建设单位（项目法人）履行工程竣工验收职责，政府通过竣工验收文件备案手续，对工程建设的各方（业主—工程师—承包商）遵守建设项目国家有关法律、法规，遵守建设程序，履行质量责任的状况进行监督，发现有违法违规行为，即可责令交付使用（生产，运营）的建设项目采取必要的措施，加以补救，以及必要时停止使用。这项规定，既理顺了政府与业主（建设项目法人）的关系，也为政府提供了有力的质量监督管理手段。政府的质量监督管理也须通过建设项目竣工交付使用（生产，运营）后的评价，才能发现质量隐患，采取措施消除质量隐患，并对发现的各类质量的安全隐患等问题进行分析，才能不断地完善建设工程管理方面的有关规程和规定。

住房和城乡建设部于2009年10月，发布了《房屋建筑和市政基础设施工程竣工验收备案管理办法》（第2号令，以下简称《本办法》）。《本办法》规定，“国务院住房和城乡建设主管部门负责全国房屋建筑和市政基础设施工程（以下统称工程）的竣工验收备案管理工作。县级以上地方人民政府建设主管部门负责本行政区域内工程的竣工验收备案管理工作”。还规定建设单位办理工程竣工验收备案应当提交下列文件（第五条）：

“（一）工程竣工验收备案表；

（二）工程竣工验收报告。竣工验收报告应当包括工程报建日期，施工许可证号，施工图设计文件审查意见，勘察、设计、施工、工程监理等单位分别签署的质量合格文件及验收人员签署的竣工验收原始文件，市政基础设施的有关质量检测和功能性试验资料以及备案机关认为需要提供的有关资料；

（三）法律、行政法规规定应当由规划、环保等部门出具的认可文件或者准许使用文件；

（四）法律规定应当由公安消防部门出具的对大型的人员密集场所和其他特殊建设工程验收合格的证明文件；

（五）施工单位签署的工程质量保修书；

（六）法规、规章规定必须提供的其他文件。

住宅工程还应当提交《住宅质量保证书》和《住宅使用说明书》。”

工程建设实行备案制，将工程质量验收决定权交给工程参建各方，使得工程参建各方更好地履行质量责任。同时，使行政机关（包括质量监督站）从直接管理竣工验收角色，转变为工程竣工验收工作的监督角色，进一步实现了政府职能的转变。从而，有利于行政部门加强对参与工程项目建设的各方——建设、勘察、设计、施工、监理等的监督管理。加强了从工程立项到交付使用的全过程的质量监督，真正保证了国家对建设工程质量实行全过程的监督管理。

（二）生产（使用）管理制

工程竣工交付使用后，业主会根据生产（使用）的要求，建立必要的管理制度。如生产设备的检修保养制、操作人员的培训制，以及生产工艺和设备的改造更新等制度。其目的，就是要按照设计的要求，合理地使用，在其预定的全寿命周期内，充分发挥其效能。

比如，在建筑物内堆放重物时，要防止超重，以免影响安全。如设计标准无特殊规定时，一般住宅建筑工程控制荷载数值如下：

（1）住宅、宿舍、办公楼、托儿所不大于 $1500N/m^2$；

（2）住宅中的浴室、厕所、厨房不大于 $2000N/m^2$。

（三）工程质量责任追究制

《建筑法》第六十条规定“建筑物在合理使用寿命内，必须确保地基基础工程和主体结构的质量”。还规定，工程设计单位、工程施工单位等应当对自己的工程设计质量、工程施工质量负责。无论是工程竣工验收，还是交付使用后，发现工程质量问题，都应追究相关责任，甚至给予处罚。《建设工程质量管理条例》更加具体明确了建设、设计、施工、监理等参与工程项目建设活动各方的质量责任。有的地方已经制定了工程质量责任追究制。强调有关各方的工程质量责任。

这种工程质量责任追究制，既是对于工程质量管理制度的完善，更是对有关各方加强工程质量管理责任的促进。

（四）对参建各方的评价制。

在投资（建设工程）项目的竣工验收中，增加对项目建设过程中有关各方的遵纪守法的评价。同时，按照1999年，国家建设部和监察部联合颁发的《工程建设若干违法违纪行为处罚办法》对参与工程建设项目管理的有关单位行为准则进行评价。

二、工程建设项目后评价

（一）工程建设项目后评价的意义

所谓工程建设项目后评价（以下简称后评价），是指在工程建设项目使用一段时间后，对项目的建设目的、实施过程、经济效益、作用和影响进行系统地、客观地分析和总结的一种技术经济活动。它是固定资产投资管理的一项重要内容，它也是投资管理的最后一个环节。投资项目后评价系统反馈控制程序如图5-4所示。

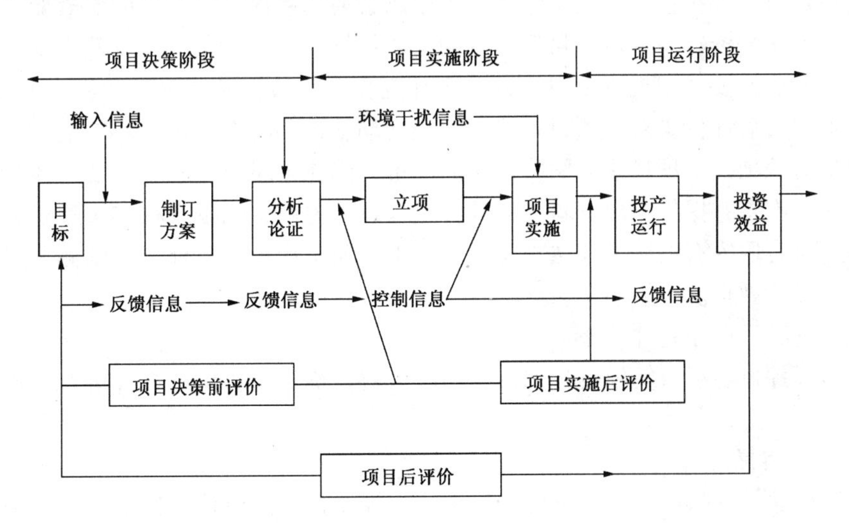

图5-4　投资项目后评价系统的反馈控制程序

按照工程建设活动的通行阶段划分，后评价包括：项目决策阶段评价、项目施工阶段评价和项目运营阶段评价。其目的是通过对项目投资全过程的综合研究，衡量和分析项目的实际情况及其与预计情况的差距，确定有关预测和判断是否正确并分析其原因，从而总结经验教训，为今后改进工程建设项目的决策、设计、施工、管理等工作创造条件，并为改善和提高项目的投资效益和改善营运状况提出切实可行的对策与措施。

工程项目后评价的主要作用在于：检查项目决策水平；检查设计和施工水平；检查项目的生产能力和经济效益；检查引进技术和装备的水平；检查项目的造价。通过检查，总结经验教训，以期全面提高建设水平。

（二）竣工验收与项目后评价的区别和联系

（1）竣工验收的概念。根据国家《建筑法》第六十一条规定，“交付竣工验收的建筑工程，必须符合规定的建筑工程质量标准，有完整的工程技术经济资料和经签署的工程保修书，并具备国家规定的其他竣工条件”。工程建设项目的竣工验收，是工程项目由建设转入生产（使用、运营）的标志，是全面考核与检查项目建设是否符合设计要求与工程质量技术标准的重要环节，是建设单位会同工程承包单位（设计单位、施工单位）和工程监理单位向项目主管部门和生产（使用、运营）管理单位（企业）汇报和移交建设工程成果，交付新增固定资产和新增生产能力的过程。

（2）投资项目后评价的概念。投资项目后评价是在投资建设工程项目转入生产（使用，运营）若干年后，投资项目的正负效益和影响能够得到正常反映之时，对该项目建设全过程的综合评价。即对项目的决策、设计、施工、竣工、生产运营等全过程进行系统评价的技术经济活动。它是固定资产投资管理的一项重要内容，它也是投资管理的最后一个环节。投资项目后评价系统反馈控制程序如前图 5-4 所示。

工程项目后评价的主要作用在于：检查项目决策水平；检查设计和施工水平；检查项目的生产能力和经济效益；检查引进技术和装备的水平；检查项目的造价。通过检查，总结经验教训，以期全面提高建设水平。

（3）竣工验收与投资项目后评价的关系。投资（建设工程）项目的竣工验收与该投资项目的后评价，都是投资管理工作全过程中的必要的程序。它们之间有着紧密联系。工程竣工验收的全部资料是进行项目后评价的重要依据。因此，作为工程建设前项程序的投资项目竣工验收，要考虑投资项目后评价工作需要，为投资项目后评价做好必要的准备。同时，投资项目后评价是对该项投资建设工程活动全过程各个程序与环节的综合评价，其中，也包括对该项投资项目竣工验收工作的评价。因此，竣工验收也需要为该投资项目后评价做好充分准备并提供全部资料。另外，工程竣工验收，侧重于核查工程是否符合设计要求、是否符合国家有关法律和法规及规范要求。而工程项目后评价，则侧重于总结工程项目建设的经验教训。

（三）项目后评价基本内容

项目目标评价、项目实施过程评价、项目效益评价、项目持续性评价。具体事项分述如下。

（1）项目目标评价

围绕工程建设项目的质量、进度、投资三大控制目标的评价。这是后评价中最为突出的评价指标体系，也是最为容易量化的评价内容。主要包括三大指标实现程度、差距及原因分析。

1）工程质量合不合格、生产能力和生产水平能不能达到设计目标、使用或生产环境符不符合职业健康安全的标准等。

2）工程建设项目实施的最终总进度符不符合预定的时间要求。

3）工程建设项目决算是不是控制在预定的概算以内。

（2）项目实施过程评价

项目实施过程评价，是指工程项目的前期准备、建设实施、项目运行等情况的评价。依据国家现行的有关法令、制度和规定，分析和评价项目前期工作、建设实施、运营管理等执行过程，从中找出变化原因，总结经验教训。

1）前期工作评价包括：项目建设的必要性、前期工作各阶段审批文件的主要内容、前期工作各阶段主要指标的变化分析。

2）项目建设实施情况评价包括：施工图设计单位及施工单位的选择、建设环境及施工质量检验、施工计划与实际进度的比较分析、实施阶段主要指标的变化分析，如变更设计原因、施工难易、投资增减、工程质量、工期进度的影响等情况分析。

（3）项目效益评价

项目效益后评价，包括技术水平、财务及经济效益、社会效益、环境效益等评价。它是以项目交付使用后实际的使用效果为基础，运用定性和定量分析相结合的方法，重新测算，得到相关的投资效果指标，然后将它们与项目前评价时预测的有关经济效果进行对比，并结合后评价时，国家颁布的参数进行国民经济评价和财务评价，分析其偏差情况以及原因，吸取经验教训，从而为今后提高项目的投资管理水平和投资决策服务。

1）项目技术评价，主要内容包括：工艺、技术和装备的先进性、适用性、经济性、安全性，建筑工程质量及安全，特别要关注资源、能源合理利用。

2）项目财务和经济评价，主要内容包括：项目总投资和负债状况；重新测算项目的财务评价指标、经济评价指标、偿债能力等。财务和经济评价应通过投资增量效益的分析，突出项目对企业效益的作用和影响。

3）项目环境和社会影响评价，主要内容包括：项目污染控制、地区环境生态影响、环境治理与保护；增加就业机会、征地拆迁补偿和移民安置、带动区域经济社会发展、推动产业技术进步等。必要时，应进行项目的利益群体分析。

4）项目管理评价，主要内容包括：项目实施相关者管理、项目管理体制与机制、项目管理者水平；企业项目管理、投资监管状况、体制机制创新等。

（4）目标持续性评价

根据对建设项目的环境、配套设施建设、管理体制、方针政策等外部条件和运行机制、内部管理、运营状况、服务情况等的内部条件分析，评价项目目标（社会经济效益、财务效益、环境保护等）的持续性，并提出相应的解决措施和建议。特别是，企业财务状况、技术水平、污染控制、企业管理体制与激励机制等，核心是产品竞争能力。持续能力的外部条件，包括资源、环境、生态、物流条件、政策环境、市场变化及其趋势等。

通用的工程项目后评价指标体系如表5-4所示。

最常用的后评价指标 **表 5-4**

<table>
<tr><th>序号</th><th>名 称</th><th>指 标</th><th>评价目的</th><th>说 明</th></tr>
<tr><td colspan="5">（一）项目前期工作后评价指标</td></tr>
<tr><td>1</td><td>设计周期变化率</td><td>$\frac{\text{实际设计周期}}{\text{雨季设计周期}}\times 100\%$</td><td>考查设计时间缩短率</td><td>从设计合同生效至设计完成提交所实际经过的时间为实际设计周期；设计合同约定的时间为设计周期；一般以月为单位</td></tr>
<tr><td colspan="5">（二）项目实施阶段后评价指标</td></tr>
<tr><td>2</td><td>竣工项目工期率</td><td>$\frac{\text{竣工项目实际工期}}{\text{竣工项目计划工期}}\times 100\%$</td><td>考查实际工期与计划工期的偏差</td><td>实际工期指开工至竣工验收实际经历的有效日历天数，不包括开工后停、缓建所经历时间</td></tr>
<tr><td>3</td><td>实际建设成本变化率</td><td>$\frac{\text{实际建设成本}}{\text{预计建设成本}}\times 100\%$</td><td>考查项目概（预）算的实际执行情况</td><td>实际建设成本指从开工到竣工使用的全部投资和费用，包括构成固定资产与流动资产的投资支出，构成投资完成额而不构成固定资产与流动资产的核销性投资，转出投资，以及不构成投资完成额的核销性费用支出等</td></tr>
<tr><td rowspan="2">4</td><td>实际工程合格品率</td><td>$\frac{\text{实际单位工程合格品数量}}{\text{验收鉴定的单位工程总数量}}\times 100\%$</td><td rowspan="2">考查实际工程质量</td><td rowspan="2">1. 实际单位工程合格品数量及优良品数量均指经监理工程师检验认定的；
2. 评价建设项目服务年限</td></tr>
<tr><td>实际工程优良品率</td><td>$\frac{\text{实际单位工程合格品数量}}{\text{验收鉴定的单位工程总数量}}\times 100\%$</td></tr>
<tr><td>5</td><td>实际返工损失率</td><td>$\frac{\text{项目累计质量事故停工返工增加投资额}}{\text{项目累计完成投资额}}\times 100\%$</td><td>考查项目质量事故造成的损失</td><td>因安全事故造成的损失应另行计算</td></tr>
<tr><td rowspan="2">6</td><td>静态实际投资总额变化率</td><td>$\frac{\text{静态实际投资总额}-\text{预计静态投资总额}}{\text{预计静态投资总额}}\times 100\%$</td><td rowspan="2">考查实际投资总额与前期预算偏差的指标</td><td rowspan="2">实际投资总额指竣工投产后重新核定的实际完成投资额，包括：项目前期工程实际发生的费用、建筑工程实际投资支出、实际设备购置费、设备安装费、引进国外技术和购买国外设备实际支出的技术资料费、其他费用和流动资金。静态投资为各项实际发生的支出之和；动态投资为各年发生的各项投资按实际折现率贴现到建设起点所得费用现值总合</td></tr>
<tr><td>动态实际投资总额变化率</td><td>$\frac{\text{动态实际投资总额}-\text{预计动态投资总额}}{\text{预计动态投资总额}}\times 100\%$</td></tr>
<tr><td>7</td><td>实际单位生产能力投资</td><td>$\frac{\text{竣工验收项目实际投资总额}}{\text{竣工验收项目实际形成的生产能力}}$</td><td>考查竣工验收实际投资效果</td><td></td></tr>
<tr><td colspan="5">（三）项目运行阶段后评价指标</td></tr>
<tr><td rowspan="3">8</td><td>实际达产年限</td><td>$1+\frac{\text{设计生产能力}-\text{第一年实际产量}}{\text{第一年实际产量}\times\text{平均年生产能力增长率}}$</td><td rowspan="2">考核投产项目实际投资效益的重要指标</td><td rowspan="3">如果后评价时项目尚未达到设计生产能力，应按计算投产后实际达到的生产能力水平，然后计算生产能力实际达到的年平均增长率，进而才可以推测投产项目可以达到设计生产能力的年限</td></tr>
<tr><td>实际达产年限变化率</td><td>$\frac{\text{实际达产年限}-\text{设计达产年限}}{\text{设计达产年限}}\times 100\%$</td></tr>
<tr><td>拖延达产年限损失</td><td>Σ（年设计产量 − 年实际产量）×单位产品销售利润</td><td>衡量未按规定达产而造成的实际经济损失</td></tr>
</table>

续表

序号	名称	指标	评价目的	说明
9	主要产品价格年变化率	$\frac{\text{实际产品价格}-\text{预测产品价格}}{\text{预测产品价格}}\times 100\%$	部分反映投资效益与预测值偏差原因	计算实际产品价格变化率分三步进行
	产品平均年价格变化率	Σ（产品价格年变化率×该产品产值占总产值比）		
	实际产品价格变化率	$\frac{\text{各年产品平均价格变化率总和}}{\text{考核年限}}$		
10	主要产品成本年变化率	$\frac{\text{实际产品价格}-\text{预测产品价格}}{\text{预测产品价格}}\times 100\%$	衡量前评价成本预测水平	
	产品平均年成本变化率	Σ（产品成本年变化率×该产品成本占总成本比率）		
	实际产品成本变化率	$\frac{\text{各年产品平均年成本变化率总和}}{\text{考核年限}}$		
11	各年实际销售利润变化率	$\frac{\text{该年实际销售利润}-\text{预测年销售利润}}{\text{预测年销售利润}}\times 100\%$	综合反映实际投资效益的主要指标之一	
	实际销售利润变化率	$\frac{\text{各年实际销售利润变化率之和}}{\text{考核期年限}}$		
12	实际投资利润率	$\frac{\text{年实际利润率}-\text{年平均实际利润额}}{\text{预测投资利润率}}$	衡量与预测利润率或国外其他同类项目偏离程度指标	
	实际投资利润率变化率	$\frac{\text{实际投资利润率}-\text{预测投资利润率}}{\text{预测投资利润率}}\times 100\%$		
13	实际投资利税率	$\frac{\text{实际年利税总额}}{\text{实际投资总额}}\times 100\%$	衡量与预测值或国内外同类项目偏差的指标	
	实际投资利税率变化率	$\frac{\text{实际投资利税率}-\text{预测投资利税率}}{\text{预测投资利税率}}\times 100\%$		
14	实际净现值变化率	$\frac{\text{实际净现值}-\text{预测净现值}}{\text{预测净现值}}\times 100\%$	衡量与预测值或国内外同类项目偏差的指标	
15	实际净现值率	$\frac{\text{实际净现值}}{\text{动态实际投资总额}}\times 100\%$	衡量动态投资效果	
	实际净现值率变化率	$\frac{\text{实际净现值率}-\text{预测净现值率}}{\text{预测净现值率}}\times 100\%$		

续表

序号	名称	指标	评价目的	说明
16	实际投资回收期变化率	$\frac{\text{实际投资回收期}-\text{预测投资回收期}}{\text{预测投资加收期}}\times 100\%$	衡量与预测值或国内外同类工程项目偏差的指标	
17	实际投资利润率变化率	$\frac{\text{实际投资利润率}-\text{预测投资利润率}}{\text{预测投资利润率}}\times 100\%$	衡量与预测值或同类工程项目偏差的指标	
18	实际借款偿还期变化率	$\frac{\text{实际借款偿还期}-\text{预测借款偿还期}}{\text{预测借款偿还期}}\times 100\%$	衡量与预测值或同类工程项目偏差的指标	

三、工程建设项目保修

（一）实行质量保修制度的意义和依据

工程建设项目竣工验收的诸多依据与要求无疑是必要的、合理的。但是，需求预测是否与现实的市场需求一致；项目投产后，工程质量（项目使用寿命）对生产（服务）是否具备竞争能力等问题的检查与验收，通过竣工验收程序，得出该投资项目可以投入正常生产（使用，并长期运营）的结论，还是显得缺乏某些依据。因为，还可能有工程质量隐患和环境影响等，不是项目建成交付使用（生产，运营）时就能立即反映出来。而是要在实际使用一个阶段，经过一定的动、静荷载的影响才能发生与发现。无数实例已经无可辩驳地阐明了这样的理论。因此，基于保护用户及消费者的合法权益，和促进承建商加强工程质量管理的需要，我国有关法规明确规定，工程质量实行保修制度。

建设工程质量保修制度，是国家所确定的重要法律制度。建设工程保修制度，是指建设工程在办理交工验收手续后，在规定的保修期限内，因勘察设计、施工、材料等原因造成的质量缺陷，应当由责任单位负责维修。质量缺陷，是指工程项目不符合国家或行业现行的有关技术标准、设计文件以及合同中对质量的要求。

我国于20世纪末，制定的《建筑法》、《质量管理条例》都明确规定工程质量实行保修制度。

《建筑法》第六十二条规定："建筑工程实行质量保修制度。"

《质量管理条例》第三十九条规定："建设工程实行质量保修制度。

建设工程承包单位在向建设单位提交工程竣工验收报告时，应当向建设单位出具质量保修书。质量保修书中应当明确建设工程的保修范围、保修期限和保修责任等。"

《质量管理条例》还规定："建设工程在保修范围和保修期限内发生质量问题的，施工单位应当履行保修义务，并对造成的损失承担赔偿责任（第四十一条）。

建设工程在超过合理使用年限后需要继续使用的，产权所有人应当委托具有相应资质等级的勘察、设计单位鉴定，并根据鉴定结果采取加固、维修等措施，重新界定使用期（第四十二条）。”

据此，我国自20世纪末以来，已经正式启动了工程建设项目保修制。

（二）工程建设项目保修的范围和期限

关于保修范围和保修期，国家《建筑法》第六十二条规定：“建筑工程实行质量保修制度。建筑工程的保修范围应当包括地基基础工程、主体结构工程、屋面防水工程和其他土建工程，以及电气管线、上下水管线的安装工程，供热、供冷系统工程等项目；保修的期限应当按照保证建筑物合理寿命年限内正常使用，维护使用者合法权益的原则确定。具体的保修范围和最低保修期限由国务院规定。”

《建设工程质量管理条例》第四十条规定：“在正常使用条件下，建设工程的最低保修期限为：

（一）基础设施工程、房屋建筑的地基基础工程和主体结构工程，为设计文件规定的该工程的合理使用年限；

（二）屋面防水工程、有防水要求的卫生间、房间和外墙面的防渗漏，为5年；

（三）供热与供冷系统，为2个采暖期、供冷期；

（四）电气管线、给排水管道、设备安装和装修工程，为2年。

其他项目的保修期限由发包方与承包方约定。

建设工程的保修期，自竣工验收合格之日起计算。”

（三）工程项目保修制的实施

1. 工程项目保修责任的划分

在执行国家《建筑法》第六十二条的内容时，要注意区别保修责任的承担问题。不实行工程（项目）总承包的，对于维修的经济责任的确定，应当由有关责任方承担。具体指：

第一，承包单位未按国家有关规范、标准和设计要求施工，造成的质量缺陷，由承包单位负责返修并承担经济责任。

第二，由于设计方面的原因造成的质量缺陷，由设计单位承担经济责任，可由施工单位负责维修。其费用，按有关规定通过建设单位向设计单位索赔，不足部分由建设单位负责协商有关方解决。

第三，因建筑材料、建筑构配件和设备质量不合格引起的质量缺陷，属于承包单位采购的，或经其验收同意的，由承包单位承担经济责任；属于建设单位（业主）采购的，由建设单位承担经济责任。

第四，工程竣工交付使用（生产、运营）后，因使用单位使用不当造成损坏的问题，由使用单位自行负责。

第五，因地震、洪水、台风等不可抗拒原因造成的损坏问题，工程承包单位（含施工单位、设计单位）不承担经济责任。

2. 工程项目保修的实施

《建筑法》第七十五条规定，建筑施工企业（工程承包单位）违反本法的规定，不履行保修义务的，责令改正，可以处以罚款，并对在保修期内因屋顶、墙面渗漏、开裂等工程质量缺陷造成的损失，应承担赔偿责任。

（1）《建筑法》规定对建筑工程实行质量保修制度。建筑工程保修范围为地基工程、主体结构工程、屋面防水工程和其他土建工程，以及电气管线、上下水管线的安装工程，供热、供冷系统工程等项目。保修应当以满足保证建筑（构）物正常使用为原则。

（2）工程项目在保修期限内，建设（工程承包，以下同）企业应当及时履行保修义务，不履行保修义务的或拖延履行保修义务的应当给予相应处罚。主要形式有：责令改正，是指主管部门对不履行保修义务的或拖延履行保修义务的建设企业以命令形式迫使其改正不作为行为的行政措施；罚款，是指主管部门对不履行保修义务或拖延履行保修义务的建设企业给予缴纳一定数量货币的经济制裁措施。这里的罚款是行政处罚手段，可以单独适用。但罚款并不是一定要处罚，只要违法行为人能够及时改正错误，可以不处罚款。

（3）在工程项目保修期内因屋顶、墙面渗漏、开裂等质量缺陷造成的损失，建设企业应当承担赔偿责任。这里强调屋顶、墙面渗漏、开裂等质量缺陷，主要是在房屋建筑中，特别是量大面广的住宅建筑工程中，此类质量“通病”比较突出。住户对此感受比较深，意见比较大。造成损失，一般指因漏水使室内装饰以及家具等遭受破坏而引起的损失。对此，建设企业应当依其实际损失给予补偿，可以实物给付，也可以货币给付。至于质量缺陷是由勘察设计原因、工程监理的错误指令，或者建筑材料、建筑构配件和设备等原因造成的，根据我国《民法通则》的规定，施工企业可以在保修和赔偿损失之后，向有关责任方追偿。

（四）工程质量不合格品的赔偿

国家《建筑法》第八十条规定，“在建筑物的合理使用寿命内，因建筑工程质量不合格受到损害的，有权向责任者要求赔偿”。显然，这款规定也是对建筑产品使用者合法利益的保护，更是对承建商质量管理工作的促进和鞭策。

1. 由于建设工程是一种特殊的期货产品，所以，国家《产品质量法》规定，“建设工程不适用本法”。《产品质量法》关于产品损害赔偿的规定，不适用建设工程质量不合格的损害赔偿。但由于建设工程涉及面广，使用期限长，直接涉及国家财产和人身财产安全问题，对其工程质量不合格造成损害的情况，必须规定严格的质量责任。国家《建筑法》第八十条规定建筑工程质量责任，意义是十分重大的，工程建设项目管理各方按承包合同规定必须认真执行。

2. 建设工程质量责任是一种特殊的侵权责任。基本含义是：其一，它是一种侵权责任而不是一种违反合同的责任。它不以加害人与受害人之间存在合同关系为前提。而是基于建设工程质量不合格造成他人损害这一事实而产生的。它是对法律（或法定义务）的直接违反而产生的法律责任。其二，它是一种特殊侵权责任，而不同于其他一般侵权责任。其特殊性主要表现在归属原则的适用方面：普通侵权责任适用过错责任原则；而作为特殊侵权责任的建设工程质量责任，则大多适用无过错责任，或者严格责任的归属原则。受害人无须证明加害人有无过错，而只需要证明产品（工程）和缺陷、损害。有缺陷的建设工程，在使用与损害之间有因果关系。

3. 因建设工程质量不合格而造成损害的，受害人有权向责任者要求赔偿。这里的“损害”是指，因建设工程质量不合格而导致的死亡、人身伤害和财产损失及其他重大损失。“责任者”是指，业主（建设单位）或者勘察、设计、施工和监理单位。因业主原因，或者勘察设计的原因，或者施工操作的原因，或工程监理原因产生的建设工程质量问题，造成他人人身、财产损失的，这些责任单位应当承担相应赔偿责任。受损害人可以向任何一方要求赔偿，也可以向各方提出共同赔偿的要求。工程项目管理有关各方之间进行赔偿后，可以在查明原因之后，向真正责任者追偿。赔偿损失的范围是：财产损失，应当由侵害人以直接损失赔偿，可以货币形式赔偿，也可以将原财产恢复原状；人身伤害损失，由侵害人赔偿医疗费，以及因误工减少的收入，残废者生活补助费等费用；造成受害人伤亡时，还应当支付丧葬费、抚恤费，死者生前抚养的人必要的生活费等费用。具体办法，按照国家相关法律、法规规定办理。

附件1

国家计委关于印发《建设项目（工程）竣工验收办法》的通知

1990.09.11

按照国务院国办发（83）83号文的要求，在清理建国以来至1987年由我委或以我委为主与有关部门联合颁发的法规以及原国家建委颁发的法规时，我委曾明令废止了不适应新形势的基本建设竣工验收方面的主要法规。根据新的情况，为使项目竣工验收工作有章可循，经过一年多的研究和征求意见，我们制定了《建设项目（工程）竣工验收办法》，现印发你们，请结合实际情况贯彻执行，并将执行中的问题和意见告我委。

附：建设项目（工程）竣工验收办法

竣工验收，是全面考核建设工作，检查是否符合设计要求和工程质量的重要环节，对促进建设项目（工程）及时投产，发挥投资效果，总结建设经验有重要作用。为了搞好建设项目（工程）竣工验收工作，特制定如下办法：

一、竣工验收范围。凡新建、扩建、改建的基本建设项目（工程）和技术改造项目，按批准的设计文件所规定的内容建成，符合验收标准的，必须及时组织验收，办理固定资产移交手续。

二、竣工验收依据。批准的设计任务书、初步设计或扩大初步设计、施工图和设备技术说明书以及现行施工技术验收规范以及主管部门（公司）有关审批、修改、调整文件等。

从国外引进新技术或成套设备的项目以及中外合资建设项目，还应按照签订的合同和国外提供的设计文件等资料，进行验收。

三、竣工验收的要求

进行竣工验收必须符合以下要求：

1. 生产性项目和辅助性公用设施，已按设计要求建完，能满足生产使用；

2. 主要工艺设备配套设施经联动负荷试车合格，形成生产能力，能够生产出设计文件所规定的产品；

3. 必要的生活设施，已按设计要求建成；

4. 生产准备工作能适应投产的需要；

5. 环境保护设施、劳动安全卫生设施、消防设施已按设计要求与主体工程同时建成使用。

有的建设项目（工程）基本符合竣工验收标准，只是零星土建工程和少数非主要设备未按设计规定的内容全部建成，但不影响正常生产，亦应办理竣工验收手续。对剩余工程，应按设计留足投资，限期完成。有的项目投产初期一时不能达到设计能力所规定的产量，不应因此拖延办理验收和移交固定资产手续；

有些建设项目或单项工程，已形成部分生产能力或实际上生产方面已经使用，近期不能按原设计规模续建的，应从实际情况出发，可缩小规模，报主管部门（公司）批准后，对已完成的工程和设备，尽快组织验收，移交固定资产。

国外引进设备项目，按合同规定完成负荷调试、设备考核合格后，进行竣工验收。其他项目在验收前是否要安排试生产阶段，按各个行业的规定执行。

已具备竣工验收条件的项目（工程），三个月内不办理验收投产和移交固定资产手续的，取消企业和主管部门（或地方）的基建试车收入分成，由银行监督全部上交财政。如三个月内办理竣工验收确有困难，经验收主管部门批准，可以适当延长期限。

四、竣工验收程序

1. 根据建设项目（工程）的规模大小和复杂程度，整个建设项目（工程）的验收可分为初步验收和竣工验收两个阶段进行。规模较大、较复杂的建设项目（工程），应先进行初验，然后进行全部建设项目（工程）的竣工验收。规模较小、较简单的项目（工程），可以一次进行全部项目（工程）的竣工验收。

2. 建设项目（工程）在竣工验收之前，由建设单位组织施工、设计及使用等有关单位进行初验。初验前由施工单位按照国家规定，整理好文件、技术资料，向建设单位提出交工报告。建设单位接到报告后，应及时组织初验。

3. 建设项目（工程）全部完成，经过各单项工程的验收，符合设计要求，并具备竣工图表、竣工决算、工程总结等必要文件资料，由项目（工程）主管部门或建设单位向负责验收的单位提出竣工验收申请报告。

五、竣工验收的组织

大中型和限额以上基本建设和技术改造项目（工程），由国家计委或由国家计委委托项目主管部门、地方政府部门组织验收。小型和限额以下基本建设和技术改造项目（工程），由项目（工程）主管部门或地方政府部门组织验收。竣工验收要根据工程规模大小，复杂程度组成验收委员会或验收组。验收委员会或验收组应由银行、物资、环保、劳动、统计、消防及其他有关部门组成。建设单位、接管单位、施工单位、勘察设计单位参加验收工作。

验收委员会或验收组，负责审查工程建设的各个环节，听取各有关单位的工作报告，审阅工程档案资料并实地察验建筑工程和设备安装情况，并对工程设计、施工和设备质量等方面作出全面的评价。不合格的工程不予验收；对遗留问题提出具体解决意见，限期落实完成。

六、竣工决算的编制

所有竣工验收的项目（工程）在办理验收手续之前，必须对所有财产和物资进行清理，编好竣工决算，分析预（概）算执行情况，考核投资效果，报上级主管部门（公司）审查。竣工项目（工程）经验收交接后，应及时办理固定资产移交手续，加强固定资产的管理。

七、整理各种技术文件材料，绘制竣工图纸。建设项目（包括单项工程）竣工验收前，各有关单位应将所有技术文件材料进行系统整理，由建设单位分类立卷，在竣工验收时，交生产单位统一保管，同时将与所在地区有关的文件材料交当地档案管理部门。以适应生产、维修的需要。

八、各部门（公司）、各地区可根据本办法，结合具体情况制定实施细则，并报国家计委备案。

九、本办法自发布之日起施行。

附件2　国家环境保护总局令　第13号令

《建设项目竣工环境保护验收管理办法》

各省、自治区、直辖市环境保护局（厅）：

《建设项目竣工环境保护验收管理办法》，已于2001年12月11日经国家环境保护总局第12次局务会议通过，现予发布，自2002年2月1日起施行。

国家环境保护总局局长 解振华

二〇〇一年十二月二十七日

抄送：解放军环境保护局，新疆生产建设兵团环境保护局，各直属单位，各派出机构

附件：

建设项目竣工环境保护验收管理办法

第一条　为加强建设项目竣工环境保护验收管理，监督落实环境保护设施与建设项目主体工程同时投产或者使用，以及落实其他需配套采取的环境保护措施，防治环境污染和生态破坏，根据《建设项目环境保护管理条例》和其他有关法律、法规规定，制定本办法。

第二条　本办法适用于环境保护行政主管部门负责审批环境影响报告书（表）或者环境影响登记表的建设项目竣工环境保护验收管理。

第三条　建设项目竣工环境保护验收是指建设项目竣工后，环境保护行政主管部门根据本办法规定，依据环境保护验收监测或调查结果，并通过现场检查等手段，考核该建设项目是否达到环境保护要求的活动。

第四条　建设项目竣工环境保护验收范围包括：

（一）与建设项目有关的各项环境保护设施，包括为防治污染和保护环境所建成或配备的工程、设备、装置和监测手段，各项生态保护设施；

（二）环境影响报告书（表）或者环境影响登记表和有关项目设计文件规定应采取的其他各项环境保护措施。

第五条　国务院环境保护行政主管部门负责制定建设项目竣工环境保护验收管理规范，指导并监督地方人民政府环境保护行政主管部门的建设项目竣工环境保护验收工作，并负责对其审批的环境影响报告书（表）或者环境影响登记表的建设项目竣工环境保护验

收工作。

县级以上地方人民政府环境保护行政主管部门按照环境影响报告书（表）或环境影响登记表的审批权限负责建设项目竣工环境保护验收。

第六条　建设项目的主体工程完工后，其配套建设的环境保护设施必须与主体工程同时投入生产或者运行。需要进行试生产的，其配套建设的环境保护设施必须与主体工程同时投入试运行。

第七条　建设项目试生产前，建设单位应向有审批权的环境保护行政主管部门提出试生产申请。

对国务院环境保护行政主管部门审批环境影响报告书（表）或环境影响登记表的非核设施建设项目，由建设项目所在地省、自治区、直辖市人民政府环境保护行政主管部门负责受理其试生产申请，并将其审查决定报送国务院环境保护行政主管部门备案。

核设施建设项目试运行前，建设单位应向国务院环境保护行政主管部门报批首次装料阶段的环境影响报告书，经批准后，方可进行试运行。

第八条　环境保护行政主管部门应自接到试生产申请之日起 30 日内，组织或委托下一级环境保护行政主管部门对申请试生产的建设项目环境保护设施及其他环境保护措施的落实情况进行现场检查，并作出审查决定。

对环境保护设施已建成及其他环境保护措施已按规定要求落实的，同意试生产申请；对环境保护设施或其他环境保护措施未按规定建成或落实的，不予同意，并说明理由。逾期未做出决定的，视为同意。

试生产申请经环境保护行政主管部门同意后，建设单位方可进行试生产。

第九条　建设项目竣工后，建设单位应当向有审批权的环境保护行政主管部门，申请该建设项目竣工环境保护验收。

第十条　进行试生产的建设项目，建设单位应当自试生产之日起 3 个月内，向有审批权的环境保护行政主管部门申请该建设项目竣工环境保护验收。

对试生产 3 个月确不具备环境保护验收条件的建设项目，建设单位应当在试生产的 3 个月内，向有审批权的环境环境保护行政主管部门提出该建设项目环境保护延期验收申请，说明延期验收的理由及拟进行验收的时间。经批准后建设单位方可继续进行试生产。试生产的期限最长不超过一年。核设施建设项目试生产的期限最长不超过二年。

第十一条　根据国家建设项目环境保护分类管理的规定，对建设项目竣工环境保护验收实施分类管理。

建设单位申请建设项目竣工环境保护验收，应当向有审批权的环境保护行政主管部门提交以下验收材料：

（一）对编制环境影响报告书的建设项目，为建设项目竣工环境保护验收申请报告，并附环境保护验收监测报告或调查报告；

（二）对编制环境影响报告表的建设项目，为建设项目竣工环境保护验收申请表，并附环境保护验收监测表或调查表；

（三）对填报环境影响登记表的建设项目，为建设项目竣工环境保护验收登记卡。

第十二条　对主要因排放污染物对环境产生污染和危害的建设项目，建设单位应提交环境保护验收监测报告（表）。

对主要对生态环境产生影响的建设项目，建设单位应提交环境保护验收调查报告（表）。

第十三条　环境保护验收监测报告（表），由建设单位委托经环境保护行政主管部门批准有相应资质的环境监测站或环境放射性监测站编制。

环境保护验收调查报告（表），由建设单位委托经环境保护行政主管部门批准有相应资质的环境监测站或环境放射性监测站，或者具有相应资质的环境影响评价单位编制。承担该建设项目环境影响评价工作的单位不得同时承担该建设项目环境保护验收调查报告（表）的编制工作。

承担环境保护验收监测或者验收调查工作的单位，对验收监测或验收调查结论负责。

第十四条　环境保护行政主管部门应自收到建设项目竣工环境保护验收申请之日起30日内，完成验收。

第十五条　环境保护行政主管部门在进行建设项目竣工环境保护验收时，应组织建设项目所在地的环境保护行政主管部门和行业主管部门等成立验收组（或验收委员会）。

验收组（或验收委员会）应对建设项目的环境保护设施及其他环境保护措施进行现场检查和审议，提出验收意见。

建设项目的建设单位、设计单位、施工单位、环境影响报告书（表）编制单位、环境保护验收监测（调查）报告（表）的编制单位应当参与验收。

第十六条　建设项目竣工环境保护验收条件是：

（一）建设前期环境保护审查、审批手续完备，技术资料与环境保护档案资料齐全；

（二）环境保护设施及其他措施等已按批准的环境影响报告书（表）或者环境影响登记表和设计文件的要求建成或者落实，环境保护设施经负荷试车检测合格，其防治污染能力适应主体工程的需要；

（三）环境保护设施安装质量符合国家和有关部门颁发的专业工程验收规范、规程和检验评定标准；

（四）具备环境保护设施正常运转的条件，包括：经培训合格的操作人员、健全的岗位操作规程及相应的规章制度，原料、动力供应落实，符合交付使用的其他要求；

（五）污染物排放符合环境影响报告书（表）或者环境影响登记表和设计文件中提出的标准及核定的污染物排放总量控制指标的要求；

（六）各项生态保护措施按环境影响报告书（表）规定的要求落实，建设项目建设过程中受到破坏并可恢复的环境已按规定采取了恢复措施；

（七）环境监测项目、点位、机构设置及人员配备，符合环境影响报告书（表）和有关规定的要求；

（八）环境影响报告书（表）提出需对环境保护敏感点进行环境影响验证，对清洁生产进行指标考核，对施工期环境保护措施落实情况进行工程环境监理的，已按规定要求完成；

（九）环境影响报告书（表）要求建设单位采取措施削减其他设施污染物排放，或要求建设项目所在地地方政府或者有关部门采取“区域削减”措施满足污染物排放总量控制要求的，其相应措施得到落实。

第十七条　对符合第十六条规定的验收条件的建设项目，环境保护行政主管部门批准建设项目竣工环境保护验收申请报告、建设项目竣工环境保护验收申请表或建设项目竣工环境保护验收登记卡。

对填报建设项目竣工环境保护验收登记卡的建设项目，环境保护行政主管部门经过核查后，可直接在环境保护验收登记卡上签署验收意见，作出批准决定。

建设项目竣工环境保护验收申请报告、建设项目竣工环境保护验收申请表或者建设项目竣工环境保护验收登记卡未经批准的建设项目，不得正式投入生产或者使用。

第十八条　分期建设、分期投入生产或者使用的建设项目，按照本办法规定的程序分期进行环境保护验收。

第十九条　国家对建设项目竣工环境保护验收实行公告制度。环境保护行政主管部门应当定期向社会公告建设项目竣工环境保护验收结果。

第二十条　县级以上人民政府环境保护行政主管部门应当于每年6月底前和12月底前，将其前半年完成的建设项目竣工环境保护验收的有关材料报上一级环境保护行政主管部门备案。

第二十一条　违反本办法第六条规定，试生产建设项目配套建设的环境保护设施未与主体工程同时投入试运行的，由有审批权的环境保护行政主管部门依照《建设项目环境保护管理条例》第二十六条的规定，责令限期改正；逾期不改正的，责令停止试生产，可以处5万元以下罚款。

第二十二条　违反本办法第十条规定，建设项目投入试生产超过3个月，建设单位未申请建设项目竣工环境保护验收或者延期验收的，由有审批权的环境保护行政主管部门依照《建设项目环境保护管理条例》第二十七条的规定责令限期办理环境保护验收手续；逾期未办理的，责令停止试生产，可以处5万元以下罚款。

第二十三条　违反本办法规定，建设项目需要配套建设的环境保护设施未建成，未经建设项目竣工环境保护验收或者验收不合格，主体工程正式投入生产或者使用的，由有审批权的环境保护行政主管部门依照《建设项目环境保护管理条例》第二十八条的规定责令停止生产或者使用，可以处10万元以下的罚款。

第二十四条　从事建设项目竣工环境保护验收监测或验收调查工作的单位，在验收监测或验收调查工作中弄虚作假的，按照国务院环境保护行政主管部门的有关规定给予处罚。

第二十五条　环境保护行政主管部门的工作人员在建设项目竣工环境保护验收工作中徇私舞弊，滥用职权，玩忽职守，构成犯罪的，依法追究刑事责任；尚不构成犯罪的，依法给予行政处分。

第二十六条　建设项目竣工环境保护申请报告、申请表、登记卡以及环境保护验收监测报告（表）、环境保护验收调查报告（表）的内容和格式，由国务院环境保护行政主管部门统一规定。

第二十七条　本办法自2002年2月1日起施行。原国家环境保护局第十四号令《建设项目环境保护设施竣工验收规定》同时废止。